HARCOURT
Matemáticas

EDICIÓN DE CALIFORNIA

Harcourt School Publishers

Orlando • Boston • Dallas • Chicago • San Diego
www.harcourtschool.com

For permission to reprint copyrighted material, grateful acknowledgment is made to the following sources:

Aladdin Paperbacks, an imprint of Simon & Schuster Children's Publishing Division: Cover illustration by Ron Barrett from *Benjamin's 365 Birthdays* by Judi Barrett. Illustration copyright © 1974 by Ron Barrett. Cover illustration by Nancy Winslow Parker from *The Goat in the Rug* as told to Charles L. Blood & Martin Link by Geraldine. Illustration copyright © 1976 by Nancy Winslow Parker. Cover illustration from *Clocks and More Clocks* by Pat Hutchins. Copyright © 1970 by Pat Hutchins. Cover illustration by Ray Cruz from *Alexander, Who Used to be Rich Last Sunday* by Judith Viorst. Illustration copyright © 1978 by Ray Cruz.

Dial Books for Young Readers, a division of Penguin Books USA Inc.: Cover illustration by Devis Grebu from *The King's Chessboard* by David Birch. Illustration copyright © 1988 by Devis Grebu. Cover illustration by Patricia MacCarthy from *17 Kings and 42 Elephants* by Margaret Mahy. Illustration copyright © 1987 by Patricia MacCarthy.

Four Winds Press: Cover illustration by Cyndy Szekeres from *The 329th Friend* by Marjorie Weinman Sharmat. Illustration copyright © 1979 by Cyndy Szekeres.

Greenwillow Books, a division of William Morrow & Company, Inc.: Cover illustration by Donald Crews from *Each Orange Had 8 Slices: A Counting Book* by Paul Giganti, Jr. Illustration copyright © 1992 by Donald Crews. Cover illustration by Donald Crews from *How Many Snails? a Counting Book* by Paul Giganti, Jr. Illustration copyright © 1988 by Donald Crews.

Harcourt, Inc.: Cover illustration from *The Twelve Circus Rings* by Seymour Chwast. Copyright © 1993 by Seymour Chwast. Cover illustration from *How Big Were the Dinosaurs?* by Bernard Most. Copyright © 1994 by Bernard Most.

HarperCollins Publishers: Cover illustration from *Arthur's Funny Money* by Lillian Hoban. Copyright © 1981 by Lillian Hoban. Cover illustration by George Ulrich from *Divide and Ride* by Stuart J. Murphy. Illustration copyright © 1997 by George Ulrich. Cover illustration by John Speirs from *A Fair Bear Share* by Stuart J. Murphy. Illustration copyright © 1998 by The Big Cheese Design, Inc. Cover illustration by Steven Kellogg from *If You Made a Million* by David M. Schwartz. Illustration copyright © 1989 by Steven Kellogg. Cover illustration by Jon Buller from *Ready, Set, Hop!* by Stuart J. Murphy. Illustration copyright © 1996 by Jon Buller.

Henry Holt and Company, LLC: Cover illustration from *The Empty Pot* by Demi. Copyright © 1990 by Demi. Cover illustration from *Measuring Penny* by Loreen Leedy. Copyright © 1997 by Loreen Leedy.

Houghton Mifflin Company: Cover illustration by Bonnie MacKain from *One Hundred Hungry Ants* by Elinor J. Pinczes. Illustration copyright © 1993 by Bonnie MacKain.

Hyperion Books for Children: Cover illustration by Carol Schwartz from *Sea Sums* by Joy N. Hulme. Illustration © 1996 by Carol Schwartz.

Little, Brown and Company Inc.: Cover illustration from *The Village of Round and Square Houses* by Ann Grifalconi. Copyright © 1986 by Ann Grifalconi.

North-South Books Inc., New York: Cover illustration from *A Birthday Cake for Little Bear* by Max Velthuijs, translated by Rosemary Lanning. Copyright © 1988 by Nord-Süd Verlag AG, Gossau Zurich, Switzerland.

Philomel Books, a division of Penguin Putnam Inc.: Cover illustration from *Anno's Math Games II* by Mitsumasa Anno. Copyright © 1982 by Kuso Kobo; translation and special contents of this edition copyright © 1989 by Philomel Books. Cover illustration by Mitsumasa Anno from *Anno's Mysterious Multiplying Jar* by Masaichiro and Mitsumasa Anno. Text translation copyright © 1983 by Philomel Books; copyright © 1982 by Kuso Kobo.

Scholastic Inc.: Cover illustration by Susan Guevara from *The King's Commissioners* by Aileen Friedman. Copyright © 1994 by Marilyn Burns Education Associates. A Marilyn Burns Brainy Day Book. Published by Scholastic Press, a division of Scholastic Inc. Cover photograph from *Eating Fractions* by Bruce McMillan. Copyright © 1991 by Bruce McMillan. SCHOLASTIC HARDCOVER is a registered trademark of Scholastic Inc.

Simon & Schuster Books for Young Readers, an imprint of Simon & Schuster Children's Publishing Division: Cover illustration by Sharon McGinley-Nally from *Pigs Will Be Pigs* by Amy Axelrod. Illustration copyright © 1994 by Sharon McGinley-Nally.

Viking Children's Books, a division of Penguin Books USA Inc.: Cover illustration by Leo and Diane Dillon from *The Hundred Penny Box* by Sharon Bell Mathis. Illustration copyright © 1975 by Leo and Diane Dillon.

Albert Whitman & Company: Cover illustration from *Two of Everything* by Lily Toy Hong. © 1993 by Lily Toy Hong.

Requests for permission to make copies of any part of the work should be mailed to the following address: School Permissions, Harcourt, Inc., 6277 Sea Harbor Drive, Orlando, Florida 32887-6777.

HARCOURT and the Harcourt Logo are trademarks of Harcourt, Inc.

Printed in the United States of America

ISBN 0-15-321610-7 (Grade Level Book)

ISBN 0-15-321875-4 (Unit Book Collection)

4 5 6 7 8 9 10 030 2004 2003 2002

© Harcourt

Mathematics Advisor

David G. Wright
Professor of Mathematics
Brigham Young University
Provo, Utah

Senior Author

Evan M. Maletsky
Professor of Mathematics
Montclair State University
Upper Montclair, New Jersey

Authors

Angela Giglio Andrews
Math Teacher, Scott School
Naperville District #203
Naperville, Illinois

Grace M. Burton
Chair, Department of Curricular Studies
Professor, School of Education
University of North Carolina at Wilmington
Wilmington, North Carolina

Howard C. Johnson
Dean of the Graduate School
Associate Vice Chancellor for Academic Affairs
Professor, Mathematics and Mathematics
  Education
Syracuse University
Syracuse, New York

Lynda A. Luckie
Administrator/Math Specialist
Gwinnett County Public Schools
Lawrenceville, Georgia

Joyce C. McLeod
Visiting Professor
Rollins College
Winter Park, Florida

Vicki Newman
Classroom Teacher
McGaugh Elementary School
Los Alamitos Unified School District
Seal Beach, California

Janet K. Scheer
Executive Director
Create A Vision
Foster City, California

Karen A. Schultz
College of Education
Georgia State University
Atlanta, Georgia

Program Consultants and Specialists

Janet S. Abbott
Mathematics Consultant
California

Lois Harrison-Jones
Education and Management
  Consultant
Dallas, Texas

Arax Miller
Curriculum Coordinator and
  English Department
  Chairperson
Chamlian School
Glendale, California

Rebecca Valbuena
Language Development
  Specialist
Stanton Elementary School
Glendora, California

iii

Unidad 1
CAPÍTULOS 1–6

ESTRATEGIAS Y OPERACIONES DE SUMA Y RESTA, VALOR POSICIONAL Y GRÁFICAS

© Harcourt

Conclusión de la unidad

© Harcourt

v

Unidad 2
CAPÍTULOS 7–10

DINERO Y TIEMPO

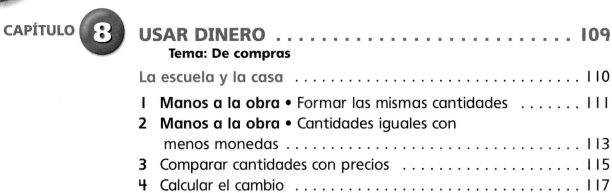

Conclusión de la unidad

© Harcourt

Unidad 3
CAPÍTULOS 11–16

SUMAR Y RESTAR NÚMEROS DE 2 DÍGITOS

Conclusión de la unidad

© Harcourt

Unidad 4
CAPÍTULOS 17–20
GEOMETRÍA Y MEDIDA

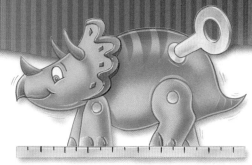

Conclusión de la unidad

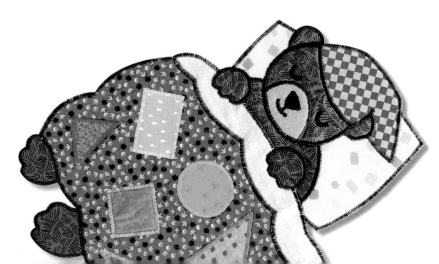

Unidad 5
CAPÍTULOS 21–24

SENTIDO NUMÉRICO Y FRACCIONES

© Harcourt

Conclusión de la unidad

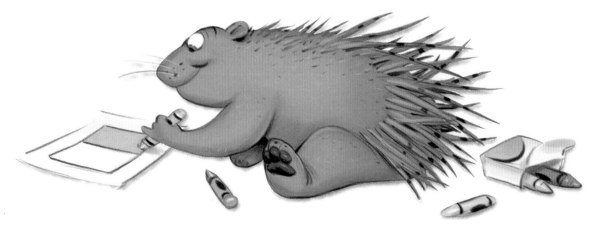

Unidad 6
CAPÍTULOS 25–30

SUMA Y RESTA DE NÚMEROS DE 3 DÍGITOS, MULTIPLICACIÓN Y DIVISIÓN

Conclusión de la unidad

© Harcourt

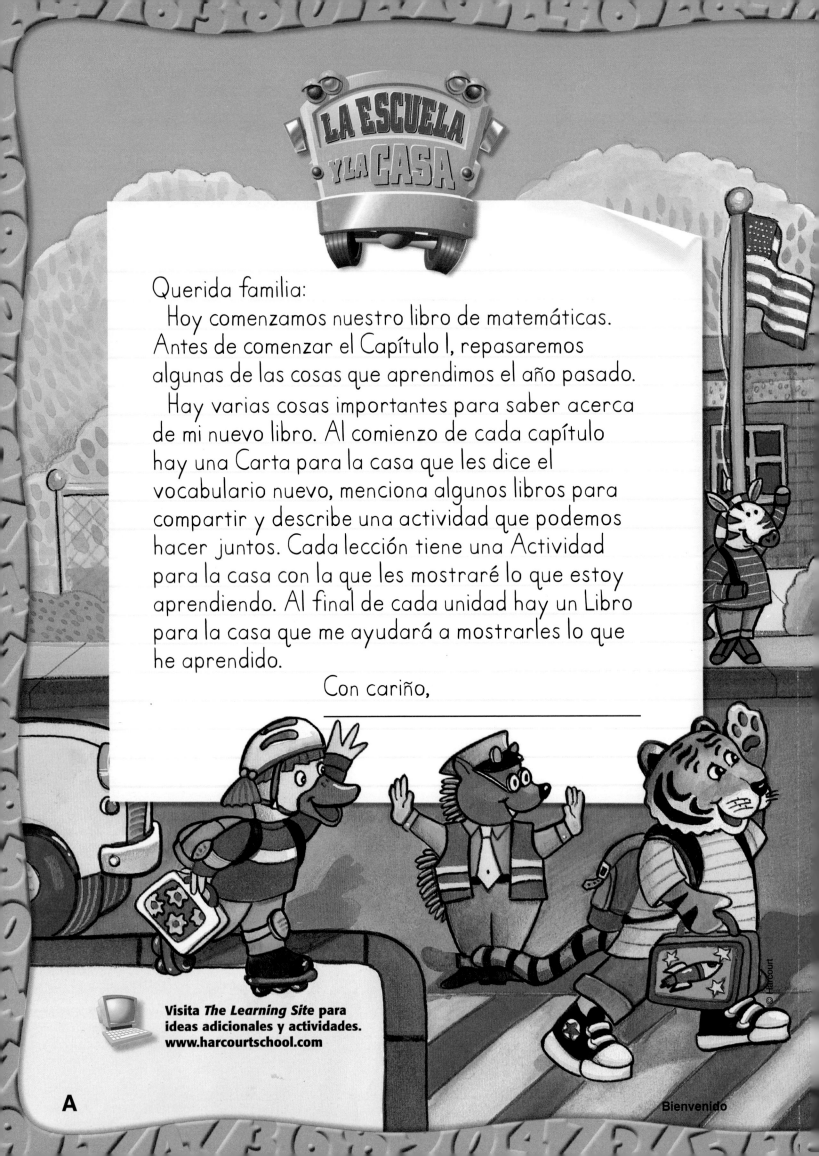

LA ESCUELA Y LA CASA

Querida familia:

Hoy comenzamos nuestro libro de matemáticas. Antes de comenzar el Capítulo 1, repasaremos algunas de las cosas que aprendimos el año pasado.

Hay varias cosas importantes para saber acerca de mi nuevo libro. Al comienzo de cada capítulo hay una Carta para la casa que les dice el vocabulario nuevo, menciona algunos libros para compartir y describe una actividad que podemos hacer juntos. Cada lección tiene una Actividad para la casa con la que les mostraré lo que estoy aprendiendo. Al final de cada unidad hay un Libro para la casa que me ayudará a mostrarles lo que he aprendido.

Con cariño,

_____

Visita *The Learning Site* para ideas adicionales y actividades.
www.harcourtschool.com

A

Preparación para segundo grado

¡Hola! Bienvenido a segundo grado. Mostremos a tu maestro algunas de las cosas que aprendiste el año pasado.

Autobús escolar

◆ **ACTIVIDAD PARA LA CASA** • En *Preparación*, su niño repasará las unidades y decenas del sistema de valor posicional, sumará y restará operaciones básicas y medirá y ubicará objetos en el espacio. Su niño describirá datos y resolverá problemas sencillos.

© Harcourt

B

Cuenta de dos en dos.
Colorea cada número de 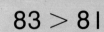.Cuenta
de cinco en cinco. Encierra en un
círculo cada número.

1

1	2	3	4	5	6	7	8	9	10
11	12	13	14	15	16	17	18	19	20
21	22	23	24	25	26	27	28	29	30
31	32	33	34	35	36	37	38	39	40
41	42	43	44	45	46	47	48	49	50

Encierra en un círculo las
operaciones que están
correctas.

2

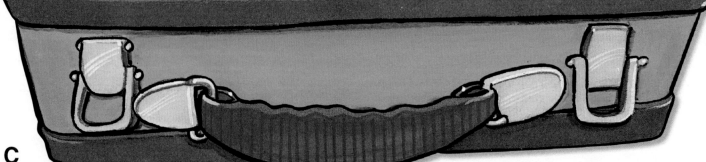

$83 > 81$	$46 = 40 + 6$	$5 = 50$
$59 > 95$	$75 > 45$	$32 > 31$

Escribe el número que dice cuántos hay.

1

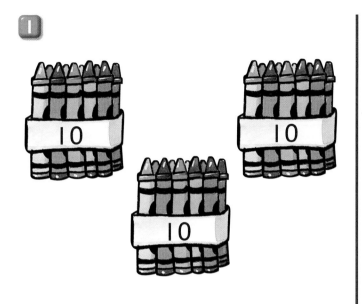

2

Dibuja bloques de base diez para mostrar cuántos hay.

3

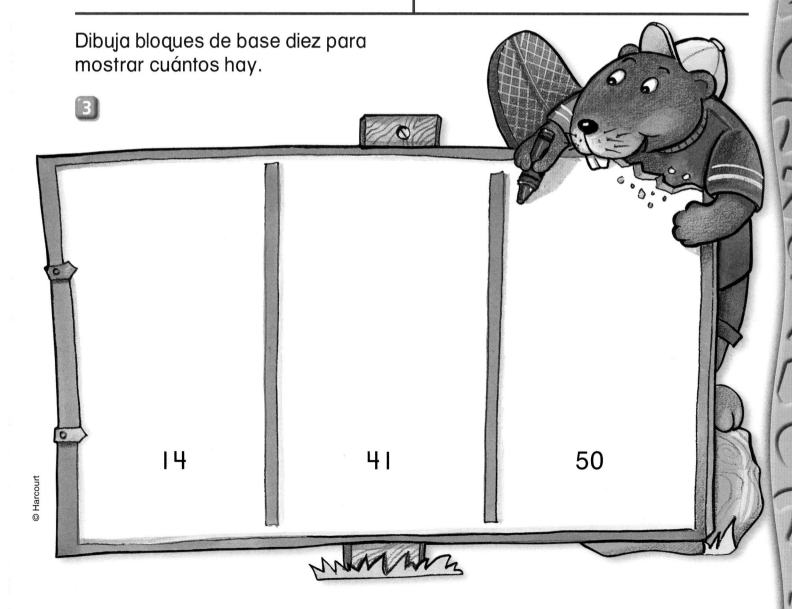

14   41   50

D

Suma o resta.

4 + 2 = ____	10 − 2 = ____	7 + 2 = ____
6 + 1 = ____	9 − 1 = ____	9 − 2 = ____
8 + 2 = ____	7 − 3 = ____	9 + 1 = ____
7 + 3 = ____	8 − 4 = ____	5 + 5 = ____
4 + 4 = ____	8 − 8 = ____	10 − 4 = ____
4 + 5 = ____	10 − 3 = ____	9 − 6 = ____
6 + 3 = ____	6 − 4 = ____	6 + 2 = ____
8 + 0 = ____	9 − 5 = ____	10 − 7 = ____

E

Nombre _____

Usa ⬭. Dibújalas. Escribe el enunciado numérico.

Tres niños. Tres niñas.
¿Cuántos niños hay en total?

I

_____ ⃝ _____ = _____ niños

Escribe el enunciado numérico.

Hay 9 pájaros. 4 se van.
¿Cuántos pájaros quedan?

2

_____ ⃝ _____ = _____ pájaros

F

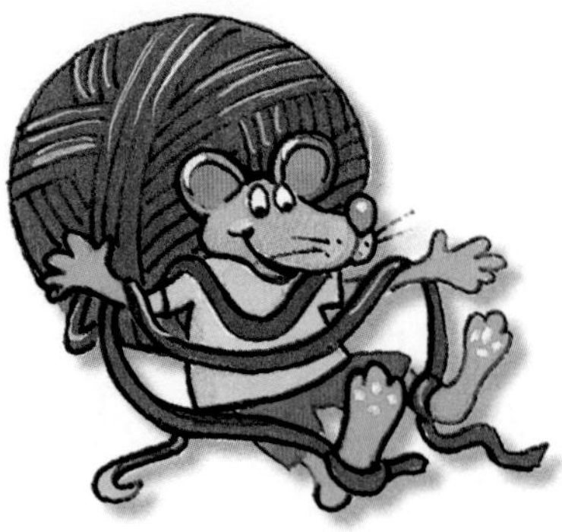

Aproximadamente, ¿cuánto mide de largo la cuerda?
Usa ⬭.

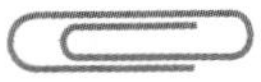

1 _____ ⬭

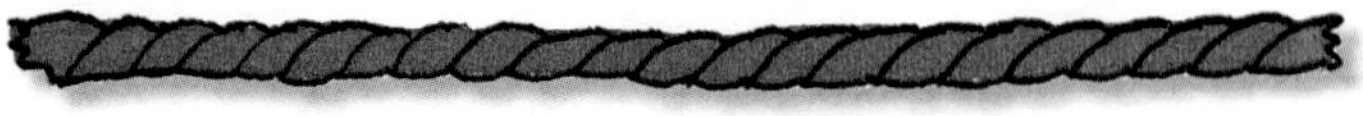

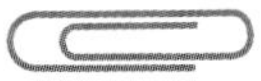

2 _____ ⬭

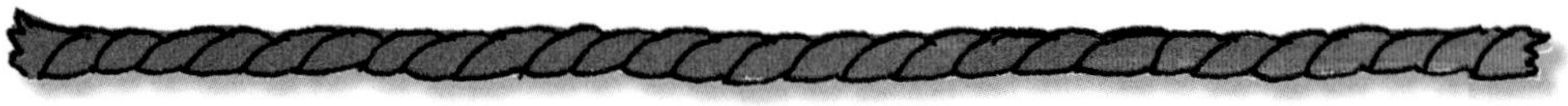

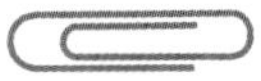

Usa la tabla.
Haz una gráfica de barras.

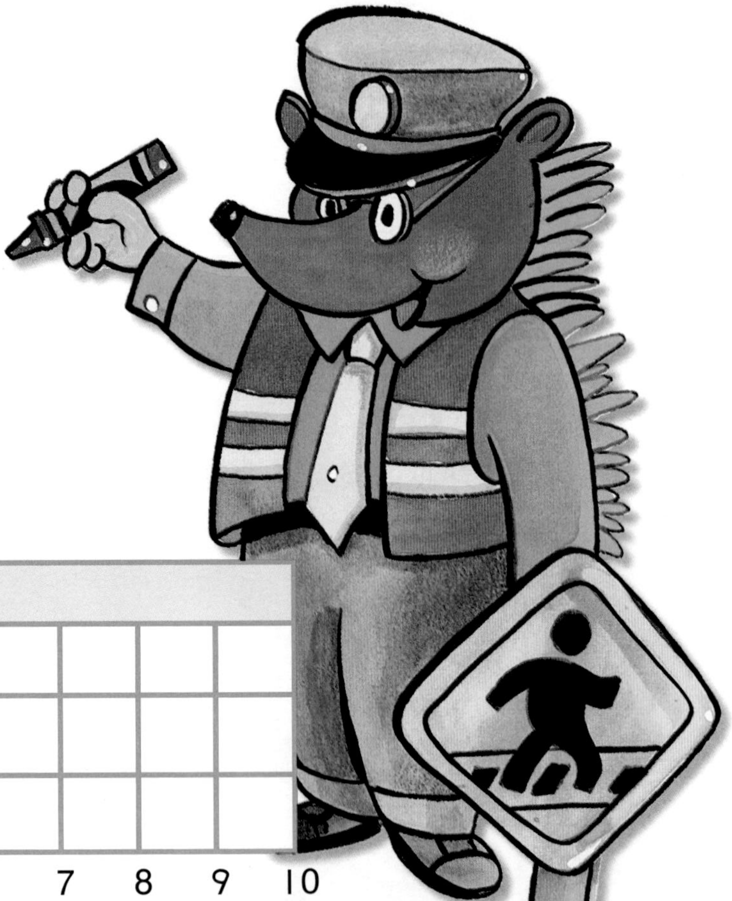

3

Colores favoritos	
rojo	ЦН III
amarillo	III
azul	ЦН I

Colores favoritos										
rojo										
amarillo										
azul										

0 1 2 3 4 5 6 7 8 9 10

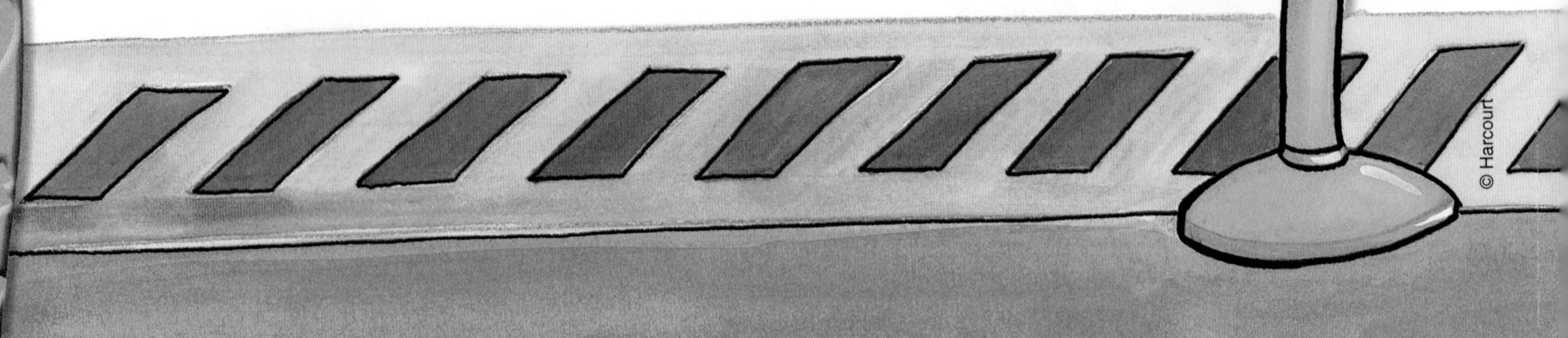

© Harcourt

Sigue la instrucción.

1 Dibuja un cuadrado rojo.

2 Dibuja un triángulo verde grande encima del cuadrado rojo.

3 Dibuja un círculo azul pequeño debajo del cuadrado rojo.

Usa las mismas figuras para hacer un patrón diferente. Dibuja tu patrón nuevo.

4

H

Muestra una manera de resolver este problema.

Tengo algunos ositos. Regalé 3. Ahora tengo 7.
¿Cuántos ositos tenía al comienzo?

Tenía _____ ositos al comienzo.

Explica lo que sabes

¿Cómo sabes que tu respuesta tiene sentido?
Di cómo resolviste este problema.

I

Estrategias de suma

¿Qué enunciados de suma puedes escribir acerca de este dibujo?

LA ESCUELA Y LA CASA

Querida familia:

Hoy comenzamos el Capítulo 1. Aprenderemos operaciones de suma hasta 20. También aprenderemos estrategias de suma para resolver problemas. Aquí están el vocabulario nuevo y una actividad para hacer juntos en casa.

Con cariño,

_____

Mis palabras de matemáticas

dobles más uno

suma o total

Vocabulario

dobles más uno Operaciones de suma cuyo total es uno más que la suma de una operación de dobles.

dobles
7 + 7 = 14

dobles más uno
7 + 8 = 15

suma o total La suma o total es el resultado de añadir uno o más números a otro número.

ACTIVIDAD

Doble una hoja de papel en cuatro y escriba uno de estos problemas en cada sección.

3 + 6 = ___   4 + 3 = ___

5 + 2 = ___   7 + 3 = ___

Pida a su niño que haga un dibujo para resolver cada suma.

Libros para compartir

Busque éstos u otros libros en la biblioteca local para leer con su niño acerca de la suma.

Two of Everything, por Lily Toy Hong, Albert Whitman, 1993.

La leyenda de la flor de Nochebuena, por Tomie de Paola, G.P. Putnam's Sons, 1994.

Visita *The Learning Site* para ideas adicionales y actividades. www.harcourtschool.com

© Harcourt

Nombre _____

El **orden** de los **sumandos** no altera la **suma**.

Cualquier número más **cero** es **igual** al mismo número.

$8 + 4 = \underline{12}$

$9 + 0 = \underline{9}$

$4 + 8 = \underline{12}$

$0 + 9 = \underline{9}$

Escribe la suma.

1
$5 + 4 = \underline{9}$
$4 + 5 = \underline{9}$

2
$10 + 0 = \underline{}$
$0 + 10 = \underline{}$

3
$7 + 5 = \underline{}$
$5 + 7 = \underline{}$

4
$6 + 4 = \underline{}$
$4 + 6 = \underline{}$

5
$3 + 9 = \underline{}$
$9 + 3 = \underline{}$

6
$0 + 11 = \underline{}$
$11 + 0 = \underline{}$

7
$0 + 8 = \underline{}$
$8 + 0 = \underline{}$

8
$4 + 7 = \underline{}$
$7 + 4 = \underline{}$

9
$6 + 0 = \underline{}$
$0 + 6 = \underline{}$

© Harcourt

Explica lo que sabes ▪ **Razonamiento**

¿Qué pasa con la suma cuando cambias el orden de los sumandos?
¿Qué pasa cuando a un número le sumas cero?

 $\begin{array}{r} 5 \\ +2 \\ \hline 7 \end{array}$  $\begin{array}{r} 2 \\ +5 \\ \hline 7 \end{array}$ |  $\begin{array}{r} 0 \\ +5 \\ \hline 5 \end{array}$ $\begin{array}{r} 5 \\ +0 \\ \hline 5 \end{array}$

Escribe la suma.

 1 $\begin{array}{r} 3 \\ +2 \\ \hline \end{array}$ $\begin{array}{r} 2 \\ +3 \\ \hline \end{array}$ **2** $\begin{array}{r} 12 \\ +\ 0 \\ \hline \end{array}$ $\begin{array}{r} 0 \\ +12 \\ \hline \end{array}$

3 $\begin{array}{r} 4 \\ +1 \\ \hline \end{array}$ $\begin{array}{r} 1 \\ +4 \\ \hline \end{array}$ **4** $\begin{array}{r} 6 \\ +3 \\ \hline \end{array}$ $\begin{array}{r} 3 \\ +6 \\ \hline \end{array}$

5 $\begin{array}{r} 8 \\ +2 \\ \hline \end{array}$ $\begin{array}{r} 2 \\ +8 \\ \hline \end{array}$ **6** $\begin{array}{r} 6 \\ +5 \\ \hline \end{array}$ $\begin{array}{r} 5 \\ +6 \\ \hline \end{array}$

Resolver problemas ▪ Observación

7 Colorea estos cubos para indicar que $3 + 6 = 9$.

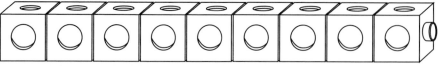

Di cómo cambiarías los colores para mostrar que $6 + 3 = 9$.

 ACTIVIDAD PARA LA CASA • Pida a su niño que use objetos pequeños para demostrar una operación de suma. Cambie el orden de los sumandos y pídale que muestre la nueva operación.

 NORMAS DE CALIFORNIA ⚬━ **AF 1.1** Usar las reglas de conmutación y asociación para simplificar los cálculos mentales y comprobar los resultados. ⚬━ **NS 2.2** Hallar la suma o la diferencia de dos números enteros con un máximo de tres dígitos cada uno. *también* **MR 3.0**

Nombre _____

Contar hacia adelante 1, 2 y 3

Comienza con el número **mayor**. **Cuenta hacia adelante** para hallar la suma.

Di 8.
Cuenta uno más.
9
La suma es 9.

Di 8.
Cuenta dos más.
9, 10
La suma es 10.

Di 8.
Cuenta tres más.
9, 10, 11
La suma es 11.

$$8 + 1 = 9$$

$$8 + 2 = 10$$

$$8 + 3 = 11$$

Encierra en un círculo el número mayor.
Cuenta hacia adelante para hallar la suma.

1

$$9 + 1$$ $$9 + 2$$ $$9 + 3$$ $$2 + 7$$ $$8 + 2$$ $$3 + 9$$

2

$$7 + 1$$ $$2 + 7$$ $$7 + 3$$ $$1 + 8$$ $$2 + 9$$ $$2 + 10$$

3

$$10 + 3$$ $$8 + 3$$ $$2 + 6$$ $$8 + 1$$ $$2 + 8$$ $$3 + 8$$

Explica lo que sabes ▪ Razonamiento

¿Por qué es más fácil comenzar con el número mayor al contar hacia adelante?

Capítulo 1 • Estrategias de suma

Práctica

$$3 + 9 = 12$$

Encierra en un círculo el número mayor.
Cuenta hacia adelante para hallar la suma.

1 $3 + 9 = \underline{12}$

2 $9 + 2 = \underline{\hspace{1cm}}$

3 $1 + 9 = \underline{\hspace{1cm}}$

4 $2 + 9 = \underline{\hspace{1cm}}$

5 $7 + 2 = \underline{\hspace{1cm}}$

6 $10 + 1 = \underline{\hspace{1cm}}$

7 $1 + 4 = \underline{\hspace{1cm}}$

8 $4 + 2 = \underline{\hspace{1cm}}$

9 $3 + 4 = \underline{\hspace{1cm}}$

10 $3 + 10 = \underline{\hspace{1cm}}$

11 $1 + 8 = \underline{\hspace{1cm}}$

12 $9 + 2 = \underline{\hspace{1cm}}$

13 $6 + 2 = \underline{\hspace{1cm}}$

14 $4 + 3 = \underline{\hspace{1cm}}$

15 $2 + 8 = \underline{\hspace{1cm}}$

16 $6 + 1 = \underline{\hspace{1cm}}$

17 $2 + 5 = \underline{\hspace{1cm}}$

18 $10 + 2 = \underline{\hspace{1cm}}$

Resolver problemas ▪ Cálculo mental

Halla la suma.

19 Rob tiene 7 camisas.
Ed tiene 2 más que Rob.
¿Cuántas camisas tiene Ed?

_____ camisas

20 Susan tiene 3 monedas de 1 ¢.
Mary tiene 5 más que Susan.
¿Cuántas monedas de 1 ¢ tiene Mary?

_____ monedas de 1 ¢

ACTIVIDAD PARA LA CASA • Pida a su niño que relate un cuento de suma para cada dibujo de esta lección.
NORMAS DE CALIFORNIA ⚬⊓ NS 2.2 Hallar la suma o la diferencia de dos números enteros con un máximo de tres dígitos cada uno. *también* MR 1.0

6 seis

Capítulo 1

© Harcourt

dobles

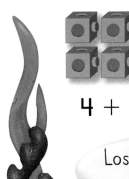

$4 + 4 = 8$

Los dos sumandos son iguales.

dobles más uno

$4 + 5 = 9$

El segundo sumando es 1 más.

Escribe la suma. Escribe la operación de dobles más uno.

1 $5 + 5 = \underline{10}$

$\underline{5} + \underline{6} = \underline{11}$

2 $7 + 7 = \underline{}$

$\underline{} + \underline{} = \underline{}$

3 $6 + 6 = \underline{}$

$\underline{} + \underline{} = \underline{}$

4 $3 + 3 = \underline{}$

$\underline{} + \underline{} = \underline{}$

5 $8 + 8 = \underline{}$

$\underline{} + \underline{} = \underline{}$

6 $9 + 9 = \underline{}$

$\underline{} + \underline{} = \underline{}$

7 $4 + 4 = \underline{}$

$\underline{} + \underline{} = \underline{}$

8 $2 + 2 = \underline{}$

$\underline{} + \underline{} = \underline{}$

Explica lo que sabes ▪ **Razonamiento**

¿Cómo el saber la suma de un doble te ayuda a saber la suma de un doble más uno?

Coloca un triángulo en las casillas que corresponden a los dobles. Luego escribe la suma. Coloca un cuadrado en las casillas que corresponden a los dobles más uno. Luego escribe la suma. Completa la tabla de sumar.

+	0	1	2	3	4	5	6	7	8	9	10
0	△0	☐			4	5	6				
1									9	10	
2	2			5		7					
3											
4		5	6				10		12	13	
5				8	9						
6	6	7	8								16
7			9		11						
8							14	15	16	17	
9			11	12							
10	10					15	16	17			

⬠ **ACTIVIDAD PARA LA CASA** • **Preguntе a su niño cómo el saber el resultado de la suma de 3 + 3 le ayuda a saber cuánto es 3 + 4.**

NORMAS DE CALIFORNIA AF 1.0 Los estudiantes modelan, representan e interpretan relaciones numéricas para crear y resolver problemas de suma y resta. *también* ⊶ NS 2.2, MR 3.0

© Harcourt

Nombre _____

Manos a la Obra

Suma 8 + 5.

Usa un cuadro de diez.
Coloca 8 fichas.
Pon 5 fichas afuera.

Luego **forma una decena.**
Mueve dos fichas para llenar el cuadro.

Suma 10 más 3.
10 + 3 = 13

$$\begin{array}{r} 8 \\ +5 \\ \hline \end{array}$$

$$\begin{array}{r} 10 \\ +\ 3 \\ \hline 13 \end{array}$$

Usa un cuadro de diez y ⬤ para formar una decena.
Halla la suma.

1
$$\begin{array}{r} 8 \\ +5 \\ \hline 13 \end{array}$$
$$\begin{array}{r} 7 \\ +6 \\ \hline \end{array}$$
$$\begin{array}{r} 6 \\ +9 \\ \hline \end{array}$$
$$\begin{array}{r} 4 \\ +6 \\ \hline \end{array}$$
$$\begin{array}{r} 8 \\ +4 \\ \hline \end{array}$$
$$\begin{array}{r} 8 \\ +6 \\ \hline \end{array}$$

2
$$\begin{array}{r} 3 \\ +7 \\ \hline \end{array}$$
$$\begin{array}{r} 9 \\ +2 \\ \hline \end{array}$$
$$\begin{array}{r} 7 \\ +7 \\ \hline \end{array}$$
$$\begin{array}{r} 4 \\ +8 \\ \hline \end{array}$$
$$\begin{array}{r} 5 \\ +7 \\ \hline \end{array}$$
$$\begin{array}{r} 9 \\ +8 \\ \hline \end{array}$$

3
$$\begin{array}{r} 8 \\ +7 \\ \hline \end{array}$$
$$\begin{array}{r} 9 \\ +4 \\ \hline \end{array}$$
$$\begin{array}{r} 5 \\ +9 \\ \hline \end{array}$$
$$\begin{array}{r} 6 \\ +6 \\ \hline \end{array}$$
$$\begin{array}{r} 4 \\ +7 \\ \hline \end{array}$$
$$\begin{array}{r} 8 \\ +3 \\ \hline \end{array}$$

Explica lo que sabes ▪ **Razonamiento**
Cuando preparas un problema de suma, ¿por qué pones el número mayor en el cuadro de diez?

Práctica

Usa un cuadro de diez y para hallar la suma.

$$\begin{array}{r} 5 \\ +8 \\ \hline ? \end{array}$$

Piensa
$$\begin{array}{r} 10 \\ +3 \end{array}$$

1
$$\begin{array}{r} 5 \\ +8 \\ \hline 13 \end{array}$$
$$\begin{array}{r} 8 \\ +6 \\ \hline \end{array}$$
$$\begin{array}{r} 9 \\ +6 \\ \hline \end{array}$$
$$\begin{array}{r} 5 \\ +9 \\ \hline \end{array}$$
$$\begin{array}{r} 9 \\ +8 \\ \hline \end{array}$$
$$\begin{array}{r} 8 \\ +7 \\ \hline \end{array}$$

2
$$\begin{array}{r} 9 \\ +2 \\ \hline \end{array}$$
$$\begin{array}{r} 8 \\ +4 \\ \hline \end{array}$$
$$\begin{array}{r} 9 \\ +7 \\ \hline \end{array}$$
$$\begin{array}{r} 7 \\ +7 \\ \hline \end{array}$$
$$\begin{array}{r} 3 \\ +8 \\ \hline \end{array}$$
$$\begin{array}{r} 7 \\ +6 \\ \hline \end{array}$$

3
$$\begin{array}{r} 5 \\ +7 \\ \hline \end{array}$$
$$\begin{array}{r} 4 \\ +9 \\ \hline \end{array}$$
$$\begin{array}{r} 4 \\ +7 \\ \hline \end{array}$$
$$\begin{array}{r} 9 \\ +3 \\ \hline \end{array}$$
$$\begin{array}{r} 5 \\ +6 \\ \hline \end{array}$$
$$\begin{array}{r} 8 \\ +2 \\ \hline \end{array}$$

4
$$\begin{array}{r} 6 \\ +5 \\ \hline \end{array}$$
$$\begin{array}{r} 7 \\ +9 \\ \hline \end{array}$$
$$\begin{array}{r} 9 \\ +4 \\ \hline \end{array}$$
$$\begin{array}{r} 8 \\ +8 \\ \hline \end{array}$$
$$\begin{array}{r} 9 \\ +5 \\ \hline \end{array}$$
$$\begin{array}{r} 4 \\ +6 \\ \hline \end{array}$$

Resolver problemas ▪ Observación

Haz un dibujo para mostrar cómo usarías un cuadro de diez para resolver este problema.

5 Megan tiene 10 conchas. 7 son color rosa y las demás anaranjadas. ¿Cuántas conchas anaranjadas tiene Megan?

_____ conchas anaranjadas

 ACTIVIDAD PARA LA CASA • Pregunte a su niño cómo usó el cuadro de diez para resolver las sumas de esta página.

NORMAS DE CALIFORNIA AF 1.0 Los estudiantes modelan, representan e interpretan relaciones numéricas para crear y resolver problemas de suma y resta. ⚬━ NS 2.2 Hallar la suma o la diferencia de dos números enteros con un máximo de tres dígitos cada uno. *también* MR 1.1, MR 1.2

Nombre _____

Puedes sumar tres números de diferentes maneras.

Elige los dos números que vas a sumar primero.
Busca operaciones que ya conoces.

$7 + 2 + 3 = 12$ | $7 + 2 + 3 = 12$ | $7 + 2 + 3 = 12$

$9 + 3 = 12$ | $7 + 5 = 12$ | $10 + 2 = 12$

Encierra en un círculo los sumandos que vas a sumar primero.
Escribe la suma.

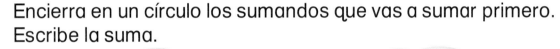

8 + 1   6 + 3

1 $(6 + 2) + 1 = 9$ $6 + (2 + 1) = 9$

2 $5 + 3 + 4 = $ _____ $5 + 3 + 4 = $ _____

3 $4 + 2 + 7 = $ _____ $4 + 2 + 7 = $ _____

4 $4 + 5 + 4 = $ _____ $4 + 5 + 4 = $ _____

5 $6 + 6 + 2 = $ _____ $6 + 6 + 2 = $ _____

6 $6 + 7 + 3 = $ _____ $6 + 7 + 3 = $ _____

Explica lo que sabes ▪ Razonamiento
¿Cómo decides qué dos sumandos vas a sumar primero?

© Harcourt

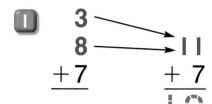

Práctica

Escribe la suma.

1

3	3	3
8 → 11	8 → 15	8 → 10
+7	+7	+7
	+7	+3	+7	+8
	18	18	18

2

5	9	1	1	6	3
4	8	7	8	1	7
+5	+1	+7	+1	+7	+2

3

2	4	2	5	5	9
7	5	8	2	3	1
+2	+4	+5	+5	+3	+7

Resolver problemas ▪ Razonamiento

4 Dibuja uvas en los 3 platos.

Ari se come las uvas de los dos primeros platos y Jane se come las del tercero. ¿Cuántas uvas se comen en total?

8 uvas

_____ uvas

Si Ari se come las uvas del primer plato y Jane las de los otros dos platos, ¿cuántas uvas se comen entre los dos?

5 uvas

_____ uvas

¿Son iguales las respuestas? ¿Por qué sí o por qué no?

6 uvas

ACTIVIDAD PARA LA CASA • Pregunte a su niño cómo decidió qué dos sumandos iba a sumar en primer lugar.

NORMAS DE CALIFORNIA ⎯ **AF 1.1** Usar las reglas de conmutación y asociación para simplificar los cálculos mentales y comprobar los resultados. *también* **MR 1.1, MR 2.0**

© Harcourt

Nombre _____

(Comprende) (Planea) (Resuelve) (Comprueba)

Resuelve.

El lunes, Kim encuentra 3 conchas.

El martes, encuentra el doble que el lunes.

¿Cuántas conchas encontró en total?

Estos pasos te ayudarán
a resolver el problema.

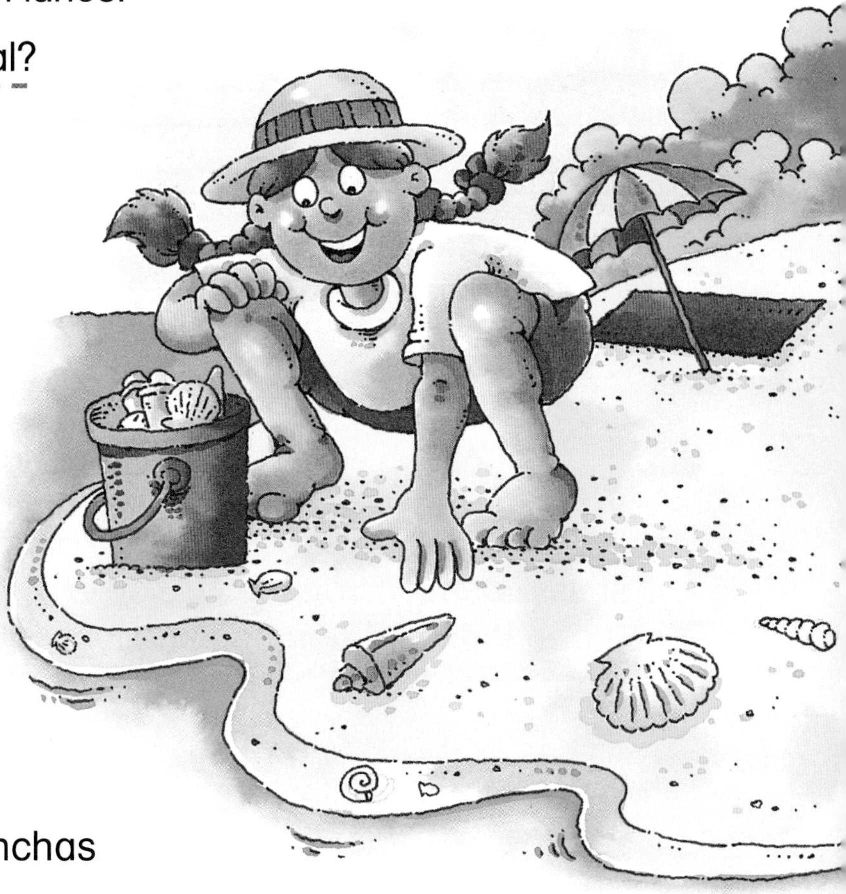

(Comprende)

Lee el problema. Haz una línea
debajo de lo que quieres resolver.
Encierra en un círculo los datos.

(Planea)

Puedes hacer un dibujo para
contar cuántas conchas
encontró Kim en total.

(Resuelve)

Dibuja 🐚 para mostrar cuántas conchas
encontró Kim el lunes.
Dibuja 🐚 para mostrar cuántas conchas encontró
Kim el martes.

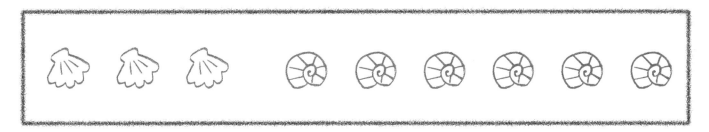

Escribe un enunciado numérico que represente tu dibujo.

__3__ ⊕ __6__ ⊖ __9__ conchas

(Comprueba)

Vuelve a leer el problema.
Explica a un compañero cómo tu dibujo muestra la respuesta.

Sigue los cuatro pasos para resolver el problema.
Haz un dibujo. Escribe un enunciado numérico.

1 Sam recoge 5 conchas de color café y 4 conchas blancas. ¿Cuántas conchas recogió?

_5_ ⊕ _4_ ⊜ _9_ conchas

2 Nan ve 8 cangrejos. Llegan 4 más. ¿Cuántos cangrejos ve Nan en total?

_____ ◯ _____ ◯ _____ cangrejos

3 Pat ve 6 estrellas de mar grandes y 4 pequeñas. ¿Cuántas estrellas de mar ve en total?

_____ ◯ _____ ◯ _____ estrellas de mar

4 Gina pesca 9 peces. Bob pesca el doble. ¿Cuántos peces pescó Bob?

_____ ◯ _____ ◯ _____ peces

Por escrito

Escribe un cuento sobre una suma acerca de peces en una pecera. Haz un dibujo para ilustrar tu cuento.

© Harcourt

ACTIVIDAD PARA LA CASA • o Pida a su niño que explique los cuatro pasos que seguiría para resolver un problema.

NORMAS DE CALIFORNIA ⊶ **NS 2.2** Hallar la suma o la diferencia de dos números enteros con un máximo de tres dígitos cada uno. **AF 1.2** Relacionar situaciones de un problema con expresiones numéricas en las que se usan operaciones de suma y resta. *también* **MR 1.2**

Nombre _____

COMPROBAR ▪ Conceptos y destrezas

Escribe la suma.

1 5 + 0 = _____

0 + 5 = _____

Encierra en un círculo el número mayor.
Cuenta hacia adelante para hallar
la suma.

2
$$
\begin{array}{ccc}
7 & 3 & 4 \\
+2 & +6 & +1 \\
\end{array}
$$

Escribe la suma. Escribe la operación de dobles más uno.

3 4 + 4 = _____

4 + 5 = _____

4 6 + 6 = _____

6 + 7 = _____

Usa un cuadro de diez y para formar
una decena. Halla la suma.

5
$$
\begin{array}{ccc}
9 & 6 & 8 \\
+5 & +8 & +7 \\
\end{array}
$$

Encierra en un círculo los sumandos que
vas a sumar primero. Escribe la suma.

6
$$
\begin{array}{ccc}
3 & 2 & 6 \\
3 & 6 & 5 \\
+5 & +4 & +3 \\
\end{array}
$$

COMPROBAR ▪ Resolver problemas

Haz un dibujo para resolverlo.
Escribe un enunciado numérico.

7 Jan tiene 7 creyones rojos
y 4 creyones azules.
¿Cuántos creyones
tiene en total?

_____◯_____ = _____ creyones

© Harcourt

Elige la mejor respuesta.

1 ¿Qué números suman lo mismo que 1 + 2?

| 4 + 1 | 1 + 4 | 2 + 1 | 6 + 2 |
| ○ | ○ | ○ | ○ |

2 ¿Qué números suman lo mismo que 0 + 5?

| 5 + 0 | 0 + 4 | 5 + 1 | 1 + 6 |
| ○ | ○ | ○ | ○ |

3 Observa la operación de dobles. ¿Cuál es la operación de dobles más uno?

$$3 + 3 = 6$$

| 3 + 0 = 3 | 3 + 4 = 7 | 3 + 5 = 8 | 3 + 7 = 10 |
| ○ | ○ | ○ | ○ |

4 ¿Cuánto es la suma?

$$4 + 1 + 4 = \text{\_\_\_\_\_}$$

| 6 | 9 | 10 | 12 |
| ○ | ○ | ○ | ○ |

5 Dan tiene 6 peces en su pecera. Compra 4 más. ¿Cuántos peces tiene ahora?

| 2 peces | 3 peces | 9 peces | 10 peces |
| ○ | ○ | ○ | ○ |

Estrategias de resta

¿Qué familia de operaciones muestran los caballos en el dibujo?

© Harcourt

LA ESCUELA Y LA CASA

Querida familia:

Hoy comenzamos el Capítulo 2. Restaremos números hasta 20. Aquí están el vocabulario nuevo y una actividad para hacer juntos en casa.

Con cariño,

_____

Mis palabras de matemáticas

familia de operaciones

diferencia

Vocabulario

Una **familia de operaciones** es un grupo de operaciones de suma y resta que usan los mismos números.

Ésta es la familia de operaciones para 7, 8 y 15:

$$7 + 8 = 15 \qquad 8 + 7 = 15$$
$$15 - 7 = 8 \qquad 15 - 8 = 7$$

Pida a su niño que escriba familias de operaciones.

diferencia El resultado de un problema de resta es la diferencia.

Visita *The Learning Site* para ideas adicionales y actividades. www.harcourtschool.com

ACTIVIDAD

Ponga 20 objetos pequeños en una bolsa de papel. Pida a su niño que saque algunos objetos y diga cuántos quedan en la bolsa. Pídale que mire en la bolsa y los cuente, y a continuación que diga y escriba el enunciado de resta. Repita el ejercicio con menos de 20 objetos.

Libros para compartir

Busque éstos u otros libros en la biblioteca local para leer con su niño acerca de la suma y la resta.

Sea Sums,
por Joy Hulme,
Hyperion Books,
1996.

El circo,
por Clarisa Bell,
Laredo Publishing, 1992.

© Harcourt

¿Cuántas botas quedan?   ¿Cuántas botas quedan?

El resultado de la **resta** es la **diferencia**.

7 − 7 = 0 botas   7 − 0 = 7 botas

Resta.

1 $3 - 3 = \underline{0}$	**2** $9 - 0 = \underline{9}$	**3** $8 - 8 = \underline{}$
4 $18 - 0 = \underline{}$	**5** $14 - 0 = \underline{}$	**6** $6 - 6 = \underline{}$
7 $15 - 0 = \underline{}$	**8** $5 - 5 = \underline{}$	**9** $1 - 1 = \underline{}$
10 $2 - 0 = \underline{}$	**11** $4 - 4 = \underline{}$	**12** $9 - 9 = \underline{}$

Explica lo que sabes ▪ Razonamiento

Cuando a un número le restas 0, ¿cuál será siempre el resultado? ¿Por qué?

9 − 0 = ?

Práctica

Resta.

1

18	7	8	19	12	4
− 0	−7	−8	− 0	−12	−4
18	**0**				

2

19	10	6	3	14	5
−19	− 0	−0	−3	− 0	−5

3

2	17	3	6	10	5
−0	− 0	−0	−6	−10	−0

4

9	11	7	12	18	8
−9	− 0	−0	− 0	− 0	−0

Repaso mixto

Halla las sumas.

5

6 + 4 = _____   3 + 9 = _____   0 + 11 = _____

4 + 6 = _____   9 + 3 = _____   11 + 0 = _____

6

0 + 8 = _____   4 + 7 = _____   6 + 0 = _____

8 + 0 = _____   7 + 4 = _____   0 + 6 = _____

 ACTIVIDAD PARA LA CASA • Muestre a su niño un grupo de no más de 10 objetos. Quítelos todos o no quite ninguno. Pídale que escriba el enunciado de resta.

NORMAS DE CALIFORNIA AF 1.0 Los estudiantes modelan, representan e interpretan relaciones numéricas para crear y resolver problemas de suma y resta. ○─ NS 2.2 Hallar la suma o la diferencia de dos números enteros con un máximo de tres dígitos cada uno. *también* MR 3.0

¿Cuánto es 9 − 1?

Di 9. **Cuenta 1 hacia atrás.**
8
La diferencia es 8.

$9 - 1 = 8$

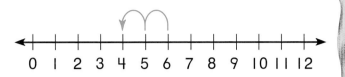

¿Cuánto es 6 − 2?

Di 6. Cuenta 2 hacia atrás.
5, 4
La diferencia es 4.

$6 - 2 = 4$

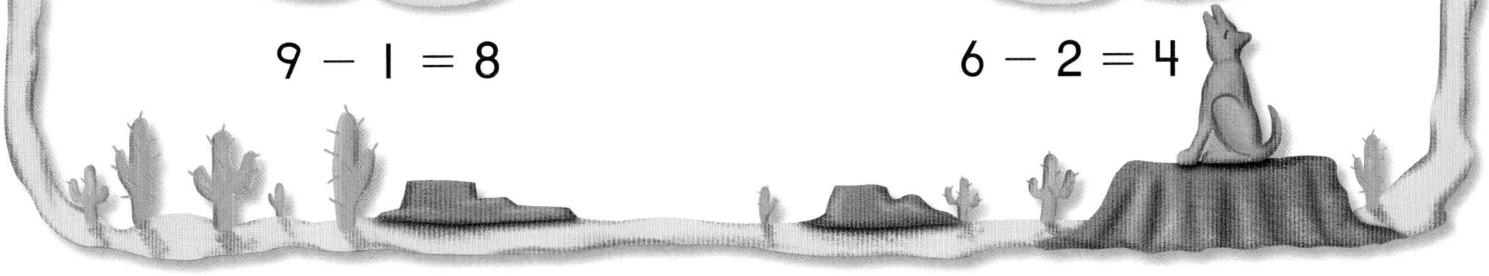

Cuenta hacia atrás para hallar la diferencia.

1 $5 - 2 = 3$	**2** $6 - 1 = $ ___	**3** $10 - 1 = $ ___
4 $11 - 2 = $ ___	**5** $7 - 1 = $ ___	**6** $8 - 1 = $ ___
7 $9 - 2 = $ ___	**8** $11 - 1 = $ ___	**9** $8 - 2 = $ ___
10 $6 - 2 = $ ___	**11** $10 - 2 = $ ___	**12** $5 - 1 = $ ___
13 $12 - 2 = $ ___	**14** $4 - 2 = $ ___	**15** $12 - 1 = $ ___

Explica lo que sabes ▪ **Razonamiento**

¿Puedes contar hacia atrás más números? Da un ejemplo.

Práctica

$$
\begin{array}{r} 7 \\ -3 \\ \hline ? \end{array}
$$

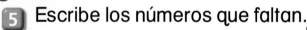

0 1 2 3 4 5 6 7 8 9 10 11 12

$$
\begin{array}{r} 7 \\ -3 \\ \hline 4 \end{array}
$$

Cuenta hacia atrás para hallar
la diferencia.

1
$$
\begin{array}{r} 9 \\ -1 \\ \hline \end{array}
$$
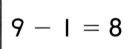
$$
\begin{array}{r} 5 \\ -2 \\ \hline \end{array}
\qquad
\begin{array}{r} 6 \\ -2 \\ \hline \end{array}
\qquad
\begin{array}{r} 5 \\ -1 \\ \hline \end{array}
\qquad
\begin{array}{r} 7 \\ -2 \\ \hline \end{array}
$$

2
$$
\begin{array}{r} 10 \\ -2 \\ \hline \end{array}
\qquad
\begin{array}{r} 3 \\ -2 \\ \hline \end{array}
\qquad
\begin{array}{r} 6 \\ -3 \\ \hline \end{array}
\qquad
\begin{array}{r} 7 \\ -1 \\ \hline \end{array}
\qquad
\begin{array}{r} 8 \\ -1 \\ \hline \end{array}
$$

3
$$
\begin{array}{r} 8 \\ -2 \\ \hline \end{array}
\qquad
\begin{array}{r} 9 \\ -3 \\ \hline \end{array}
\qquad
\begin{array}{r} 11 \\ -3 \\ \hline \end{array}
\qquad
\begin{array}{r} 4 \\ -3 \\ \hline \end{array}
\qquad
\begin{array}{r} 10 \\ -1 \\ \hline \end{array}
$$

4
$$
\begin{array}{r} 11 \\ -2 \\ \hline \end{array}
\qquad
\begin{array}{r} 7 \\ -3 \\ \hline \end{array}
\qquad
\begin{array}{r} 12 \\ -3 \\ \hline \end{array}
\qquad
\begin{array}{r} 8 \\ -3 \\ \hline \end{array}
\qquad
\begin{array}{r} 4 \\ -1 \\ \hline \end{array}
$$

Álgebra

5 Escribe los números que faltan.

$9 - 1 = 8$	$10 - 1 = 9$	$11 - 1 = 10$
$9 - 2 = \underline{\quad}$	$10 - 2 = \underline{\quad}$	$11 - 2 = \underline{\quad}$
$9 - \underline{\quad} = \underline{\quad}$	$10 - \underline{\quad} = \underline{\quad}$	$11 - \underline{\quad} = \underline{\quad}$
$9 - \underline{\quad} = \underline{\quad}$	$10 - \underline{\quad} = \underline{\quad}$	$11 - \underline{\quad} = \underline{\quad}$

 ACTIVIDAD PARA LA CASA • Pida a su niño que cuente hacia atrás para resolver 10 − 3.

NORMAS DE CALIFORNIA ⚬⌐ NS 2.2 Hallar la suma o la diferencia de dos números enteros hasta un máximo de tres dígitos cada uno. AF 1.0 Los estudiantes modelan, representan e interpretan relaciones numéricas para crear y resolver problemas de suma y resta. *también* MR 1.2

© Harcourt

Nombre _____

Si le sumo 5 cubos a 7 cubos, tengo 12 cubos.

$$\begin{array}{r} 7 \\ +5 \\ \hline 12 \end{array}$$

$$\begin{array}{r} 12 \\ -5 \\ \hline 7 \end{array}$$

Si le quito 5 cubos a 12 cubos, me quedan 7 cubos.

Usa ▪️▪️.
Suma o resta.

1
$$\begin{array}{r} 6 \\ +5 \\ \hline \end{array} \qquad \begin{array}{r} 11 \\ -5 \\ \hline \end{array}$$

2
$$\begin{array}{r} 4 \\ +3 \\ \hline \end{array} \qquad \begin{array}{r} 7 \\ -3 \\ \hline \end{array}$$

3
$$\begin{array}{r} 3 \\ +7 \\ \hline \end{array} \qquad \begin{array}{r} 10 \\ -7 \\ \hline \end{array}$$

4
$$\begin{array}{r} 9 \\ +7 \\ \hline \end{array} \qquad \begin{array}{r} 16 \\ -7 \\ \hline \end{array}$$

5
$$\begin{array}{r} 8 \\ +3 \\ \hline \end{array} \qquad \begin{array}{r} 11 \\ -3 \\ \hline \end{array}$$

6
$$\begin{array}{r} 5 \\ +8 \\ \hline \end{array} \qquad \begin{array}{r} 13 \\ -8 \\ \hline \end{array}$$

7
$$\begin{array}{r} 9 \\ +8 \\ \hline \end{array} \qquad \begin{array}{r} 17 \\ -8 \\ \hline \end{array}$$

8
$$\begin{array}{r} 6 \\ +8 \\ \hline \end{array} \qquad \begin{array}{r} 14 \\ -8 \\ \hline \end{array}$$

9
$$\begin{array}{r} 8 \\ +7 \\ \hline \end{array} \qquad \begin{array}{r} 15 \\ -7 \\ \hline \end{array}$$

© Harcourt

Explica lo que sabes ▪ Razonamiento
¿Cómo el saber que $7 + 5 = 12$
te ayuda a resolver $12 - 5$?

7+5=12

Capítulo 2 · Estrategias de resta

Práctica

Suma o resta.

1. $4 + 7 = \underline{11}$

   $11 - 7 = \underline{4}$

2. $7 + 5 = \underline{\hspace{2cm}}$

   $12 - 5 = \underline{\hspace{2cm}}$

3. $9 + 6 = \underline{\hspace{2cm}}$

   $15 - 6 = \underline{\hspace{2cm}}$

4. $6 + 4 = \underline{\hspace{2cm}}$

   $10 - 4 = \underline{\hspace{2cm}}$

5. $9 + 5 = \underline{\hspace{2cm}}$

   $14 - 5 = \underline{\hspace{2cm}}$

6. $8 + 7 = \underline{\hspace{2cm}}$

   $15 - 7 = \underline{\hspace{2cm}}$

Resolver problemas ▪ Aplicaciones

Resuelve.

7. Mary compró una tortuga de juguete a 9¢ y un pescado de juguete a 8¢. ¿Cuánto dinero gastó?

   $\underline{\hspace{2cm}}$ ¢

8. Nathan tenía 17¢ y gastó 8¢. ¿Cuánto dinero le quedó?

   $\underline{\hspace{2cm}}$ ¢

ACTIVIDAD PARA LA CASA • Pida a su niño que explique cómo el saber que 5 + 6 = 11 le ayuda a resolver 11 − 6.

NORMAS DE CALIFORNIA ⊙━ NS 2.1 Entender y emplear la relación inversa entre la suma y la resta (p.ej., el enunciado numérico opuesto a 8 + 6 = 14 es 14 − 6 = 8) para resolver problemas y comprobar soluciones. *también* MR 3.0

24 veinticuatro   Capítulo 2

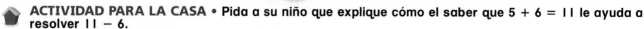

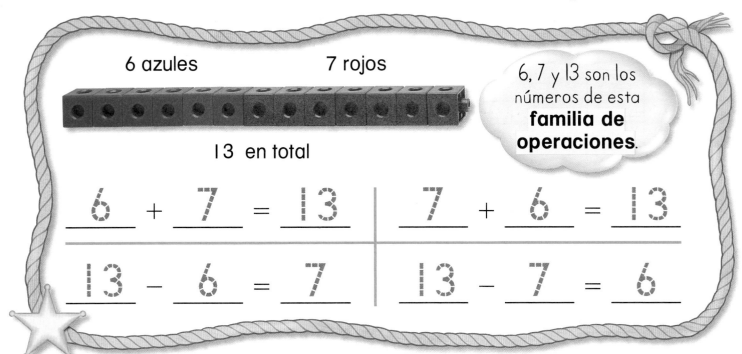

6 azules   7 rojos

6, 7 y 13 son los números de esta **familia de operaciones**.

13 en total

6 + 7 = 13 | 7 + 6 = 13

13 − 6 = 7 | 13 − 7 = 6

Escribe la familia de operaciones para este conjunto de números.

1   8   9

17

_____ + _____ = _____   _____ + _____ = _____

_____ − _____ = _____   _____ − _____ = _____

2   6   8

14

_____ + _____ = _____   _____ + _____ = _____

_____ − _____ = _____   _____ − _____ = _____

Explica lo que sabes ▪ Razonamiento

¿Cuántos enunciados numéricos diferentes puedes escribir para el conjunto de números 6, 6 y 12? ¿Por qué?

Práctica

Escribe la familia de operaciones para este conjunto de números.

1

$$
\begin{array}{r}
4 \\
+\ 8 \\
\hline
12
\end{array}
\qquad
\begin{array}{r}
8 \\
+\ 4 \\
\hline
12
\end{array}
$$

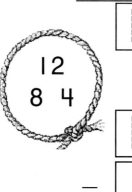
12
8 4

$$
\begin{array}{r}
12 \\
-\ 8 \\
\hline
4
\end{array}
\qquad
\begin{array}{r}
12 \\
-\ 4 \\
\hline
8
\end{array}
$$

2

$$
\begin{array}{r}
\Box \\
+\ \Box \\
\hline
\Box
\end{array}
\qquad
\begin{array}{r}
\Box \\
+\ \Box \\
\hline
\Box
\end{array}
$$

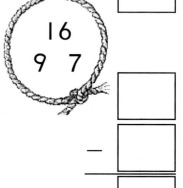
16
9 7

$$
\begin{array}{r}
\Box \\
-\ \Box \\
\hline
\Box
\end{array}
\qquad
\begin{array}{r}
\Box \\
-\ \Box \\
\hline
\Box
\end{array}
$$

3

$$
\begin{array}{r}
\Box \\
+\ \Box \\
\hline
\Box
\end{array}
\qquad
\begin{array}{r}
\Box \\
+\ \Box \\
\hline
\Box
\end{array}
$$

15
7 8

$$
\begin{array}{r}
\Box \\
-\ \Box \\
\hline
\Box
\end{array}
\qquad
\begin{array}{r}
\Box \\
-\ \Box \\
\hline
\Box
\end{array}
$$

4

$$
\begin{array}{r}
\Box \\
+\ \Box \\
\hline
\Box
\end{array}
\qquad
\begin{array}{r}
\Box \\
+\ \Box \\
\hline
\Box
\end{array}
$$

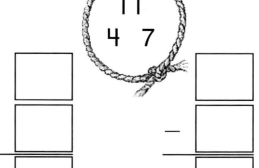
11
4 7

$$
\begin{array}{r}
\Box \\
-\ \Box \\
\hline
\Box
\end{array}
\qquad
\begin{array}{r}
\Box \\
-\ \Box \\
\hline
\Box
\end{array}
$$

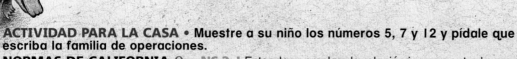

ACTIVIDAD PARA LA CASA • Muestre a su niño los números 5, 7 y 12 y pídale que escriba la familia de operaciones.

NORMAS DE CALIFORNIA ⊶ **NS 2. I** Entender y emplear la relación inversa entre la suma y la resta (p.ej., el enunciado numérico opuesto a 8 + 6 = 14 es 14 − 6 = 8) para resolver problemas y comprobar soluciones. *también* **MR I.2, MR 2.2,** ⊶ **AF I. I**

© Harcourt

Puedes representar
el número 12 de
diferentes maneras.
¿Cuáles representan 12?

Puedes sumar
o restar.

Encierra en un círculo las expresiones que son iguales al número de arriba.
Después escribe otra expresión.

1 12	**2** 7	**3** 9
6 + 5	0 + 10	18 − 9
(5 + 5 + 2)	2 + 5	14 − 5
3 + 9	17 − 9	13 − 5
1 + 1 + 1 + 9	3 + 0 + 5	2 + 2 + 2 + 2
8 + 4	16 − 9	3 + 2 + 4
3 + 7	15 − 8	16 − 7
6 + 6	4 + 3	3 + 3 + 3

Explica lo que sabes ▪ Razonamiento

¿Cómo representarías 8 con sumas y restas?

© Harcourt

Mira en dirección horizontal, vertical y diagonal. Encierra en un círculo los pares de sumandos cuya suma es igual al número de arriba.

1

14			
9	2	14	1
5	3	0	8
3	10	5	6
5	4	9	8
7	9	3	4
14	7	7	10

2

11			
9	8	0	11
3	2	8	2
7	5	6	5
4	9	3	8
10	1	2	1
1	7	10	6

Encierra en un círculo los pares de números cuya diperencia es igual al número de arriba.

3

10			
10	0	12	1
5	2	4	14
13	11	1	6
3	11	9	8
7	9	2	12
19	7	7	17

4

6			
2	8	10	4
1	12	4	3
7	1	6	5
4	5	2	11
10	1	0	8
0	7	13	6

Álgebra

Escribe + ó − para que el resultado sea 6.

5   13 ◯ 7   4 ◯ 2   14 ◯ 8   2 ◯ 2 ◯ 2

© Harcourt

ACTIVIDAD PARA LA CASA • Pida a su niño que muestre tres maneras de obtener una suma igual a 10 y tres maneras de obtener una diferencia igual a 10.

NORMAS DE CALIFORNIA ⚬─ NS 2.2 Hallar la suma o la diferencia de dos números enteros con un máximo de tres dígitos cada uno. *también* MR 1.1, MR 3.0

Nombre _____

COMPROBAR ▪ Conceptos y destrezas

Resta.

1   3 − 3 = _____   7 − 0 = _____   8 − 0 = _____

2   9 − 9 = _____   11 − 0 = _____   12 − 12 = _____

Cuenta hacia atrás para hallar la diferencia.

3   7 − 2 = _____   8 − 1 = _____   5 − 3 = _____

4   9 − 3 = _____   11 − 3 = _____   6 − 2 = _____

Usa 🟦. Suma o resta.

5

$$
\begin{array}{r} 7 \\ +2 \\ \hline \end{array}
\qquad
\begin{array}{r} 9 \\ -2 \\ \hline \end{array}
\qquad
\begin{array}{r} 6 \\ +3 \\ \hline \end{array}
\qquad
\begin{array}{r} 9 \\ -6 \\ \hline \end{array}
$$

---

6 Escribe la familia de operaciones para este conjunto de números.

     6   5

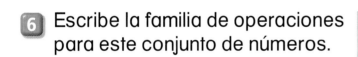

        11

_____ + _____ = _____

_____ − _____ = _____

_____ + _____ = _____

_____ − _____ = _____

7 Mira en dirección horizontal, vertical y diagonal. Encierra en un círculo los pares de sumandos cuya suma es igual al número de arriba.

8			
1	7	8	5
7	4	2	3
4	9	8	0
1	1	3	2
6	7	6	6
2	4	2	4

© Harcourt

Nombre _____

Elige la mejor respuesta.

1 $9 - 9 =$ _____

0	1	18	19
○	○	○	○

2 $5 - 0 =$ _____

4	5	10	11
○	○	○	○

---

3 ¿Qué enunciado numérico corresponde al dibujo?

$$6 + 2 = 8$$

$8 - 3 = 5$	$8 - 1 = 7$	$8 - 2 = 6$	$6 + 3 = 9$
○	○	○	○

---

4 ¿Qué enunciado numérico completa esta familia de operaciones?

$$5 + 7 = 12 \qquad\qquad 12 - 5 = 7$$
$$7 + 5 = 12 \qquad\qquad\quad ?$$

$12 - 7 = 5$	$12 - 6 = 6$	$12 - 5 = 7$	$5 + 7 = 12$
○	○	○	○

---

5 ¿Cuál de estas combinaciones **no** da 13?

$14 - 1$	$6 + 7$	$10 + 3$	$12 - 1$
○	○	○	○

---

6 Ricco ve 14 vacas en un campo. Cinco vacas son de color café. Las demás son blancas. ¿Cuántas vacas son blancas?

8	9	10	19
○	○	○	○

© Harcourt

Practicar la suma y la resta

Cada equipo tiene 10 corredores. ¿Cuántos de cada equipo no han cruzado la meta?

META

LA ESCUELA Y LA CASA

Querida familia:
   Hoy comenzamos el Capítulo 3. Practicaremos estrategias para sumar y restar. Aquí están el vocabulario nuevo y una actividad para hacer juntos en casa.

Con cariño,

_____

Mis palabras de matemáticas
número que falta

Vocabulario

Un **número que falta** es un número que no está en la primera parte de un enunciado de suma o resta.

Por ejemplo, en el enunciado $7 + \_\_\_ = 15$, el número que falta es 8.

Proporcione a su niño problemas similares para resolver.

ACTIVIDAD

Lea un libro a su niño y pídale que invente un problema numérico basado en los personajes del libro. Pídale además que haga un dibujo del problema y que escriba un enunciado numérico para resolverlo.

Libros para compartir

Busque éstos u otros libros en la biblioteca local para leer con su niño acerca de la suma y la resta.

Ready, Set, Hop!, por Stuart J. Murphy HarperCollins, 1996.

El dinosaurio que vivía en mi patio, por B.G. Hennessy, Scholastic, 1995.

Each Orange Had 8 Slices, por Paul Giganti Jr., William Morrow & Company, 1999.

Visita *The Learning Site* para ideas adicionales y actividades. www.harcourtschool.com

© Harcourt

Nombre _____

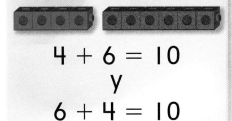

Suma en cualquier orden.

$$4 + 6 = 10$$
y
$$6 + 4 = 10$$

Usa dobles.

$$9 + 9 = 18$$
1 más
$$9 + 10 = 19$$

Forma una decena.

$$10 + 6 = 16$$
entonces
$$9 + 7 = 16$$

Cuenta hacia adelante.

$$8 + 3 = 11$$

5 6 7 8 9 10 11 12

Di 8. Cuenta tres más.

9, 10, 11

Suma cero.

$$10 + 0 = 10$$

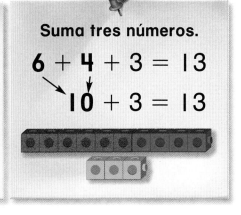

Suma tres números.

$$6 + 4 + 3 = 13$$
$$10 + 3 = 13$$

Escribe la suma.

1

$$\begin{array}{r} 10 \\ +1 \\ \hline 11 \end{array}$$
$$\begin{array}{r} 1 \\ +10 \\ \hline \end{array}$$
$$\begin{array}{r} 7 \\ +5 \\ \hline \end{array}$$
$$\begin{array}{r} 5 \\ +7 \\ \hline \end{array}$$
$$\begin{array}{r} 8 \\ +2 \\ \hline \end{array}$$
$$\begin{array}{r} 2 \\ +8 \\ \hline \end{array}$$

2

$$\begin{array}{r} 7 \\ +6 \\ \hline \end{array}$$
$$\begin{array}{r} 7 \\ +7 \\ \hline \end{array}$$
$$\begin{array}{r} 7 \\ +8 \\ \hline \end{array}$$
$$\begin{array}{r} 9 \\ +8 \\ \hline \end{array}$$
$$\begin{array}{r} 9 \\ +9 \\ \hline \end{array}$$
$$\begin{array}{r} 9 \\ +10 \\ \hline \end{array}$$

3

$$\begin{array}{r} 10 \\ +3 \\ \hline \end{array}$$
$$\begin{array}{r} 8 \\ +2 \\ \hline \end{array}$$
$$\begin{array}{r} 9 \\ +1 \\ \hline \end{array}$$
$$\begin{array}{r} 9 \\ +3 \\ \hline \end{array}$$
$$\begin{array}{r} 7 \\ +1 \\ \hline \end{array}$$
$$\begin{array}{r} 6 \\ +0 \\ \hline \end{array}$$

4 $7 + 2 + 5 =$ _____

5 $4 + 6 + 6 =$ _____

Explica lo que sabes ▪ Razonamiento

Elige una de las hileras. ¿Qué estrategia usaste para resolver cada problema? Explica por qué.

Escribe la suma.

1 Usa dobles.

8	16
5	
10	
9	

2 Usa dobles más uno.

6	13
8	17
4	9

3 Suma 0.

12	
5	
10	
7	

4 Cuenta 1 hacia adelante.

7	
4	
11	
9	

5 Cuenta 2 hacia adelante.

8	10
10	12
7	9
5	7

6 Cuenta 3 hacia adelante.

7	10
8	11
9	12
10	13

Resolver problemas ▪ Razonamiento

7 Sharon formó una decena para hallar las sumas. ¿Qué error cometió cada vez? Corrige sus errores.

$$\begin{array}{r} 9 \\ +8 \\ \hline 16 \end{array} \qquad \begin{array}{r} 9 \\ +5 \\ \hline 13 \end{array} \qquad \begin{array}{r} 9 \\ +6 \\ \hline 14 \end{array}$$

🏠 **ACTIVIDAD PARA LA CASA** • Practique todos los días con su niño las operaciones de una suma dada. Por ejemplo, el lunes practique todas las operaciones cuya suma sea igual a 15.

NORMAS DE CALIFORNIA MR 1.1 Determinar el enfoque, los materiales y las estrategias que se van a usar.
○━ NS 2.2 Hallar la suma o la diferencia de dos números enteros con un máximo de tres dígitos cada uno. *también*
○━ AF 1.1, MR 1.2

Capítulo 3

$$7 + \underline{\ ?\ } = 15$$

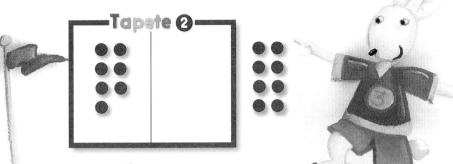

$$15 - 7 = \underline{\ ?\ }$$

Puedes hacer una resta para encontrar el número que falta.

$$7 + \underline{\ 8\ } = 15$$

$$15 - 7 = \underline{\ 8\ }$$

Escribe el número que falta. Usa fichas si las necesitas.

1 $\quad 6 + \underline{\ 4\ } = 10 \qquad\qquad 10 - 6 = \underline{\qquad}$

2 $\quad \underline{\qquad} + 9 = 12 \qquad\qquad 12 - 9 = \underline{\qquad}$

3 $\quad 7 + \underline{\qquad} = 14 \qquad\qquad 14 - 7 = \underline{\qquad}$

4 $\quad \underline{\qquad} + 5 = 11 \qquad\qquad 11 - 5 = \underline{\qquad}$

5 $\quad 8 + \underline{\qquad} = 16 \qquad\qquad 16 - 8 = \underline{\qquad}$

6 $\quad \underline{\qquad} + 9 = 13 \qquad\qquad 13 - 9 = \underline{\qquad}$

7 $\quad 6 + \underline{\qquad} = 15 \qquad\qquad 15 - 6 = \underline{\qquad}$

Explica lo que sabes ▪ Razonamiento

Glen tenía 15 canicas. Le dio algunas a un amigo.
Si le quedan 9, ¿cuántas le dio a su amigo? ¿Cómo lo sabes?

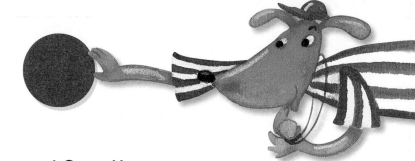

Práctica

Escribe el número que falta.
Usa fichas si las necesitas.

1 $4 +$  $8 = 12$ $12 - 4 =$ _____

2 _____ $+ 7 = 10$ $10 - 7 =$ _____

3 $9 +$ _____ $= 16$ $16 - 9 =$ _____

4 _____ $+ 4 = 11$ $11 - 4 =$ _____

5 $6 +$ _____ $= 14$ $14 - 6 =$ _____

6 _____ $+ 9 = 18$ $18 - 9 =$ _____

7 $6 +$ _____ $= 14$ $14 - 6 =$ _____

8 $4 +$ _____ $= 13$ $13 - 4 =$ _____

Álgebra

Resuelve.

9 $16 - \blacksquare = 8$ **10** $5 + \blacksquare = 12$ **11** $13 - \blacksquare = 9$

$\blacksquare =$ _____ $\blacksquare =$ _____ $\blacksquare =$ _____

© Harcourt

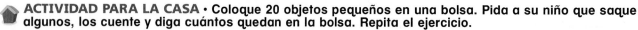

ACTIVIDAD PARA LA CASA · Coloque 20 objetos pequeños en una bolsa. Pida a su niño que saque algunos, los cuente y diga cuántos quedan en la bolsa. Repita el ejercicio.

NORMAS DE CALIFORNIA ⊶ NS 2.1 Entender y emplear la relación inversa entre la suma y la resta (p.ej., el enunciado numérico opuesto a $8 + 6 = 14$ es $14 - 6 = 8$) para resolver problemas y comprobar soluciones. *también* ⊶ NS 2.2, MR 2.2, MR 3.0

Hay varias maneras de restar.

Resta cero y resta todo.		Cuenta hacia atrás.

13	10
− 0	−10
13	0

12	Di 12.
− 3	Cuenta 3 hacia atrás.
9	11, 10, 9

Usa dobles.		Usa la suma.

9	entonces	18
+9		− 9
18		9

$8 + 6 = \underline{14}$

$14 − 6 = \underline{8}$

Resta.
Elige una estrategia.

1

9	10	13	9	8	15
−1	− 5	− 5	−3	−2	−15
8					

2

10	15	12	11	12	16
− 3	− 0	−12	− 1	− 0	− 8

3

11	7	15	14	17	18
− 3	−1	− 8	− 3	− 9	− 9

Explica lo que sabes ▪ Razonamiento

¿En qué problemas usaste dobles?
Explica por qué.

Práctica

Resuelve.
Colorea las operaciones de dobles 🖍.
Colorea las operaciones
de contar hacia atrás 🖍.
Colorea las operaciones
de todo y cero como
quieras.

$$18 - 9$$

$$13 - 0$$

$$12 - 6$$

$$13 - 3$$

$$14 - 7$$

$$16 - 8$$

$$15 - 1$$

$$17 - 2$$

$$14 - 0$$

$$10 - 5$$

$$19 - 19$$

$$15 - 15$$

$$18 - 3$$

Resolver problemas ▪ Observación

Usa el dibujo para resolverlos.

1 Si sacamos 8 pelotas,
¿cuántas pelotas
quedan?   _____ pelotas

2 Si sacamos 5 pelotas,
¿cuántas pelotas
quedan?   _____ pelotas

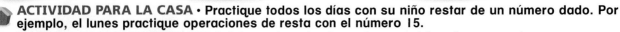

ACTIVIDAD PARA LA CASA • Practique todos los días con su niño restar de un número dado. Por
ejemplo, el lunes practique operaciones de resta con el número 15.

NORMAS DE CALIFORNIA MR 1.1 Determinar el enfoque, los materiales y las estrategias que se van a usar.
⊙━ NS 2.1 Entender y emplear la relación inversa entre la suma y la resta (p.ej., el enunciado numérico opuesto a
$8 + 6 = 14$ es $14 - 6 = 8$) para resolver problemas y comprobar soluciones. *también* MR 2.1, MR 2.2, AF 1.2

© Harcourt

Capítulo 3

Nombre ______________________________

Resolver problemas
Escribir un enunciado numérico

Comprende | Planea | Resuelve | Comprueba

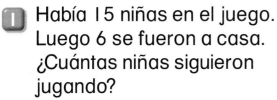

Haz un dibujo o un modelo.
Escribe un enunciado numérico para resolverlo.

1. Había 15 niñas en el juego. Luego 6 se fueron a casa. ¿Cuántas niñas siguieron jugando?

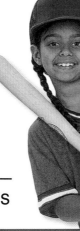

15 (−) 6 = 9

niñas

2. Después del juego, 9 niñas y 7 niños tuvieron un picnic. ¿Cuántos niños había en total?

____ ( ) ____ = ____

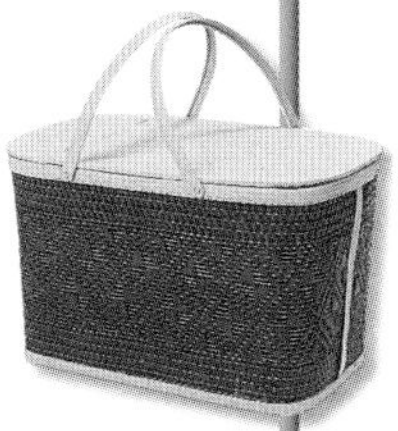

niños

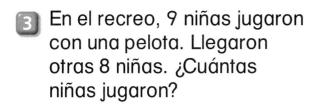

3. En el recreo, 9 niñas jugaron con una pelota. Llegaron otras 8 niñas. ¿Cuántas niñas jugaron?

____ ( ) ____ = ____

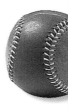

niñas

4. Había 11 niños en el campo. Se fueron 8. ¿Cuántos niños se quedaron en el campo?

____ ( ) ____ = ____

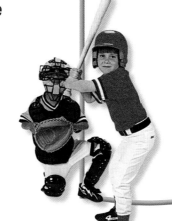

niños

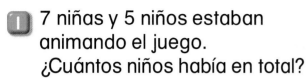

Haz un dibujo o un modelo.
Escribe un enunciado numérico
para resolverlo.

1 7 niñas y 5 niños estaban
animando el juego.
¿Cuántos niños había en total?

$$7 \;\left(+\right)\; 5 = 12$$

niños

2 Había 5 bates de madera y 8
bates de metal. ¿Cuántos
bates había en total?

$$\underline{\quad} \;\bigcirc\; \underline{\quad} = \underline{\quad}$$

bates

3 Había 16 niñas y 8 niños jugando
al fútbol. ¿Cuántas niñas más que
niños había jugando al fútbol?

$$\underline{\quad} \;\bigcirc\; \underline{\quad} = \underline{\quad}$$

niñas más

4 4 niñas estaban sentadas mirando el
juego. Llegaron 9 niñas más.
¿Cuántas niñas se sentaron juntas?

$$\underline{\quad} \;\bigcirc\; \underline{\quad} = \underline{\quad}$$

niñas

Por escrito

Escribe un cuento sobre sumas o restas.
Haz un dibujo para ilustrar tu cuento.

© Harcourt

🏠 **ACTIVIDAD PARA LA CASA • Invente un cuento con un problema y pida a su niño que lo resuelva.**

NORMAS DE CALIFORNIA AF 1.0 Los estudiantes modelan, representan e interpretan relaciones numéricas
para crear y resolver problemas de suma y resta. MR 1.1 Determinar el enfoque, los materiales y las estrategias
que se van a usar. *también* O—ππ NS 2.2, AF 1.2

Nombre _____

COMPROBAR ▪ Conceptos y destrezas

Escribe la suma.

1
$$\begin{array}{r} 4 \\ +4 \\ \hline \end{array} \qquad \begin{array}{r} 6 \\ +3 \\ \hline \end{array} \qquad \begin{array}{r} 0 \\ +2 \\ \hline \end{array} \qquad \begin{array}{r} 5 \\ +3 \\ \hline \end{array} \qquad \begin{array}{r} 9 \\ +1 \\ \hline \end{array} \qquad \begin{array}{r} 1 \\ +6 \\ \hline \end{array}$$

2 $4 + 7 + 4 =$ _____ $1 + 9 + 3 =$ _____

Escribe el número que falta. Usa fichas si las necesitas.

3

$7 +$ _____ $= 13$

$13 - 7 =$ _____

4

$8 +$ _____ $= 11$

$11 - 8 =$ _____

5

_____ $+ 9 = 12$

$12 - 9 =$ _____

Resta. Elige una estrategia.

6
$$\begin{array}{r} 5 \\ -0 \\ \hline \end{array} \qquad \begin{array}{r} 10 \\ -5 \\ \hline \end{array} \qquad \begin{array}{r} 7 \\ -7 \\ \hline \end{array} \qquad \begin{array}{r} 14 \\ -7 \\ \hline \end{array} \qquad \begin{array}{r} 7 \\ -2 \\ \hline \end{array} \qquad \begin{array}{r} 9 \\ -2 \\ \hline \end{array}$$

COMPROBAR ▪ Resolver problemas

Haz un dibujo o un modelo. Escribe un enunciado numérico para resolverlo.

7 Hay 9 manzanas y 4 naranjas en el tazón. ¿Cuántas frutas hay en el tazón?

_____ ◯ _____ = _____

© Harcourt

Nombre _____

Elige la mejor respuesta.

1 $5 + 3 =$ _____

| 1 | 8 | 9 | 10 |
| ○ | ○ | ○ | ○ |

2 $9 + 9 =$ _____

| 0 | 18 | 19 | 20 |
| ○ | ○ | ○ | ○ |

3 $3 + 7 + 6 =$ _____

| 9 | 10 | 15 | 16 |
| ○ | ○ | ○ | ○ |

4 $11 -$ _____ $= 11$

| 0 | 10 | 11 | 19 |
| ○ | ○ | ○ | ○ |

5 $8 +$ _____ $= 11$

| 1 | 2 | 3 | 4 |
| ○ | ○ | ○ | ○ |

6 $9 - 3 =$ _____

| 6 | 7 | 8 | 9 |
| ○ | ○ | ○ | ○ |

7 $12 - 12 =$ _____

| 0 | 1 | 12 | 24 |
| ○ | ○ | ○ | ○ |

8 $17 + 0 =$ _____

| 0 | 7 | 17 | 19 |
| ○ | ○ | ○ | ○ |

9 Hay 9 pelotas de goma y 5 pelotas de fútbol en una bolsa. ¿Cuántas pelotas hay en total?

| 4 | 6 | 13 | 14 |
| ○ | ○ | ○ | ○ |

10 Dave le tiró 10 pelotas a Chris. Tres son pelotas de béisbol y el resto son pelotas de tenis. ¿Cuántas pelotas de tenis le tiró?

| 4 | 5 | 6 | 7 |
| ○ | ○ | ○ | ○ |

¡Ya viene el invierno!

escrito por Maria Kathe
ilustrado por David Slonim

Este libro me ayudará a repasar operaciones de suma y resta.

Este libro pertenece a _____.

¡Ya viene el invierno! Una ardilla gris y algunas ardillitas listadas estuvieron recogiendo semillas en el bosque.

"¡Mira! Encontramos 8 semillas grandes", dijo una de las ardillitas listadas.

"Yo encontré 6", agregó la ardilla gris. "Vamos a guardarlas para tener qué comer este invierno".

¿Cuántas semillas encontraron las ardillas?

$$8 + 6 = \underline{\hphantom{000}}$$

"Tenemos muchas semillas",
dijo una ardillita listada.
"Quizá debemos compartirlas
con los ratones en el campo.
Pueden necesitar comida este
invierno".

"¡Qué buena idea!", dijo la ardilla gris. "Yo puedo darles a los ratones las 6 semillas que encontré. Y nosotras nos quedamos con las que encontraron ustedes".

¿Con cuántas semillas se quedaron las ardillas?

$$14 - 6 = \underline{\hspace{2cm}}$$

"¡Ahora vamos a recoger bellotas!", dijo una ardillita listada. "Vimos 9 junto a ese tronco viejo".

"Yo vi 6 junto al árbol grande", dijo la ardilla gris. "¡Vamos!".

¿Cuántas bellotas vieron las ardillas?

$$9 + 6 = \underline{\hspace{2cm}}$$

"Vamos a darles las 9 bellotas que encontramos a los ratones", dijo una de las ardillitas listadas. "Nosotras nos quedamos con las que encontraron ustedes".

"Me parece muy bien", dijo la ardilla gris.

¿Con cuántas bellotas se quedaron las ardillas?

$$15 - 9 = \underline{\hspace{2cm}}$$

"¿Y no habrá nueces?"
"Nos encanta comer nueces en
invierno", dijo una ardillita listada.

"Sí. Yo vi 8 a un lado de la cerca y 8
al otro lado", dijo la ardilla gris. "Nos
quedamos con 8 y les damos las otras
a los ratones".

¿Cuántas nueces encontraron?

$$8 + 8 = \underline{\hspace{2cm}}$$

¿Con cuántas se quedaron?

$$16 - 8 = \underline{\hspace{2cm}}$$

"¡Sorpresa!", dijeron las ardillitas listadas. La ardilla gris dijo, "¡Ya viene el invierno! Les trajimos comida para que pasen mejor el invierno".

"¡Muchas gracias!", dijo la mamá ratona. "Lo mejor del invierno es tener amigos como ustedes. Entren, que hace frío. ¡Ya llegó el invierno!"

LA ESCUELA Y LA CASA

Querida familia:

Hoy comenzamos el Capítulo 4. Leeremos, escribiremos usaremos números hasta 100. Empezaremos a aprender el valor posicional. Aquí están el vocabulario nuevo y una actividad para hacer juntos en casa.

Con cariño,

_____

Mis palabras de matemáticas

decenas y unidades
dígitos

Vocabulario

decenas y unidades Son los valores de los números en las cifras de dos dígitos.

3 decenas 4 unidades = 34

dígitos 0, 1, 2, 3, 4, 5, 6, 7, 8 y 9 son dígitos.

ACTIVIDAD

Dé a su niño entre 11 y 99 objetos pequeños. Pídale que los agrupe en decenas y que diga cuántos grupos de 10 objetos hay, cuántas unidades sobran, y cuál es el número total de objetos. Repita el ejercicio.

Libros para compartir

Busque éstos u otros libros en la biblioteca local para leer con su niño acerca de los números hasta el 100.

One Hundred Hungry Ants, por Elinor J. Pinczes, Houghton Mifflin, 1993.

Los cien vestidos, por Eleanor Estes, Lectorum, 1994.

Emily's First 100 Days of School, por Rosemary Wells, Hyperion, 2000.

© Harcourt

Visita *The Learning Site* para ideas adicionales y actividades. www.harcourtschool.com

Nombre _____

1 decena = 10 unidades

Encierra en un círculo grupos de 10.
Escribe cuántas decenas hay. Después
escribe cuántas unidades hay.

1

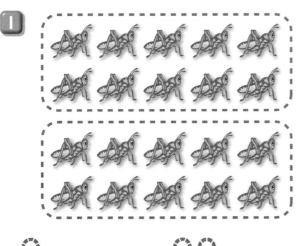

__2__ decenas = __20__ unidades

2

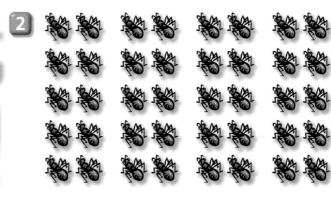

_____ decenas = _____ unidades

3

_____ decenas = _____ unidades

4

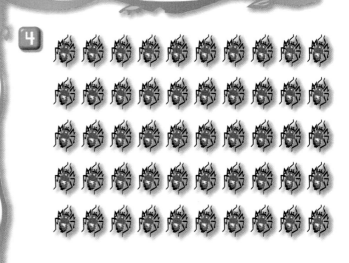

_____ decenas = _____ unidades

Explica lo que sabes ▪ Razonamiento

¿Qué patrones ves en los números que
corresponden a las decenas y a la unidades?

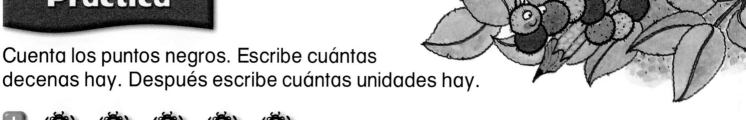

Práctica

Cuenta los puntos negros. Escribe cuántas decenas hay. Después escribe cuántas unidades hay.

1    _____5_____ decenas = _____50_____ unidades

2   _____ decenas = _____ unidades

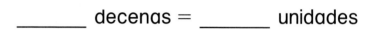

3    _____ decenas = _____ unidades

4   _____ decenas = _____ unidades

5    _____ decenas = _____ unidades

Resolver problemas ▪ Observación

6 ¿Qué grupo es más fácil de contar? Enciérralo en un círculo. ¿Por qué?

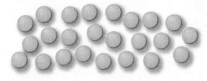   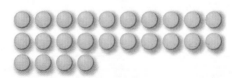

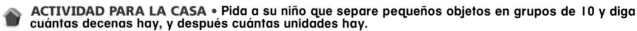

© Harcourt

ACTIVIDAD PARA LA CASA • Pida a su niño que separe pequeños objetos en grupos de 10 y diga cuántas decenas hay, y después cuántas unidades hay.

NORMAS DE CALIFORNIA NS 1.0 Los estudiantes entienden la relación que existe entre los números, las cantidades y el valor posicional en números enteros hasta 1,000. NS 1.2 Usar palabras, modelos y la forma desarrollada (p.ej., 45 = 4 decenas + 5 unidades) para representar números (hasta 1,000). *también* MR 3.0, ○┐ SDAP 2.0

46 cuarenta y seis

Nombre _____

Decenas y unidades

3 decenas 4 unidades = 34   30 + 4 = 34   34

Escribe de tres maneras diferentes cuántas decenas y cuántas unidades hay.

1

2 decenas 7 unidades = 27

20 + 7 = 27

27

2

___ decenas ___ unidades = ___

___ + ___ = ___

___

3

___ decenas ___ unidades = ___

___ + ___ = ___

___

4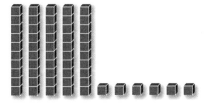

___ decenas ___ unidades = ___

___ + ___ = ___

___

Explica lo que sabes ▪ Razonamiento

¿Qué representa el 6 en el número 16 y en el número 61?

6 decenas

© Harcourt

Capítulo 4 ▪ Números hasta 100

cuarenta y siete **47**

Práctica

Escribe de tres maneras diferentes cuántas decenas y cuántas unidades hay.

1

__7__ decenas __4__ unidades = __74__

__70__ + __4__ = __74__

__74__

2

___ decenas ___ unidades = ___

___ + ___ = ___

___

3

___ decenas ___ unidades = ___

___ + ___ = ___

___

4

___ decenas ___ unidades = ___

___ + ___ = ___

___

Resolver problemas ▪ Aplicaciones

Dibuja un modelo para resolverlo.

5 Joe cuenta sus canicas. Las separa en 4 grupos de 10 y le sobran 6 canicas. ¿Cuántas canicas tiene?

_____ canicas

ACTIVIDAD PARA LA CASA • Pida a su niño que separe 99 objetos pequeños, o menos, en decenas y en unidades y que diga qué número representan.

NORMAS DE CALIFORNIA NS 1.0 Los estudiantes entienden la relación que existe entre los números, las cantidades y el valor posicional en números enteros hasta 1,000. ○━ NS 1.1 Contar, leer y escribir números enteros hasta 1,000 e identificar el valor de la posición de cada dígito. *también* NS 1.2, MR 2.0

Nombre _____

0, 1, 2, 3, 4, 5, 6, 7, 8, y 9 son **dígitos**.
Los dígitos se usan para escribir números.

<u>3</u>2

3<u>2</u>

El dígito 3 tiene un valor de 30.

El dígito 2 tiene un valor de 2.

Encierra en un círculo el valor del dígito azul.

1 <u>6</u>4 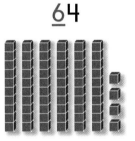 6 ó 60	**2** 5<u>3</u> 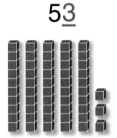 3 ó 30	**3** 4<u>6</u> 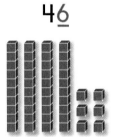 6 ó 60
4 <u>2</u>3 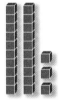 2 ó 20	**5** 7<u>5</u> 5 ó 50	**6** <u>1</u>7 1 ó 10

Explica lo que sabes ▪ Razonamiento

¿Cómo ordenarías estos números de menor a mayor? 5 51 15. Explica tu respuesta.

© Harcourt

Práctica

Encierra en un círculo el valor del dígito azul.

1 7<u>3</u> (3) ó 30	**2** <u>5</u>7 5 ó 50	**3** 3<u>8</u> 8 ó 80
4 <u>7</u>8 7 ó 70	**5** 1<u>9</u> 9 ó 90	**6** <u>8</u>3 8 ó 80
7 <u>6</u>2 6 ó 60	**8** <u>9</u>8 9 ó 90	**9** 4<u>5</u> 5 ó 50
10 <u>1</u>2 1 ó 10	**11** 3<u>6</u> 6 ó 60	**12** <u>2</u>3 2 ó 20
13 4<u>1</u> 1 ó 10	**14** <u>2</u>7 2 ó 20	**15** <u>1</u>6 1 ó 10
16 <u>9</u>3 9 ó 90	**17** 7<u>5</u> 5 ó 50	**18** 8<u>6</u> 6 ó 60

Resolver problemas · Sentido numérico

Encierra en un círculo el número que tiene el mismo valor.

19 6 unidades 7 decenas 76 ó 67	**20** 4 decenas 3 unidades 34 ó 43	**21** 2 unidades 8 decenas 82 ó 28
22 3 decenas 5 unidades 35 ó 53	**23** 9 unidades 5 decenas 95 ó 59	**24** 4 unidades 1 decenas 14 ó 41

ACTIVIDAD PARA LA CASA • En un calendario, señale el número 23. Pida a su niño que le diga qué valor tiene el dígito 2. (20) Después señale el número 2 en el calendario y pregúntele qué valor tiene. (2) Repita el ejercicio con los números 30 y 3.

NORMAS DE CALIFORNIA NS 1.0 Los estudiantes entienden la relación que existe entre los números, las cantidades y el valor posicional en números enteros hasta 1,000. NS 1.1 Contar, leer y escribir números enteros hasta 1,000 e identificar el valor posicional de cada dígito. *también* MR 2.0, NS 1.2

Capítulo 4

decenas		unidades		la segunda decena	
10 diez	20 veinte	1 uno	2 dos	11 once	12 doce
30 treinta	40 cuarenta	3 tres	4 cuatro	13 trece	14 catorce
50 cincuenta	60 sesenta	5 cinco	6 seis	15 quince	16 dieciséis
70 setenta	80 ochenta	7 siete	8 ocho	17 diecisiete	18 dieciocho
90 noventa		9 nueve		19 diecinueve	

Lee el número.
Escribe el número de diferentes maneras.

1 noventa y seis

_9_ decenas _6_ unidades

_90_ + _6_

_96_

2 dieciocho

___ decena ___ unidades

___ + ___

___

3 sesenta y dos

___ decenas ___ unidades

___ + ___

___

4 catorce

___ decena ___ unidades

___ + ___

___

5 setenta

___ decenas ___ unidades

___ + ___

___

6 ochenta y uno

___ decenas ___ unidades

___ + ___

___

7 veintitrés

___ decenas ___ unidades

___ + ___

___

8 cincuenta y siete

___ decenas ___ unidades

___ + ___

___

9 trece

___ decena ___ unidades

___ + ___

___

Explica lo que sabes ▪ Razonamiento

¿Cómo puedes representar el número 85 de tres diferentes maneras.

Lee el número.
Escribe el número de diferentes maneras.

1 veinticinco

_2_ decenas _5_ unidades

_20_ + _5_

_25_

2 treinta y tres

___ decenas ___ unidades

___ + ___

___

3 noventa y uno

___ decenas ___ unidad

___ + ___

___

4 cincuenta y ocho

___ decenas ___ unidades

___ + ___

___

5 cuarenta y siete

___ decenas ___ unidades

___ + ___

___

6 setenta y cuatro

___ decenas ___ unidades

___ + ___

___

Repaso mixto

Aproximadamente, ¿cuántas canicas hay en el primer frasco? Encierra en un círculo tu mejor estimación.

7

más que 50

unas 50

© Harcourt

 ACTIVIDAD PARA LA CASA • Nombre cualquier número de 1 a 99, por ejemplo, 76. Pida a su niño que escriba ese número en decenas y unidades (7 decenas 6 unidades), en notación desarrollada (70 + 6) y como un número en forma normal (76).

NORMAS DE CALIFORNIA O— NS 1.1 Contar, leer y escribir números enteros hasta 1,000 e identificar el valor posicional de cada dígito. **NS 1.0** Los estudiantes entienden la relación que existe entre los números, las cantidades y el valor posicional en números enteros hasta 1,000. *también* **MR 3.0**

Nombre _____

Comprende   Planea   Resuelve   Comprueba

Resolver problemas
Hacer estimaciones razonables

Carol lleva sus libros a la escuela. Aproximadamente, ¿cuántos libros puede llevar en su mochila?

Encierra en un círculo el número que te parece mejor.

(5)   50   100

Carol puede llevar unos __5__ libros.

Encierra en un círculo la estimación más razonable.

1 La familia Smith se fue unos días de vacaciones. Aproximadamente, ¿cuántos días van a estar fuera?

5   50   100

2 Carmen coloca monedas de 1¢ en este frasco. Aproximadamente, ¿cuántas monedas de 1¢ tiene?

3   30   100

3 Larry tiene un puñado de canicas. Aproximadamente, ¿cuántas canicas tiene?

10   40   100

4 Hojin tiene una pequeña pecera. Aproximadamente, ¿cuántos peces caben?

5   20   100

© Harcourt

Capítulo 4 • Números hasta 100

cincuenta y tres **53**

Encierra en un círculo la estimación más razonable.

1 Luis construye una torre con bloques. Aproximadamente, ¿cuántos bloques usará?

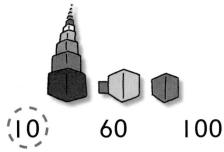

　　(10)　　　60　　　100

2 Emma invitó a toda la clase a su fiesta. Aproximadamente, ¿a cuántos niños invitó?

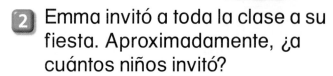

　　5　　　20　　　100

3 Greg trajo una bolsa con manzanas. Aproximadamente, ¿cuántas manzanas hay en la bolsa?

　　10　　　50　　　100

4 Jenny compra un racimo de uvas. Aproximadamente, ¿cuántas uvas tiene el racimo?

　　5　　　30　　　100

5 El libro de sellos de correo de Kim está lleno. Aproximadamente, ¿cuántos sellos tiene?

　　10　　　20　　　100

6 Todos los estudiantes de segundo grado van de paseo. Aproximadamente, ¿cuántos autobuses van a necesitar?

　　5　　　50　　　100

Diario

Por escrito

Escribe un cuento con un problema parecido a los de esta página. Pide a un compañero que lo resuelva.

© Harcourt

 ACTIVIDAD PARA LA CASA • Pregunte a su niño cuántas manzanas deberá usted comprar: 10, 40 o 100. Comenten qué respuesta tiene más sentido.

NORMAS DE CALIFORNIA NS 6.0 Los estudiantes usan estrategias de estimación para hacer cálculos y resolver problemas con números en los que se usan los lugares de las unidades, las decenas, las centenas y los millares. *también* MR 2.0

Nombre ______________________________

Repaso/Prueba
Capítulo 4

COMPROBAR ■ Conceptos y destrezas

Cuenta los puntos negros.
Escribe cuántas decenas hay.
Después escribe cuántas unidades hay.

1. ______ decenas = ______ unidades

Encierra en un círculo el valor del dígito azul.

2. 24

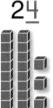

4 ó 40

Encierra en un círculo el valor del dígito azul.

3. 37

7 ó 70

12

1 ó 10

Lee el número. Escribe el número de diferentes maneras.

4. veinticuatro

______ decenas ______ unidades

______ + ______

______

5. treinta y siete

______ decenas ______ unidades

______ + ______

______

COMPROBAR ■ Resolver problemas

Encierra en un círculo la estimación más razonable.

6. Akio lleva manzanas para ir de picnic con su familia. Aproximadamente, ¿cuántas manzanas lleva?

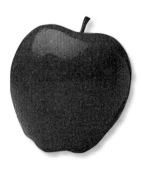

5 30 100

Nombre _____

Elige la mejor respuesta.

1 Cada mariquita tiene 10 puntos negros.
¿Cuántos puntos negros hay en total?

60	70	80	90
○	○	○	○

2 ¿Cuál es el valor del dígito subrayado?

$$\underline{7}3$$

3	7	30	70
○	○	○	○

3 ¿Qué número corresponde a las palabras?

treinta y uno

31	13	3	30
○	○	○	○

4 La familia Williams va a comer en la mesa de la cocina.
Aproximadamente, ¿cuántas sillas van a usar?

1	5	30	92
○	○	○	○

5 ¿Qué enunciado numérico representa el dibujo?

$$9 + 3 = 12$$

$9 - 3 = 6$	$12 - 4 = 8$	$12 - 3 = 9$	$13 - 3 = 10$
○	○	○	○

© Harcourt

Patrones numéricos, comparar y ordenar

CINE

¿Qué patrones numéricos ves en este dibujo?

© Harcourt

LA ESCUELA Y LA CASA

Querida familia:

Hoy comenzamos el Capítulo 5. Compararemos y ordenaremos números. También aprenderemos acerca de patrones numéricos. Aquí están el vocabulario nuevo y una actividad para hacer juntos en casa.

Con cariño,

_____

Mis palabras de matemáticas

mayor que >
menor que <

Vocabulario

mayor que (>) y **menor que** (<)
Símbolos que se usan para comparar dos números.

$$49 > 34 \quad 34 < 49$$

49 es mayor que 34.
34 es menor que 49.

Visita *The Learning Site* para ideas adicionales y actividades. www.harcourtschool.com

ACTIVIDAD

Dé a su niño tres artículos de mercado con precios menores de $1.00. Pídale que los ordenen según su precio, de mayor a menor y después de menor a mayor.

Libros para compartir

Busque éstos u otros libros en la biblioteca local para leer con su niño acerca de cómo ordenar números.

The Twelve Circus Rings,
por Seymour Chwast,
Harcourt, Brace & Company, 1996.

Cuando los borregos no pueden dormir: Un libro de contar,
por Satoshi Kitamura, Altea, 1986.

Clams All Year,
por Maryann Cocca-Leffler,
Bantam Doubleday Dell, 1998.

© Harcourt

Nombre _____

Números ordinales

| 1ro | 2do | 3ro | 4to | 5to | 6to | 7mo | 8vo | 9no | 10mo |

Escribe la posición correcta de cada niño.

1. sexto / 6to

2. _____

3. _____

4. _____

5. _____

6. _____

Explica lo que sabes ▪ Razonamiento

¿Comienza siempre una fila a la izquierda?

Capítulo 5 · Patrones numéricos, comparar y ordenar

© Harcourt

cincuenta y nueve **59**

Práctica

vigésimo

décimo noveno

décimo octavo

décimo séptimo

décimo sexto

décimo quinto

décimo cuarto

décimo tercero

décimo segundo

décimo primero

décimo

noveno

octavo

séptimo

sexto

quinto

cuarto

tercero

segundo

primero

Colorea los pisos.

primero

17mo

3ro

sexto

séptimo

15to

décimo noveno

8vo

11ro

20mo

19no

18vo

17mo

16to

15to

14to

13ro

12do

11ro

10mo

9no

8vo

7mo

6to

5to

4to

3ro

2do

1ro

Nombre _____

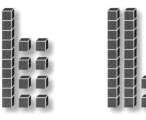 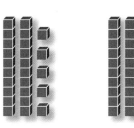

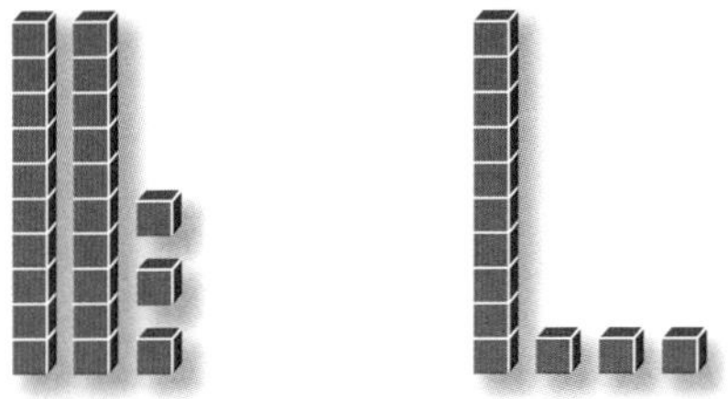

23 es mayor que 13.   18 es menor que 24.   25 es igual a 25.

23 > 13   18 < 24   25 = 25

Escribe mayor que, menor que, o igual a. Después escribe
>, < ó =.

 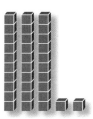   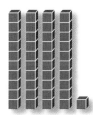 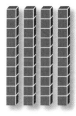

1 23 es ~~menor que~~ 32.   **2** 41 es _____ 40.

23 (<) 32   41 ( ) 40

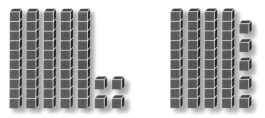   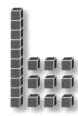 

3 54 es _____ 45.   **4** 19 es _____ 19.

54 ( ) 45   19 ( ) 19

Explica lo que sabes ▪ **Razonamiento**

¿Cómo sabes que 35 es mayor que 23?

Práctica

Escribe mayor que, menor que, o igual a. Después escribe >, < ó =.

1 98 es _mayor que_ 89.

$$98 \bigcirc\!\!> 89$$

2 5 es _____ 15.

$$5 \bigcirc 15$$

3 35 is _____ 38.

$$35 \bigcirc 38$$

4 60 es _____ 59.

$$60 \bigcirc 59$$

5 27 es _____ 27.

$$27 \bigcirc 27$$

6 76 es _____ 67.

$$76 \bigcirc 67$$

7 56 es _____ 45.

$$56 \bigcirc 45$$

8 31 es _____ 31.

$$31 \bigcirc 31$$

Resolver problemas ▪ Razonamiento

Resuelve.
Muestra cómo resolviste el problema.

9 Carlos está pensando en un número.
Es 10 números mayor que 20.
Es 10 números menor que 40.
¿Qué número es? _____

ACTIVIDAD PARA LA CASA • Pida a su niño que compare los precios de dos artículos de mercado que cuestan menos de $1.00 cada uno y que diga qué precio es mayor.

NORMAS DE CALIFORNIA ⊶ NS 1.3 Ordenar y comparar números enteros hasta 1,000 usando los símbolos <, = ó >. NS 1.0 Los estudiantes entienden la relación entre los números, las cantidades y el valor posicional en números enteros hasta 1,000. *también* MR 1.0

Nombre _____

Ordenar números: antes, después, entre

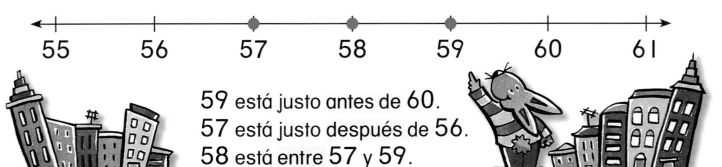

55   56   57   58   59   60   61

59 está justo antes de 60.
57 está justo después de 56.
58 está entre 57 y 59.

Escribe el número que está justo antes,
justo después o entre los dos números.

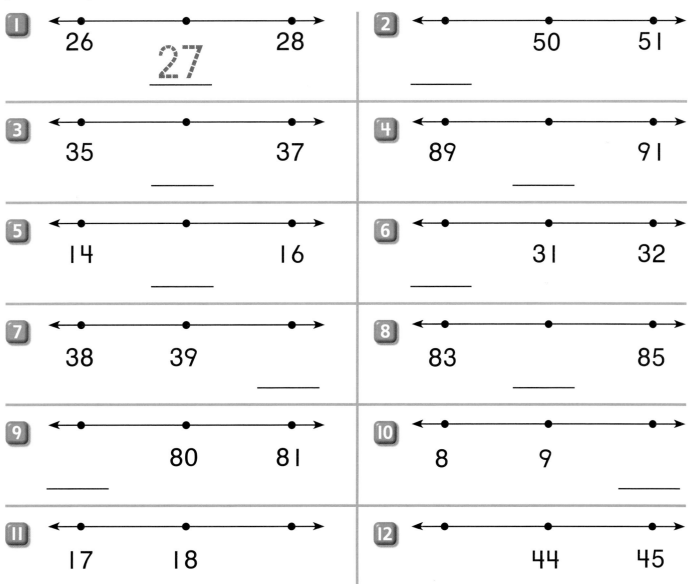

1 26   _27_   28

2 50   51   ___

3 35   37   ___

4 89   91   ___

5 14   16   ___

6 31   32   ___

7 38   39   ___

8 83   85   ___

9 80   81   ___

10 8   9   ___

11 17   18   ___

12 44   45   ___

Explica lo que sabes ■ Razonamiento

¿Cómo usarías antes, después o
entre para describir estos números?

89
90
91

Capítulo 5 • Patrones numéricos, comparar y ordenar

sesenta y tres **63**

Práctica

Escribe el número que está justo antes,
justo después, o entre los dos números.

después	antes	entre
1 34, <u>35</u>	<u>39</u>, 40	55, <u>56</u>, 57
2 10, _____	_____, 25	42, _____, 44
3 98, _____	_____, 8	75, _____, 77
4 27, _____	_____, 88	28, _____, 30
5 50, _____	_____, 61	9, _____, 11
6 19, _____	_____, 30	97, _____, 99
7 79, _____	_____, 33	26, _____, 28
8 45, _____	_____, 49	84, _____, 86

Repaso mixto

9   Escribe la familia de
operaciones para el
conjunto de números.

6   7   13

_____ + _____ = _____   _____ + _____ = _____

_____ − _____ = _____   _____ − _____ = _____

© Harcourt

 ACTIVIDAD PARA LA CASA • Diga un número. Pida a su niño que diga los números que están justo
antes y justo después de ese número.

NORMAS DE CALIFORNIA SDAP 2.2 Resolver problemas usando patrones numéricos sencillos. NS 1.0 Los
estudiantes entienden la relación que existe entre los números, las cantidades y el valor posicional en números enteros
hasta 1,000. *también* MR 3.0

Nombre _____

Par e impar

Si los cubos están de a dos, el número es **par**.
Si un cubo sobra, el número es **impar**.

1	2	3	4	5	6	7	8	9	10
impar	par	impar	par	impar	par	impar	par	impar	par

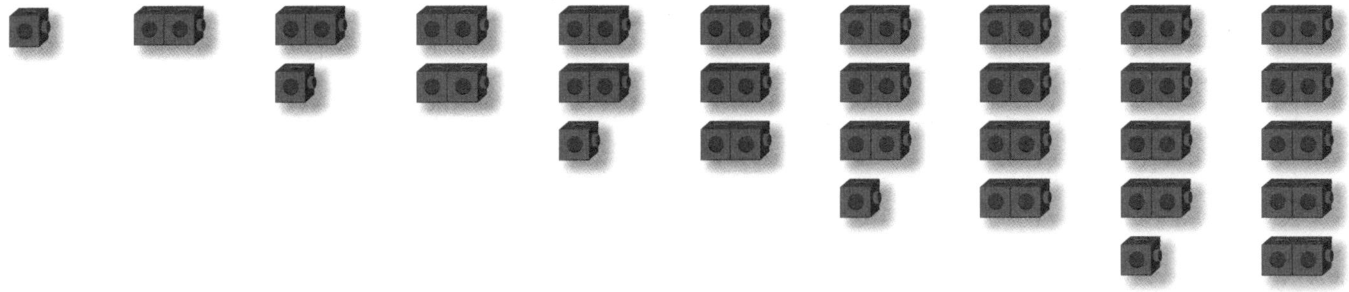

Muestra el número de .
Une los de dos en dos.
Escribe par o impar.

1 12 ____par____

2 25 _____

3 19 _____

4 16 _____

5 14 _____

6 27 _____

7 10 _____

8 13 _____

9 28 _____

10 31 _____

Explica lo que sabes ▪ Razonamiento

Mira el último dígito de cada número. ¿Cómo te ayuda
a saber si el número es par o impar? Un número que
termina en 0, ¿es par o impar?

Capítulo 5 • Patrones numéricos, comparar y ordenar

sesenta y cinco **65**

Práctica

Muestra el número de ▪️.
Escribe par o impar.

Para números de dos dígitos, forma decenas y une las unidades en pares.

1 21 ___impar___

2 24 _____

3 18 _____

4 22 _____

5 36 _____

6 29 _____

7 20 _____

8 23 _____

9 35 _____

10 27 _____

11 39 _____

12 34 _____

13 45 _____

14 40 _____

15 38 _____

16 41 _____

Resolver problemas ▪ Sentido numérico

17 ¿Cómo sabes que un número que termina en 5, como el 85, es impar?

Usa cubos para demostrar tu respuesta.

ACTIVIDAD PARA LA CASA • Dé a su niño 20 objetos pequeños. Pídale que le muestre un número de objetos entre 1 y 20, y que diga si es un número par o impar.

NORMAS DE CALIFORNIA ⚬━ **SDAP 2.0** Los estudiantes demuestran entender los patrones y la forma en que aumentan, y los describen de manera general. **SDAP 2.2** Resolver problemas con patrones numéricos sencillos. *también* **MR 1.2**

© Harcourt

Nombre _____

Cuenta de dos en dos. Escribe los números.

2, ___4___, ___6___, ___8___, ___10___, ___12___ flores

Cuenta de tres en tres. Escribe los números.

3, _____, _____, _____, _____, _____ pájaros

Cuenta de cuatro en cuatro. Escribe los números.

4, _____, _____, _____, _____, _____ autobuses

Cuenta de cinco en cinco. Escribe los números.

5, _____, _____, _____, _____, _____ árboles

Cuenta de diez en diez. Escribe los números.

10, _____, _____, _____, _____, _____ hojas

Explica lo que sabes ▪ **Razonamiento**
¿Qué patrones ves?

© Harcourt

Cuenta de dos en dos. Colorea esas casillas de

Cuenta de tres en tres.

Dibuja un triángulo alrededor de esos números.

Cuenta de cuatro en cuatro.

Colorea esas casillas de .

Cuenta de cinco en cinco.

Colorea esas casillas de .

Cuenta de diez en diez.

Encierra en un círculo los números.

1	2	3	4	5	6	7	8	9	(10)
11	12	13	14	15	16	17	18	19	20
21	22	23	24	25	26	27	28	29	30
31	32	33	34	35	36	37	38	39	40
41	42	43	44	45	46	47	48	49	50
51	52	53	54	55	56	57	58	59	60
61	62	63	64	65	66	67	68	69	70
71	72	73	74	75	76	77	78	79	80
81	82	83	84	85	86	87	88	89	90
91	92	93	94	95	96	97	98	99	100

Resolver problemas ▪ Sentido numérico

2 Cuenta de cinco en cinco.
Cuenta de diez en diez.
¿Qué números repetiste?

© Harcourt

Nombre _____

Comprende Planea Resuelve Comprueba

¿Cuál es la regla que sigue el patrón?
Halla el patrón para completar la tabla.
Escribe cuántos hay.

1 ¿Cuántas orejas hay en 5 caballos?

número de caballos	1	2	3	4	5
número de orejas	2	4	6		

Hay __10__ orejas en 5 caballos.

2 ¿Cuántas ruedas hay en seis carros?

número de carros	1	2	3	4	5	6
número de ruedas	4	8				

Hay _____ ruedas en 6 carros.

3 ¿Cuántas monedas de 1¢ tienen el
mismo valor que 5 monedas de 5¢?

número de monedas de 5¢	1	2	3	4	5
número de monedas de 1¢	5				

_____ monedas de 1¢ valen lo mismo
que 5 monedas de 5¢.

Práctica

¿Cuál es la regla que sigue el patrón?
Halla el patrón para completar la tabla.
Escribe cuántas hay.

1 ¿Cuántas ruedas hay en 7 triciclos?

número de triciclos	1	2	3	4	5	6	7
número de ruedas	3	6	9				

Hay _____ ruedas en 7 triciclos.

2 ¿Cuántas patas hay en 5 perros?

número de perros	1	2	3	4	5
número de patas	4				

Hay _____ patas en 5 perros.

Por escrito

Tienes 6 amigos y le das 1 moneda de 5¢ a cada uno.
Completa la tabla para mostrar cuántos centavos vas a dar en total.

número de amigos	1	2	3	4	5	6
número de centavos	5¢					

© Harcourt

ACTIVIDAD PARA LA CASA • Pida a su niño que continúe los patrones de las tablas
para decir cuántas orejas hay en 6 caballos, cuántas ruedas hay en 7 carros, etc.
NORMAS DE CALIFORNIA SDAP 2.1 Reconocer, describir y extender patrones, y determinar un término
próximo en patrones lineales (p.ej., 4, 8, 12...; el número de orejas en 1 caballo, 2 caballos, 3 caballos, 4 caballos).
SDAP 2.2 Resolver problemas con patrones numéricos sencillos. *también* MR 2.2, NS 1.0, SDAP 2.0

Nombre ______________________________

Repaso/Prueba
Capítulo 5

COMPROBAR ▪ Conceptos y destrezas

Escribe mayor que, menor que o igual a.
Después escribe >, < ó = en el círculo.

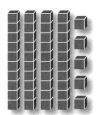

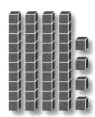

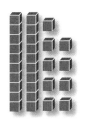

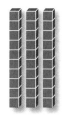

1. 45 es ______________ 44.

45 ◯ 44

2. 29 es ______________ 30.

29 ◯ 30

Escribe el número que está justo antes, justo después o entre los dos números.

3. ______, 20 69, ______ 86, ______, 88

Escribe par o impar.

4. 35 ______________

Cuenta de cuatro en cuatro.

5. 4, ____, ____, ____

COMPROBAR ▪ Resolver problemas

¿Cuál es la regla que sigue el patrón? Halla el patrón para completar la tabla. Escribe cuántas hay.

6. ¿Cuántas patas hay en 6 gatos?

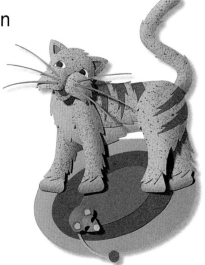

número de gatos	1	2	3	4	5	6
número de patas	4	8				

Hay ______ patas en 6 gatos.

Nombre _____

Repaso acumulativo
Capítulos 1–5

Elige la mejor respuesta.

1 ¿En qué posición está el número 7?

$$9, 3, 6, 19, 7, 14, 20, 1$$
primera

quinta	séptima	décima quinta	décima séptima
○	○	○	○

2 ¿Qué número está entre el 31 y el 33?

29	30	32	34
○	○	○	○

3 ¿Qué número es impar?

2	6	10	11
○	○	○	○

4 ¿Cuántas patas hay en 4 pájaros?

número de pájaros	1	2	3	4
número de patas	2			

2	4	8	10
○	○	○	○

5 ¿Qué número corresponde al dibujo?

50	56	66	156
○	○	○	○

© Harcourt

CAPÍTULO 6 Datos y gráficas

Haz una gráfica para mostrar qué están comiendo los animales.

© Harcourt

Querida familia:

Hoy comenzamos el Capítulo 6. Aprenderemos cómo hacer y usar gráficas con dibujos, gráficas de barras y pictografías. Aquí están el vocabulario nuevo y una actividad para hacer juntos en casa.

Con cariño,

_____

Mis palabras de matemáticas

gráfica de barras
pictografía

Vocabulario

gráfica de barras Una gráfica en la que los números están representados por barras.

Juguetes vendidos				
Tim				
Karen				
Rich				

0   1   2   3   4

pictografía Una gráfica en la que los números están representados por objetos.

Juguetes vendidos	
Tim	🚚🚚
Karen	🚚🚚🚚
Rich	🚚

Clave: Cada 🚚 representa 2 juguetes.

Visita *The Learning Site* para ideas adicionales y actividades. www.harcourtschool.com

ACTIVIDAD

Ayude a su niño a hacer una gráfica para representar cuántos carros, camiones, camionetas y autobuses ve durante un paseo por el barrio. Diseñe un símbolo en la gráfica para cada tipo de vehículo.

Libros para compartir

Busque éstos u otros libros en la biblioteca local para leer con su niño acerca de gráficas.

How Many Snails? A Counting Book, por Paul Giganti, Jr., William Morrow & Company, 1988.

Libro de números, por Angela Wilkes, Plaza y Janés, 1993.

© Harcourt

Una **gráfica con dibujos** es una manera de mostrar información. Usa dibujos para representar números.

Usa la gráfica para contestar las preguntas.

Cómo vienen a la escuela los compañeros de clase	
a pie	😊 😊 😊
en bicicleta	😊 😊 😊
en carro	😊 😊 😊 😊
en autobús	😊 😊 😊 😊 😊 😊 😊

1 ¿Cuántos niños vienen a la escuela en carro? _____4_____

2 ¿Cuántos niños vienen a la escuela a pie? _____

3 ¿Cuántos niños vienen más en autobús que en carro? _____

4 ¿Cuántos niños en total vienen a pie o en bicicleta? _____

5 ¿Cuántos niños en total vienen en autobús o en carro? _____

6 ¿Cuántos niños vienen más en carro que en bicicleta? _____

Explica lo que sabes ■ Razonamiento

¿Puedes decir cuántas niñas vienen a la escuela a pie? Explica tu respuesta.

Práctica

Usa la gráfica para contestar las preguntas.

Nuestros desayunos favoritos	
cereal frío	🥣 🥣 🥣 🥣 🥣
cereal caliente	🥣
panqueques	🥞 🥞 🥞
waffles	🧇 🧇 🧇 🧇

1 ¿Cuál es el desayuno favorito de la mayoría de las personas?

_____ cereal frío _____

2 ¿Cuál es el desayuno que menos gusta?

_____

3 ¿Cuántos niños comen más panqueques que cereal caliente? _____

4 ¿Cuántos niños comen más cereal frío que cereal caliente? _____

5 ¿A cuántos niños en total les preguntaron cuál era su desayuno favorito? _____

Resolver problemas ▪ Razonamiento

6 ¿Cuántos más tendrían que elegir cereal caliente para que sea el favorito de la mayoría de los niños?

_____

© Harcourt

🏠 **ACTIVIDAD PARA LA CASA** • Pida a su niño que explique cómo usó cada gráfica para contestar las preguntas.

NORMAS DE CALIFORNIA AF 1.3 Resolver problemas de suma y resta usando datos de tablas sencillas, gráficas con dibujos y enunciados numéricos. SDAP 1.4 Preguntar y contestar preguntas sencillas relacionadas con representaciones de datos. *también* MR 2.0

Capítulo 6

Nombre _____

Gráfica de barras

Usa la gráfica para contestar las preguntas.

Una **gráfica de barras** es una manera de mostrar información. Usa barras para representar números.

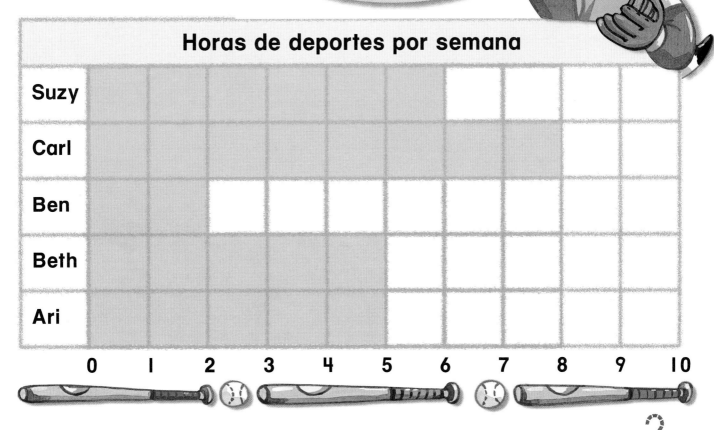

Horas de deportes por semana

	0	1	2	3	4	5	6	7	8	9	10
Suzy											
Carl											
Ben											
Beth											
Ari											

1 ¿Cuántas horas por semana hace deportes Ben? _____ 2

2 ¿Quiénes hacen deportes el mismo número de horas?

_____ y _____

3 ¿Quién hace más horas de deportes?

_____

4 ¿Cuál es el número máximo de horas de deportes? _____

5 ¿Cuál es el número mínimo de horas de deportes? _____

Explica lo que sabes ▪ Razonamiento

¿Qué representa cada casilla coloreada de la gráfica?
¿Qué representa cada barra coloreada de la gráfica?

Capítulo 6 · Datos y gráficas

setenta y siete **77**

© Harcourt

Práctica

Usa la gráfica para contestar las preguntas.

Libros leídos por semana

(Gráfica de barras: Suzy = 2, Carl = 1, Ben = 10, Beth = 6, Ari = 5)

1 ¿Cuántos libros lee Ben por semana? _____ 10

2 ¿Cuántos libros leen Suzy y Carl en total? _____

3 ¿Quién lee menos libros? _____

4 ¿Cuántos libros más lee Ben que Ari? _____

Resolver problemas ▪ Razonamiento

5 Mira la gráfica.
¿Puedes decir cuántas novelas leyó Ben?
¿Por qué?

_____

© Harcourt

Nombre _____

Comprende Planea Resuelve Comprueba

Arthur quería saber qué emparedados les gustan más a sus compañeros. Le preguntó a cada uno e hizo una **tabla de conteo** para mostrar las respuestas.

Después hizo una gráfica con la misma información.

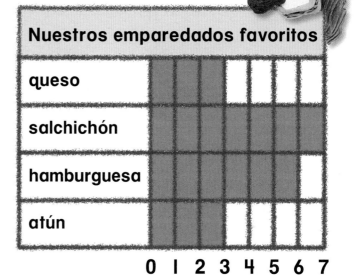

Nuestros emparedados favoritos	
queso	III
salchichón	JHt II
hamburguesa	JHt I
atún	III

Nuestros emparedados favoritos	
queso	
salchichón	
hamburguesa	
atún	

0 I 2 3 4 5 6 7

Usa la gráfica para contestar las preguntas.

1 ¿Cuál es el emparedado favorito de la mayoría de las personas?

salchichón

2 ¿Cuáles son los dos emparedados favoritos del mismo número de personas?

_____ y _____

3 ¿A cuántos les gusta más el de salchichón que la hamburguesa?

____ — ____ = ____

4 ¿A cuántos en total les gusta el de queso o la hamburguesa?

____ + ____ = ____

5 ¿A cuántos en total les gusta el de salchichón o el de atún?

____ + ____ = ____

6 ¿A cuántos les gusta más la hamburguesa que el de atún?

____ — ____ = ____

Capítulo 6 · Datos y gráficas

setenta y nueve **79**

© Harcourt

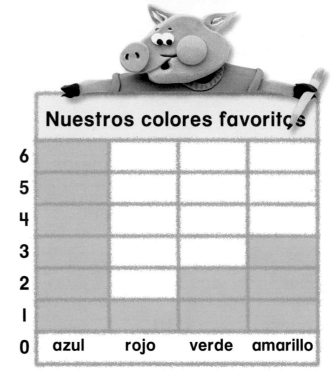

Nuestros colores favoritos

azul	＃＃ l
rojo	l
verde	ll
amarillo	lll

Nuestros colores favoritos

	azul	rojo	verde	amarillo
6				
5				
4				
3				
2				
1				
0				

Usa la gráfica para contestar las preguntas.

1 ¿Cuál es el color favorito de la mayoría de los niños? _____azul_____

2 ¿Cuál es el color que menos les gusta a los niños? _____

3 ¿A cuántos niños les gusta más el amarillo que el rojo? ____ – ____ = ____

4 ¿A cuántos niños en total les gusta el azul o el verde? ____ + ____ = ____

5 ¿A cuántos en total les gusta el azul o el amarillo? ____ + ____ = ____

6 ¿A cuántos les gusta más el azul que el amarillo? ____ – ____ = ____

7 ¿A cuántos les gusta más el azul que el rojo? ____ – ____ = ____

Por escrito

Escribe una pregunta acerca de la gráfica.

Pide a un compañero que la conteste.

ACTIVIDAD PARA LA CASA • Pida a su niño que explique cómo usó cada gráfica para contestar las preguntas.
NORMAS DE CALIFORNIA SDAP 1.2 Representar el mismo conjunto de datos de más de una manera (p. ej., gráficas de barras y tablas de conteo). AF 1.3 Resolver problemas de suma y resta usando datos de tablas sencillas, gráficas con dibujos y enunciados numéricos. *también* MR 2.2

80 ochenta

Capítulo 6

© Harcourt

Hacer una encuesta

¿Qué estación les gusta más a tus compañeros?
Haz una encuesta y una gráfica para averiguarlo.

1 Pregúntale a 10 compañeros cuál es su estación favorita. Anota sus respuestas en la tabla de conteo.

2 Usa la tabla de conteo para completar la gráfica.

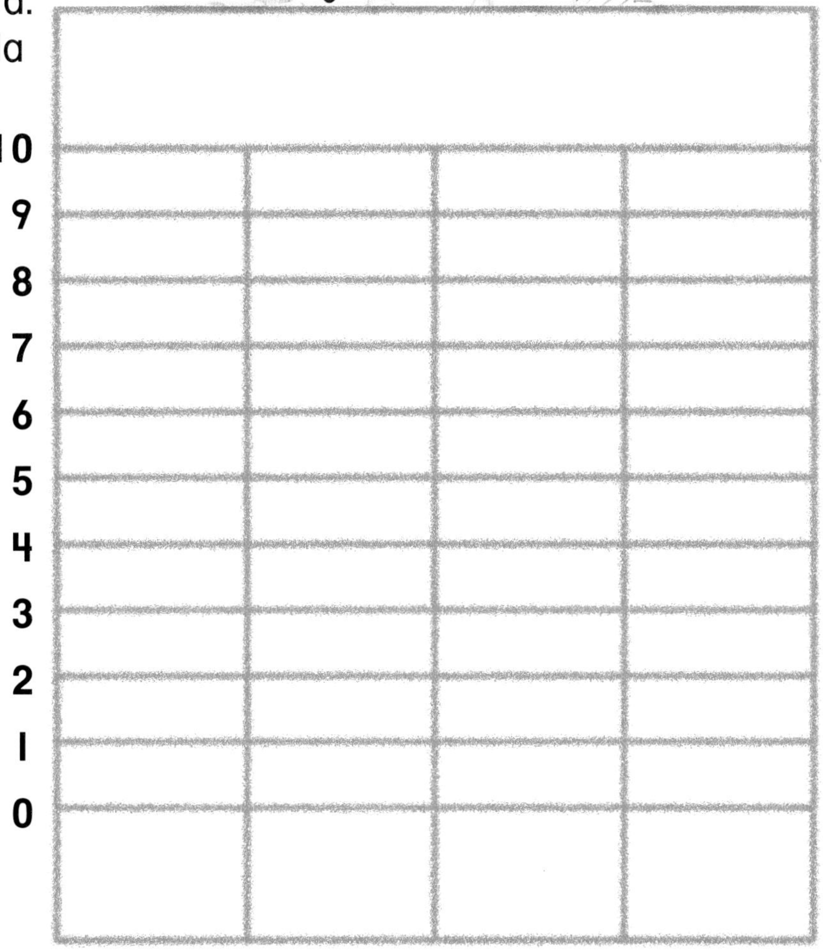

Nuestras estaciones favoritas

invierno	
primavera	
verano	
otoño	

10
9
8
7
6
5
4
3
2
1
0

3 ¿Qué estación le gusta más a la mayoría de tus compañeros?

_____

4 ¿A la mayoría de tus compañeros les gusta más el invierno o el verano?

_____

5 ¿A la mayoría de tus compañeros les gusta más el otoño o la primavera?

_____

Explica lo que sabes ▪ Razonamiento

¿Qué preguntas de suma y resta puedes hacer acerca de la gráfica?

¿Qué día de la semana prefieren tus compañeros?
Haz una encuesta y una gráfica para averiguarlo.

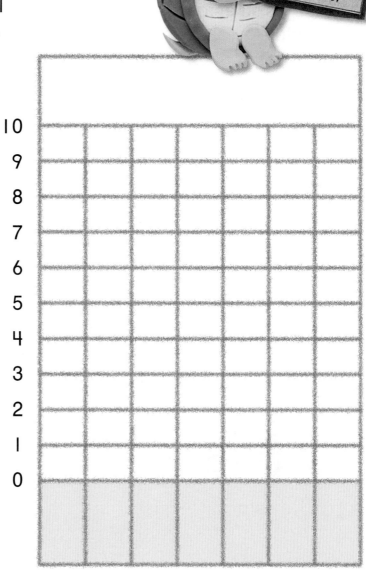

1 Pregunta a 10 compañeros cuál
es su día favorito de la semana.
Anota las respuestas en la
tabla de conteo.

2 Usa la tabla de conteo para
completar la gráfica.

Nuestros días favoritos de la semana	
domingo	
lunes	
martes	
miércoles	
jueves	
viernes	
sábado	

10
9
8
7
6
5
4
3
2
1
0

3 ¿Qué día le gusta más a la mayoría
de tus compañeros?

_____

4 ¿A la mayoría de tus compañeros
les gusta más el sábado o el domingo?

_____

5 ¿A la mayoría de tus compañeros
les gusta más el lunes o el viernes?

_____

6 ¿Qué día les gusta menos
a tus compañeros?

_____

🐢 **ACTIVIDAD PARA LA CASA** • Pida a su niño que haga una encuesta a los miembros de su familia
sobre sus bocadillos favoritos y luego presente sus observaciones en una gráfica.

⏱ **NORMAS DE CALIFORNIA** ⚿ SDAP 1.0 Los estudiantes reúnen datos numéricos y registran, organizan,
representan e interpretan los datos en gráficas de barras y otros medios gráficos. SDAP 1.1 Registrar datos
numéricos de manera sistemática, llevando la cuenta. *también* SDAP 1.4, MR 1.0

© Harcourt

Usa la tabla para completar la gráfica de barras.

Libros vendidos	
Kate	10
Chen	8
John	18
Jenny	2
Cory	8

Venta de libros

Libros vendidos										
Kate										
Chen										
John										
Jenny										
Cory										
	0 2 4 6 8 10 12 14 16 18 20									

Clave: Cada ▨ representa 2 libros vendidos.

1 ¿Cuál es el mayor número de libros vendidos? _____

2 ¿Cuál es el menor número de libros vendidos? _____

3 ¿Cuál es la diferencia entre el mayor y el menor número de libros vendidos? _____

Explica lo que sabes ▪ Razonamiento

Tres niños vendieron, entre todos, el mismo número de libros que John. ¿Quiénes son?

© Harcourt

Usa la tabla para completar la gráfica de barras.

Número de niños en segundo grado en la Escuela Bell	
Clase 2A	20
Clase 2B	18
Clase 2C	18
Clase 2D	16

Número de niños en segundo grado en la Escuela Bell

Clase 2A										
Clase 2B										
Clase 2C										
Clase 2D										

0 2 4 6 8 10 12 14 16 18 20

Clave: Cada ▨ representa 2 niños.

1 ¿Cuántos niños hay en la clase más grande? _____

2 ¿Cuántos niños hay en la clase más pequeña? _____

3 ¿Cuál es la diferencia entre el número de niños
de la clase más grande y la clase más pequeña? _____

Resolver problemas ▪ Aplicaciones

4 Piensa en una pregunta para tus compañeros.
Muestra sus respuestas en una tabla o una gráfica.
Explica la tabla o la gráfica.

ACTIVIDAD PARA LA CASA • Pida a su niño que pregunte a los miembros de su familia cuáles son sus
actividades favoritas y que construya una gráfica para mostrar lo que aprendió.

NORMAS DE CALIFORNIA SDAP 1.3 Identificar características de conjuntos de datos (rango y moda).
Oⁿ SDAP 1.0 Los estudiantes reúnen datos numéricos y registran, organizan, representan e interpretan los datos
en gráficas de barras y otros medios gráficos. *también* SDAP 1.1, SDAP 1.4, MR 3.0

84 ochenta y cuatro

Capítulo 6

Niños que vienen a pie a la escuela	
Clase de Tosha	ЖЖ ЖЖ ЖЖ
Clase de Linda	ЖЖ ЖЖ
Clase de Carolyn	ЖЖ ЖЖ ЖЖ ЖЖ ЖЖ
Clase de Barb	ЖЖ ЖЖ ЖЖ ЖЖ

En una **pictografía** se usan dibujos para mostrar cuántos hay.

Usa la tabla de conteo para completar la pictografía.
Dibuja 🧍 por cada 5 niños.

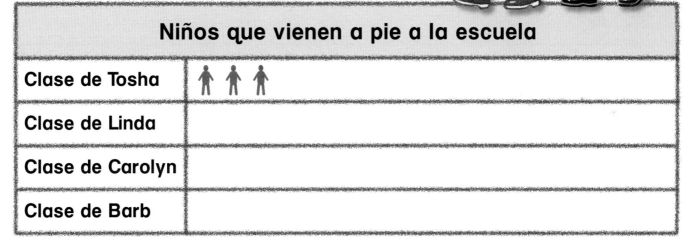

Niños que vienen a pie a la escuela	
Clase de Tosha	🧍 🧍 🧍
Clase de Linda	
Clase de Carolyn	
Clase de Barb	

Clave: Cada 🧍 representa 5 niños.

1 ¿Cuántos niños de la clase de Tosha vienen a pie?

15

2 ¿Cuántos niños de las clases de Tosha y de Linda vienen a pie?

_____

3 ¿En qué clase son más los niños que vienen a pie?

_____

4 Escribe una pregunta sobre la gráfica.

_____

_____

Explica lo que sabes ▪ Razonamiento

¿Por qué los símbolos de las gráficas a veces representan más de un objeto?

Práctica

Compañeros que tienen mascotas	
pájaros	IIII
gatos	ⅢⅢ III
perros	ⅢⅢ ⅢⅢ IIII
peces	ⅢⅢ I

Usa la tabla de conteo para completar la pictografía.
Dibuja 1 🚶 por cada 2 niños.

Compañeros que tienen mascotas	
pájaros	🚶 🚶
gatos	
perros	
peces	

Clave: Cada 🚶 representa 2 niños.

1 ¿Cuántos niños tienen más perros
que gatos?   _____

2 ¿Cuál es la mascota que menos niños tienen? _____

3 Escribe una pregunta sobre la gráfica.

_____

_____

_____

_____

🏠 **ACTIVIDAD PARA LA CASA** • Pida a su niño que imagine que cada símbolo de la gráfica representa
10 niños. Pídale que vuelva a responder a la pregunta 1.

NORMAS DE CALIFORNIA SDAP 1.2 Representar el mismo conjunto de datos de más de una manera (p. ej.,
gráficas de barras y tablas de conteo). ⊶ SDAP 1.0 Los estudiantes reúnen datos numéricos y registran,
organizan, representan e interpretan los datos en gráficas de barras y otros medios gráficos. *también* MR 1.0,
AF 1.3, SDAP 1.1, SDAP 1.4

86 ochenta y seis   Capítulo 6

© Harcourt

Nombre _____

COMPROBAR ▪ Conceptos y destrezas

Usa la pictografía para contestar las preguntas.

Nuestras materias favoritas	
lectura	♀ ♀ ♀
matemáticas	♀ ♀ ♀ ♀ ♀
ciencias	♀ ♀ ♀ ♀

Clave: Cada ♀ representa 5 niños.

1 ¿A cuántos niños les gusta más la lectura? _____

2 ¿A cuántos niños les gustan más las matemáticas? _____

3 ¿A cuántos niños les gustan más las matemáticas que las ciencias? _____

COMPROBAR ▪ Resolver problemas

Usa la tabla de conteo para completar la gráfica de barras.

Nuestros deportes favoritos	
basquetbol	IIII
fútbol americano	III
béisbol	I
fútbol	IIII

Nuestros deportes favoritos					
basquetbol					
fútbol americano					
béisbol					
fútbol					
	0	1	2	3	4

Usa la gráfica para contestar las preguntas.

4 ¿A cuántos niños les gusta más el fútbol que el béisbol? _____

5 ¿A cuántos niños en total les gusta el fútbol americano o el basquetbol? _____

Elige la mejor respuesta.

1 La gráfica muestra animales favoritos.
¿Cuántos niños en total eligieron perros o pájaros?

Nuestros animales favoritos	
gatos	🐱 🐱 🐱 🐱
perros	🐶 🐶 🐶 🐶 🐶
pájaros	🐦 🐦 🐦 🐦

3 ○   8 ○

7 ○   11 ○

2 La gráfica muestra el número de creyones que hay en una caja.
¿Cuántos son azules?

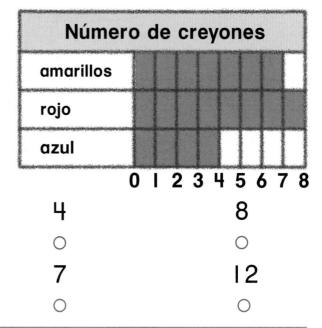

4 ○   8 ○

7 ○   12 ○

3 La tabla de conteo muestra deportes favoritos. ¿Cuántos niños más eligieron fútbol que basquetbol?

Nuestros deportes favoritos	
fútbol	JHT IIII
basquetbol	IIIII
béisbol	II
fútbol americano	JHT III

3 ○   4 ○   5 ○   6 ○

4 Una clase de segundo grado pintará en la clase de arte.
Cada niño necesitará un pincel.
Aproximadamente, ¿cuántos pinceles se necesitarán?

1 ○   2 ○   10 ○   25 ○

Súbete al autobús

por Ann Lee

ilustrado por Annie Lunsford

Este libro me ayudará a repasar cómo contar decenas.

Este libro pertenece a _____.

El oso se subió a su autobús amarillo para llevar a algunos animales al picnic anual. "En mi autobús caben 100 animales", dijo.

El oso llegó al estanque y vio algunas ranas. "¿Son ustedes 100?", les preguntó.

"No", contestó una rana. "Somos _____".
Las ranas se subieron al autobús amarillo del oso.

Las ranas cantaban mientras el oso conducía el autobús por el camino. Un enjambre de abejas revoloteaba alrededor del autobús. "¿Son ustedes 100?", les preguntó el oso.

"No", dijo una abeja. "Somos _____".
Las abejas volaron dentro del autobús y se pusieron a cantar con las ranas.

Al rato, apareció un grupo de saltamontes brincando.
"¿Son ustedes 100?", les preguntó el oso. Los animales que
estaban en el autobús dejaron de cantar para escuchar al oso
y a los saltamontes.

"No", dijo un saltamontes. "Somos _____". Los
saltamontes se subieron al techo del autobús.

El oso siguió manejando el autobús hasta que encontró unos pajaritos en las ramas de los árboles. "¡Hola!", les dijo el oso. "¿Son ustedes 100?"

"No", dijo un pajarito. "Somos _____". Los pajaritos volaron hasta el techo del autobús y se posaron junto a los saltamontes.

El oso y los animales llegaron al lugar del picnic.
Las ranas, las abejas, los saltamontes y los pajaritos
estaban felices de compartir el picnic. Mientras el oso se
alejaba en el autobús, oyó que una abeja decía: "¡Ahora
somos 100!"

F

Nombre _____

Descifra los códigos

Usa tus destrezas para encontrar las respuestas a estas adivinanzas. Primero, resuelve los problemas. Después relaciona cada número con la letra. ¡Suerte!

a	b	c	d	e	f	g	h	i	j	k	l	m
1	2	3	4	5	6	7	8	9	10	11	12	13
n	o	p	q	r	s	t	u	v	w	x	y	z
14	15	16	17	18	19	20	21	22	23	24	25	26

¿Qué libro tiene solo doce hojas pero se lee todo el año?

13	10	6	0	16	3	0	11	6	24
-10	-9	$+6$	$+5$	-2	$+1$	$+1$	$+7$	$+3$	-9

¿Qué pesa más, un kilo de paja o un kilo de hierro?

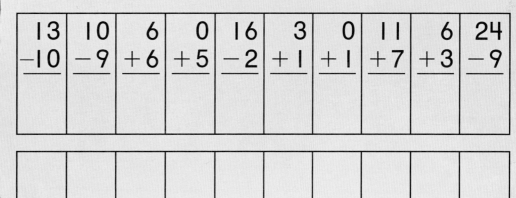

6	24	10		3	8	20		6	3	26	10	7
$+6$	-9	$+9$		$+1$	$+7$	-1		$+3$	$+4$	-5	-9	$+5$

Amplía tu conocimiento ☐ Haz una adivinanza empleando un código para que tus compañeros la resuelvan.

$$4 + 2 \;\boxed{>}\; 5$$

$$4 + 2 = 6$$

6 es mayor que 5

Escribe $<, >$ ó $=$ para completar el enunciado numérico.

1 $5 + 1 \;\bigcirc\; 6$ **2** $10 + 2 \;\bigcirc\; 13$

3 $8 - 3 \;\bigcirc\; 2$ **4** $7 - 3 \;\boxed{=}\; 4$

5 $6 + 3 \;\bigcirc\; 5 + 3$ **6** $4 + 2 \;\bigcirc\; 1 + 5$

7 $10 - 7 \;\bigcirc\; 14 - 11$ **8** $9 - 3 \;\bigcirc\; 4 - 2$

9 $1 + 15 \;\bigcirc\; 17 - 1$ **10** $8 + 3 \;\bigcirc\; 7 + 5$

11 $14 - 7 \;\bigcirc\; 15 - 7$ **12** $18 + 3 \;\bigcirc\; 24 - 3$

Nombre _____

Destrezas y conceptos

Suma o resta.

1 $10 + 0 =$ _____

$0 + 10 =$ _____

2 $9 + 9 =$ _____

$9 + 10 =$ _____

3 $9 +$ _____ $= 16$

4 $4 + 5 + 1 =$ _____

5 $13 - 13 =$

6 $12 - 2 =$ _____

7 Escribe la familia de operaciones para el conjunto de números.

6, 7, 13

_____ $+$ _____ $=$ _____   _____ $-$ _____ $=$ _____

_____ $+$ _____ $=$ _____   _____ $-$ _____ $=$ _____

8 Escribe las decenas y unidades de tres maneras diferentes.

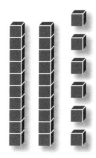

_____ decenas _____ unidades $=$ _____

_____ $+$ _____ $=$ _____

_____

9 Encierra en un círculo el valor del dígito subrayado.

Buen trabajo

82

8 ó 80

10 Lee el número. Escríbelo de diferentes maneras.

sesenta y dos

_____ decenas + _____ unidades

_____ + _____

_____

---

11 Escribe la posición de la abeja.

   _____

primera

---

12 Escribe mayor que, menor que o igual a.

28 es _____ 30

28 ◯ 30

13 Muestra el número de ▪ . Escribe par o impar.

 _____ , _____

---

14 Usa la tabla de conteo. ¿Cuántos niños eligen naranjas?

_____ niños

Nuestras frutas favoritas	
manzanas	II
plátanos	IIII
naranjas	⬩⬩⬩⬩⬩ II

Cada **I** representa el voto de 1 niño.

Resolver problemas

15 Usa la gráfica. ¿A cuántos niños en total les gustan las manzanas o los plátanos?

_____ niños

Nuestras frutas favoritas								
manzanas								
plátanos								
naranjas								
	1	2	3	4	5	6	7	8

Guía de estudio y repaso • Unidad 1

Festivales de California

En California se celebran muchos tipos
de festivales durante todo el año.

Mes	Festival
febrero	Festival y desfile del Año nuevo chino Festival escocés en honor de la Reina María
marzo	Festival irlandés Festival en honor de Paderewski
mayo	Fiesta del 5 de mayo Festival griego
junio	Fiesta india anual
julio	Festival francés de Santa Barbara
agosto	Fiesta de la antigua España Festival japonés Nihonmachi
septiembre	Festival danés Festival escandinavo
octubre	Festival alemán de octubre
noviembre	Festival de la India

1 ¿Qué festival celebra el comienzo de un nuevo año?

_____

2 ¿Cuántos festivales se celebran en el mes de agosto? _____

3 ¿Qué festivales celebran la tradición española y mexicana?

_____

4 ¿En qué mes se celebra el festival escandinavo? _____

© Harcourt

Año nuevo chino

Los dragones son parte importante de muchos festivales chinos, como el del Año nuevo. Estos dragones no arrojan fuego por la boca. Son para divertirse.

Resuelve los problemas y usa los códigos para colorear el dragón.

0 – rojo

6 – azul

10 – negro

2 – amarillo

8 – verde

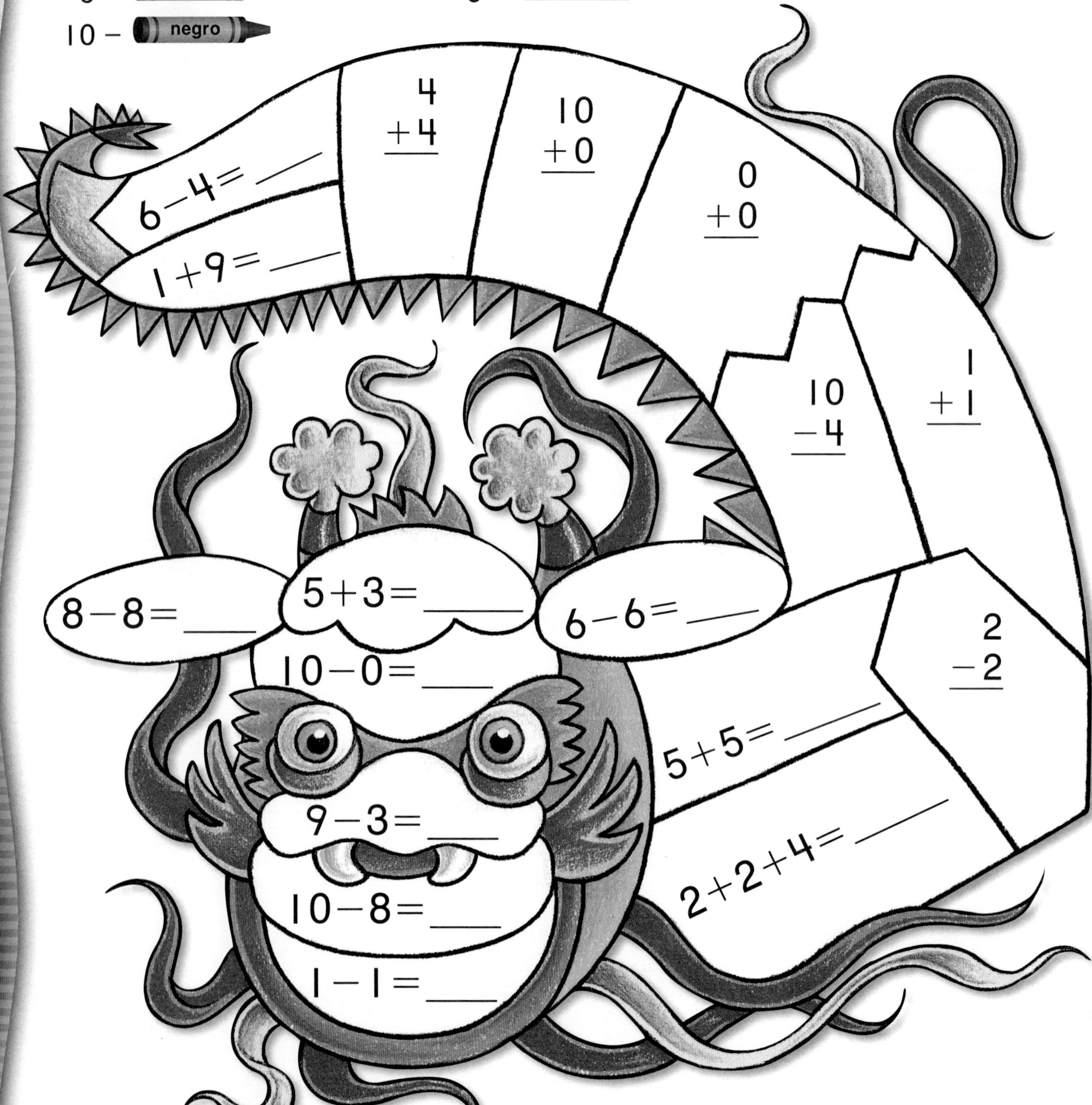

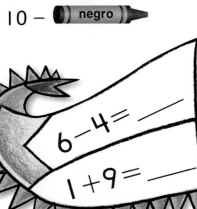

$6 - 4 =$ ___

$1 + 9 =$ ___

$\begin{array}{r} 4 \\ + 4 \\ \hline \end{array}$

$\begin{array}{r} 10 \\ + 0 \\ \hline \end{array}$

$\begin{array}{r} 0 \\ + 0 \\ \hline \end{array}$

$\begin{array}{r} 10 \\ - 4 \\ \hline \end{array}$

$\begin{array}{r} 1 \\ + 1 \\ \hline \end{array}$

$8 - 8 =$ ___

$5 + 3 =$ ___

$10 - 0 =$ ___

$9 - 3 =$ ___

$10 - 8 =$ ___

$1 - 1 =$ ___

$6 - 6 =$ ___

$5 + 5 =$ ___

$2 + 2 + 4 =$ ___

$\begin{array}{r} 2 \\ - 2 \\ \hline \end{array}$

© Harcourt

CAPÍTULO 7

Contar dinero

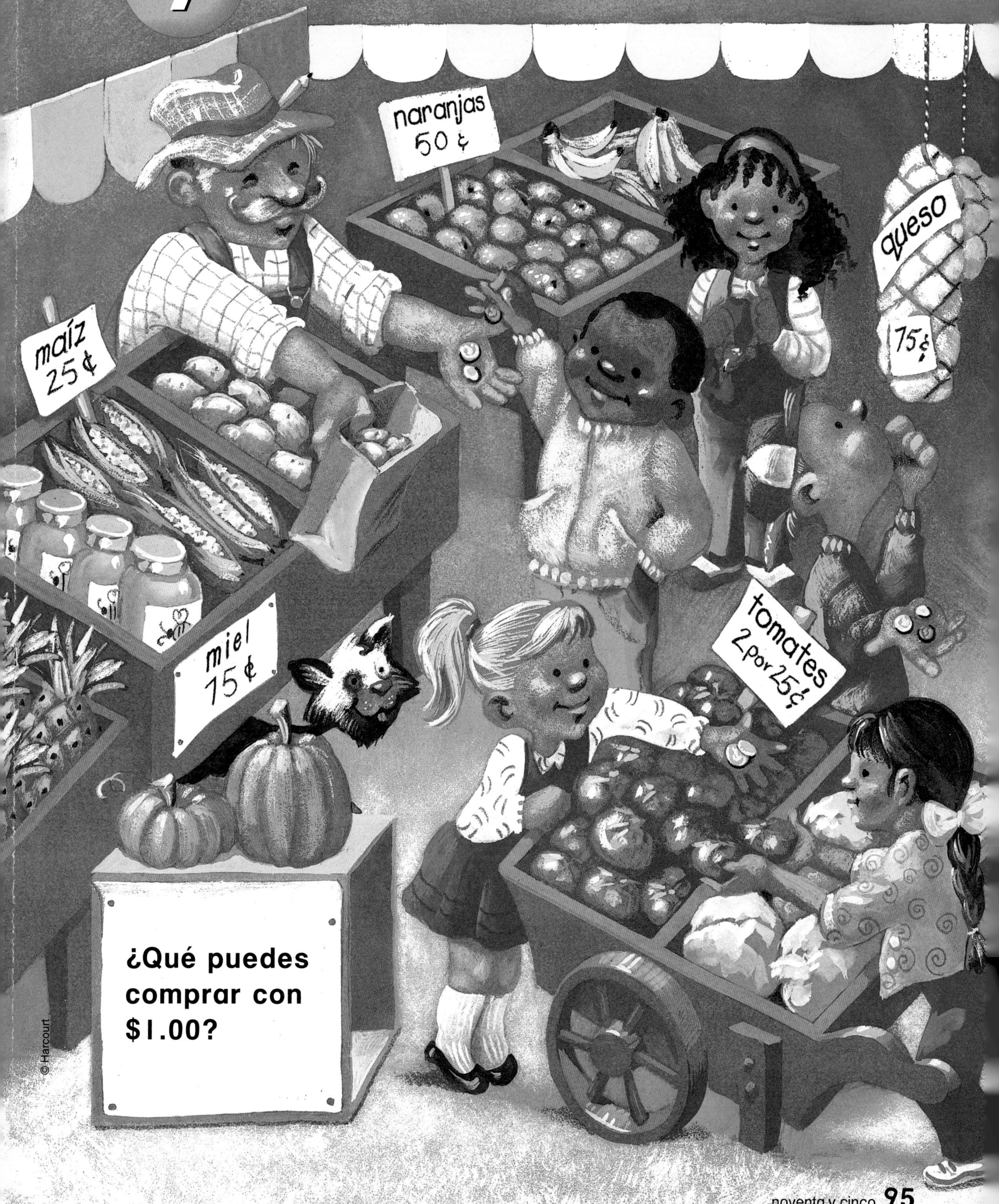
naranjas
50 ¢
maíz
25 ¢
queso
75¢
miel
75 ¢
tomates
2 por 25¢

¿Qué puedes comprar con $1.00?

LA ESCUELA Y LA CASA

Querida familia:

Hoy comenzamos el Capítulo 7. Contaremos dinero hasta $100, usando combinaciones de monedas de 1¢, monedas de 5¢, monedas de 10¢ y monedas de 50¢. Aquí están el vocabulario nuevo y una actividad para hacer juntos en casa.

Con cariño,

_____

Mis palabras de matemáticas

moneda de 50¢
un dólar

Vocabulario

moneda de 50¢ Moneda que vale 50¢.

un dólar Billete que vale 100¢.

 Visita *The Learning Site* para ideas adicionales y actividades. **www.harcourtschool.com**

ACTIVIDAD

Pida a su niño que elija un artículo de mercado que cueste $1.00 o menos. Pídale que use monedas de 1¢, 5¢, 10¢ y 25¢ para mostrar con qué monedas podría comprar ese artículo.

Libros para compartir

Busque éstos u otros libros en la biblioteca local para leer con su niño acerca del dinero.

If You Made a Million, por David M. Schwartz, William Morrow, 1994.

Carlos y la milpa de maíz, por Jan Romero Stevens, Northland Publishing, 1995.

Lilly's Purple Plastic Purse, por Kevin Henkes, William Morrow, 1998.

Nombre _____

Cuenta de 10 en 10.   **Cuenta de 5 en 5.**   **Cuenta de 1 en 1.**

10¢   20¢   30¢   35¢   40¢   45¢   46¢   47¢

1 moneda de 10¢ = 10¢   1 moneda de 5¢ = 5¢   1 moneda de 1¢ = 1¢

47¢ es la cantidad total.

Cuenta hacia adelante para hallar la cantidad total.

10 ¢, 20 ¢, 25 ¢, 30 ¢, 35 ¢, 36 ¢   **36** ¢

_____ ¢, _____ ¢, _____ ¢, _____ ¢, _____ ¢, _____ ¢   [ ] ¢

_____ ¢, _____ ¢, _____ ¢, _____ ¢, _____ ¢, _____ ¢   [ ] ¢

_____ ¢, _____ ¢, _____ ¢, _____ ¢, _____ ¢, _____ ¢   [ ] ¢

Explica lo que sabes ▪ Razonamiento

¿Por qué contar de 10 en 10 o de 5 en 5 te ayuda a contar más rápido las monedas?

Práctica

Cuenta hacia adelante para hallar la cantidad total.

$\underline{10}$ ¢, $\underline{20}$ ¢, $\underline{30}$ ¢, $\underline{40}$ ¢, $\underline{45}$ ¢, $\underline{50}$ ¢ $\boxed{50}$ ¢

_____ ¢, _____ ¢, _____ ¢, _____ ¢, _____ ¢, _____ ¢   ☐ ¢

_____ ¢, _____ ¢, _____ ¢, _____ ¢, _____ ¢   _____ ¢   ☐ ¢

_____ ¢, _____ ¢, _____ ¢, _____ ¢, _____ ¢, _____ ¢   ☐ ¢

Resolver problemas ▪ Razonamiento

5 Tengo 3 monedas en mi bolsa. Tengo 25¢.
Imagina las tres monedas. ¿Qué monedas tengo?

🐻 **ACTIVIDAD PARA LA CASA** • Pida a su niño que practique contando grupos de monedas de distinto valor hasta 50¢.

NORMAS DE CALIFORNIA NS 5.0 Los estudiantes modelan y resuelven problemas representando, sumando y restando distintas cantidades de dinero. *también* MR 2.2

Nombre _____

 ó   ó

I moneda de 25¢ = 25¢   I moneda de 50¢ = 50¢

Cuenta hacia adelante para hallar la cantidad total.

Comienza en 25.	Cuenta de 10 en 10.	Cuenta de 5 en 5.	Cuenta de 1 en 1.

1

25 ¢,   35 ¢,   40 ¢,   41 ¢   41 ¢

2

_____¢, _____¢, _____¢, _____¢, _____¢, _____¢   ☐ ¢

3

_____¢, _____¢, _____¢, _____¢, _____¢, _____¢   ☐ ¢

Explica lo que sabes ▪ Razonamiento

¿Qué grupos de monedas de 5¢, 10¢ y 25¢ tienen el mismo valor que una moneda de 50¢?

Práctica

SE VENDEN MANZANAS

Cuenta hacia adelante para hallar la cantidad total.

1

_50_ ¢, _75_ ¢, _80_ ¢, _85_ ¢, _90_ ¢, _91_ ¢ | 91 | ¢

2

_____ ¢, _____ ¢, _____ ¢, _____ ¢, _____ ¢, _____ | | ¢

3

_____ ¢, _____ ¢, _____ ¢, _____ ¢, _____ ¢, _____ | | ¢

4

_____ ¢, _____ ¢, _____ ¢, _____ ¢, _____ ¢, _____ | | ¢

Álgebra

5 Una manzana cuesta 35¢. Mark no tiene suficiente dinero para comprar una manzana. Necesita 10¢ más. ¿Cuánto dinero tiene? _____ ¢

© Harcourt

🏠 **ACTIVIDAD PARA LA CASA** • Pida a su niño que practique contando grupos de monedas de distinto valor hasta 99¢.

📞 **NORMAS DE CALIFORNIA** NS 5.0 Los estudiantes modelan y resuelven problemas representando, sumando y restando distintas cantidades de dinero. *también* MR 2.2

Nombre _____

Dibuja y escribe las monedas en orden de mayor a menor valor. Escribe la cantidad total.

1

_____ ¢

2

_____ ¢

3

_____ ¢

Explica lo que sabes ▪ Razonamiento

Si hubiera una moneda más de 10¢ en cada grupo de esta página, ¿cómo cambiarían tus respuestas?

Práctica

Dibuja y escribe las monedas en orden de mayor a menor valor. Escribe la cantidad total.

1

(25¢) (10¢) (10¢) (5¢) (5¢)

5 5 ¢

2

_____ ¢

3

_____ ¢

4

_____ ¢

Repaso mixto

Escribe >, <, ó = en el círculo.

5 7¢ ◯ 70¢   **6** 25¢ ◯ 25¢   **7** 15¢ ◯ 13¢

🏠 **ACTIVIDAD PARA LA CASA** • Combine varias monedas cuyo valor total no exceda de 99¢. Pida a su niño que las ordene de mayor a menor valor, y que le diga cuál es la cantidad total.

NORMAS DE CALIFORNIA NS 5.0 Los estudiantes modelan y resuelven problemas representando, sumando y restando distintas cantidades de dinero. *también* MR 1.2, MR 2.0, ⚖ NS 1.3

Puedes formar $1.00 con 100 monedas de 1¢.

punto decimal

↓

signo de dólar → $1.00

un dólar

100¢

Usa monedas. Forma $1.00 con las monedas. Dibuja y escribe el valor de cada moneda. Escribe la cantidad.

1 monedas de 50¢

$1.00

2 monedas de 25¢

_____

3 monedas de 10¢

_____

4 monedas de 5¢

_____

Explica lo que sabes ▪ Razonamiento

¿De cuántas maneras puedes formar $1.00 con las mismas monedas?

Práctica

Usa monedas. Muestra otras maneras de formar
$1.00. Escribe cuántas monedas de cada valor usas.

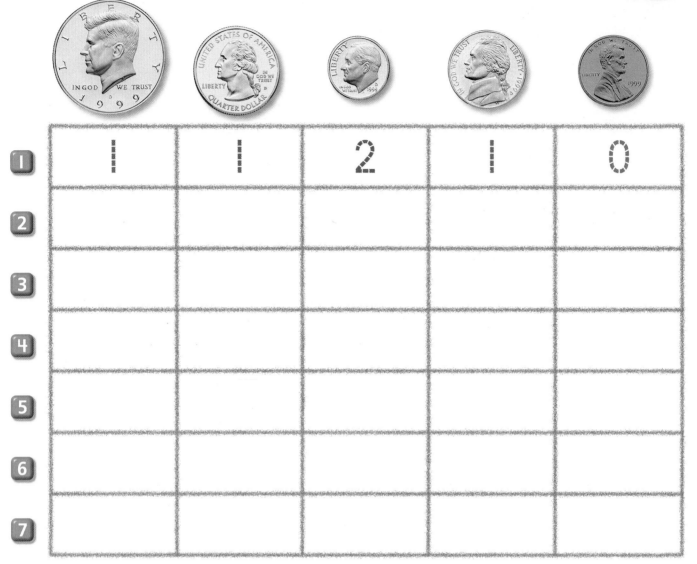

1	1	2	1	0

Resolver problemas ▪ Razonamiento

Usa monedas.
Resuelve.

8. Tienes 11 monedas. En total suman $1.00.
¿Qué monedas puedes tener?

_____

_____

_____

ACTIVIDAD PARA LA CASA • Pida a su niño que use distintas monedas para formar $1.00 de todas las maneras que pueda.

NORMAS DE CALIFORNIA ⊶ NS 5.2 Conocer y usar la notación decimal, y los símbolos de dólar y de centavos para el dinero. NS 5.0 Los estudiantes modelan y resuelven problemas representando, sumando y restando distintas cantidades de dinero. *también* MR 1.0, MR 1.1, MR 1.2, MR 3.0

Nombre _____

 Comprende　 Planea　 Resuelve　 Comprueba

Frutas		Precio
uvas		52¢
plátano		35¢
manzana		68¢
naranja		45¢

Usa la tabla para resolver los problemas.
Elige monedas para comprar cada fruta.
Dibuja las monedas que usaste.

1 una naranja

2 uvas

3 una manzana

4 un plátano

© Harcourt

Alimentos		Precio
pan		39¢
rosca		65¢
panecillo dulce		79¢
pan tostado		37¢

Usa la tabla para resolver los problemas. Elige monedas para comprar cada alimento. Dibuja las monedas que usaste.

1 un panecillo dulce	 50¢ 25¢ 1¢ 1¢ 1¢ 1¢	
2 un pan tostado		
3 un pan		
4 una rosca		

Por escrito

Escribe sobre algo que puedes comprar.
Dibuja y escribe el valor de las monedas que usarías para la compra.

 ACTIVIDAD PARA LA CASA • Muestre al niño un artículo que cueste 99¢ o menos. Pídale que le muestre qué monedas podría usar para comprarlo.

NORMAS DE CALIFORNIA NS 5.0 Los estudiantes modelan y resuelven problemas representando, sumando y restando distintas cantidades de dinero. SDAP 1.4 Preguntar y contestar preguntas sencillas relacionadas con representaciones de datos. *también* MR 1.1, MR 1.2, MR 2.1

© Harcourt

Nombre _____

COMPROBAR ▪ Conceptos y destrezas

Cuenta hacia adelante para hallar la cantidad total.

_____ ¢, _____ ¢, _____ ¢, _____ ¢, _____ ¢, _____ ¢ [ ] ¢

Dibuja y escribe las monedas de mayor a menor valor.
Escribe la cantidad total.

2

_____

Usa monedas. Forma $1.00 con las monedas. Dibuja y escribe el valor de cada moneda. Escribe la cantidad.

3 monedas de 10¢

_____

COMPROBAR ▪ Resolver problemas

Usa monedas para mostrar el precio.
Dibuja las monedas que usaste.

4 John compra miel. ¿Qué monedas puede usar?

Elige la mejor respuesta.

1 ¿Cuál es la cantidad total?

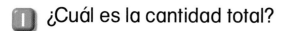

30¢	31¢	35¢	36¢
○	○	○	○

---

2 ¿Cuál es la cantidad?

30¢	47¢	50¢	52¢
○	○	○	○

---

3 David tiene estas monedas. ¿Qué juguete puede comprar?

75¢   95¢   70¢   90¢

○	○	○	○

---

4 ¿Qué números suman lo mismo que 7 + 2?

0 + 7	1 + 7	2 + 7	3 + 4
○	○	○	○

Usar dinero

¿Qué monedas diferentes
puedes usar para comprar
la muñeca? ¿De qué manera
usas menos monedas?

LA ESCUELA Y LA CASA

Querida familia:

Hoy comenzamos el Capítulo 8. Aprenderemos cómo formar cantidades de dinero. También aprenderemos a comparar precios y a dar cambio. Aquí están el vocabulario nuevo y una actividad para hacer juntos en casa.

Con cariño,

_____

Mis palabras de matemáticas

cambio

Vocabulario

cambio La diferencia entre el precio de un artículo y la cantidad de dinero que se le entrega al vendedor. El vendedor devuelve el cambio.

38¢

39¢,   40¢

2¢ de **cambio**

Visita *The Learning Site* para ideas adicionales y actividades. www.harcourtschool.com

ACTIVIDAD

Cuando vaya de compras con su niño, déjele elegir un artículo que cueste $1.00 o menos. Entréguele una cantidad mayor en monedas para comprarlo. Pídale que elija las monedas necesarias para pagar por el artículo.

Libros para compartir

Busque éstos u otros libros en la biblioteca local para leer con su niño acerca del dinero.

Arthur's Funny Money, por Lillian Hoban, HarperCollins, 1981.

El gran negocio de Francisca, por Russell Hoban, HarperCollins, 1996.

Market Day, por Eve Bunting, HarperCollins, 1999.

© Harcourt

Nombre _____

Formar las mismas cantidades

Manos a la Obra

Usa monedas.
Forma la cantidad de dinero de dos maneras.
Dibuja y escribe el valor de cada moneda.

1

79¢

50¢ 25¢ 1¢ 1¢ 1¢ 1¢	

2

96¢

3

67¢

Explica lo que sabes ▪ Razonamiento

¿Cuál es la cantidad más grande que puedes formar con 2 monedas?
¿Cuál es la más pequeña?

Capítulo 8 · Usar dinero

ciento once **111**

58¢

Usa monedas. Forma la cantidad de dinero de dos maneras.
Dibuja y escribe el valor de cada moneda.

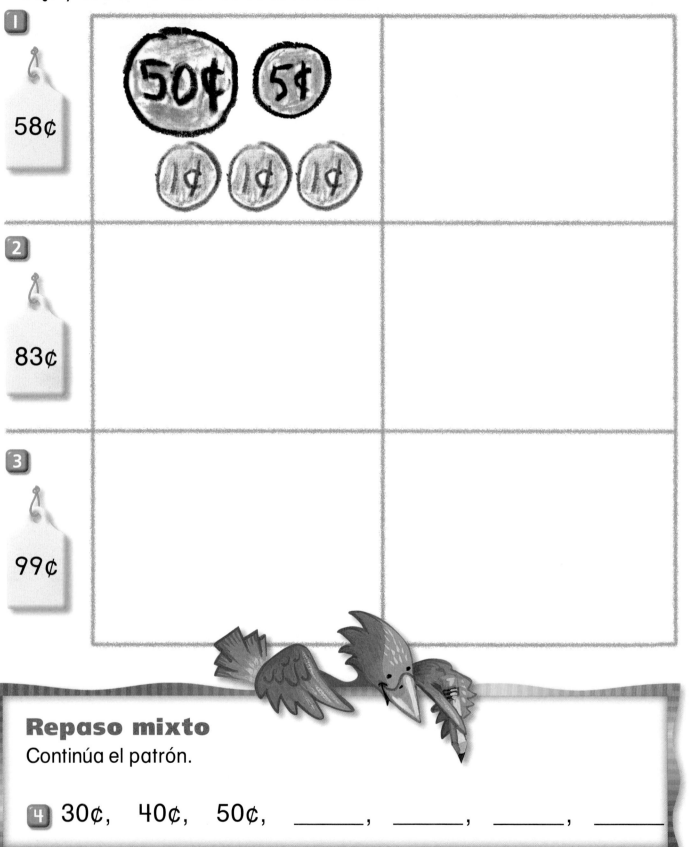

1 58¢

2 83¢

3 99¢

Repaso mixto

Continúa el patrón.

4 30¢,   40¢,   50¢, _____, _____, _____, _____

ACTIVIDAD PARA LA CASA • Combine un grupo de monedas de 1¢, 5¢, 10¢ y 25¢. Con su niño, formen 50¢ de todas las maneras posibles.

NORMAS DE CALIFORNIA NS 5.0 Los estudiantes modelan y resuelven problemas representando, sumando y restando distintas cantidades de dinero. MR 1.2 2 Usar herramientas, como objetos de manipuleo o bosquejos para hacer modelos de problemas.

Escribe la cantidad. Forma la misma
cantidad usando el mínimo número de
monedas. Dibuja y escribe el valor de cada moneda.

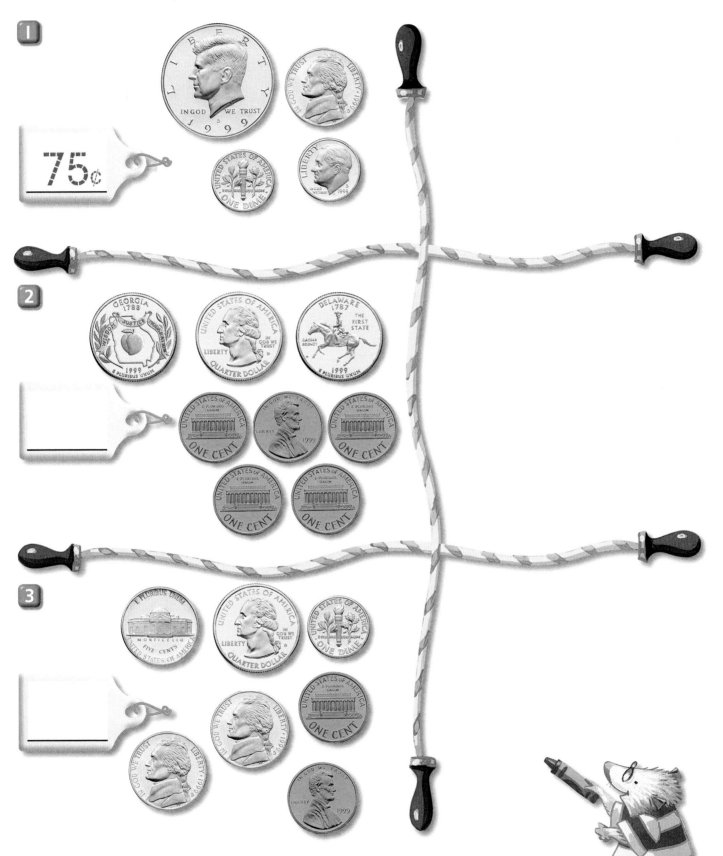

1

75¢ _____

2

_____

3

_____

Explica lo que sabes ▪ Razonamiento

¿Cómo puedes formar 99¢ usando el mínimo número de monedas?

© Harcourt

90¢

Práctica

Escribe la cantidad. Forma la misma cantidad usando el mínimo número de monedas. Dibuja y escribe el valor de cada moneda.

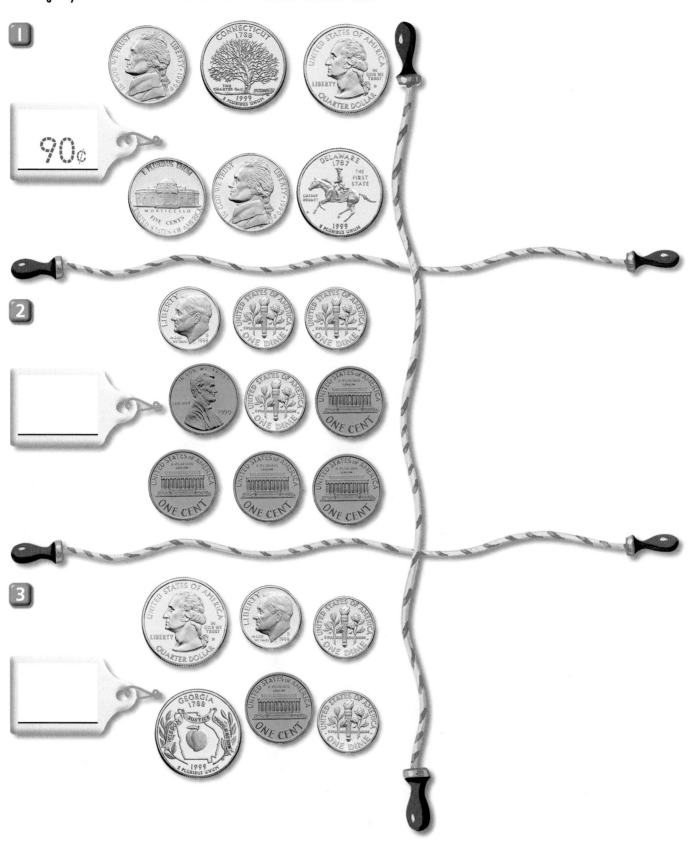

1 90¢ _____

2 _____

3 _____

🏠 **ACTIVIDAD PARA LA CASA** • Forme un grupo de monedas cuyo total no exceda de 99¢. Pida a su niño que forme la misma cantidad con el mínimo número de monedas.

📞 **NORMAS DE CALIFORNIA** NS 5.0 Los estudiantes modelan y resuelven problemas representando, sumando y restando distintas cantidades de dinero. MR I.2 Usar herramientas, como objetos de manipuleo o bosquejos para hacer modelos de problemas.

carro	tren	bicicleta	avión	barco	autobús
95¢	93¢	75¢	80¢	86¢	68¢

Escribe la cantidad. Escribe los nombres y los precios de los juguetes que podrías comprar.

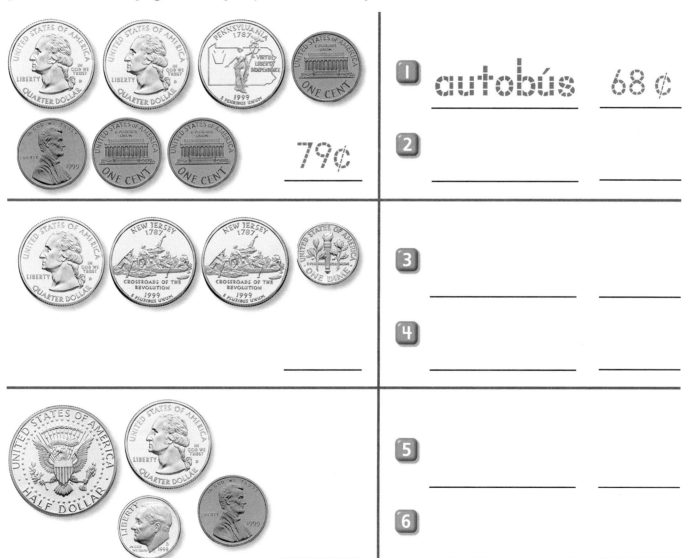

1 autobús 68¢
_____ _____

2 _____ _____

3 _____ _____

4 _____ _____

5 _____ _____

6 _____ _____

Explica lo que sabes ■ Razonamiento

¿Podrías comprar el carro si tuvieras 89¢?
¿Por qué sí o por qué no?

Práctica

pato	jirafa	mariquita	tigre	lagartija
65¢	70¢	90¢	79¢	85¢

Escribe la cantidad. Escribe los nombres y los precios de los juguetes que podrías comprar.

75¢

1. jirafa   70¢

2. _____ ____¢

3. _____ _____

4. _____ _____

5. _____ _____

6. _____ _____

Álgebra

7 Todos los días ahorras 5¢. Comienzas el lunes. ¿Cuánto has ahorrado el viernes? _____

lunes	martes	miércoles	jueves	viernes

 ACTIVIDAD PARA LA CASA • Pida a su niño que cuente en voz alta cada grupo de monedas.

NORMAS DE CALIFORNIA MR 1.0 Los estudiantes toman decisiones sobre la manera de plantear un problema.

NS 5.2 Conocer y usar la notación decimal, y los símbolos de dólar y de centavo para el dinero.

© Harcourt

Cuenta hacia adelante a partir del precio para calcular el cambio.
Comienza con monedas de 1¢ y luego usa monedas de 5¢ y 10¢.

1 Tienes 25¢. Compras

17¢

18¢, _19¢_, _20¢_, _25¢_

Tu cambio es _8¢_.

---

2 Tienes 50¢. Compras

37¢

38¢, _____, _____, _____

Tu cambio es _____.

---

3 Tienes 40¢. Compras

33¢

34¢, _____, _____

Tu cambio es _____.

---

4 Tienes 30¢. Compras

21¢

22¢, _____, _____, _____, _____

Tu cambio es _____.

Explica lo que sabes ▪ Razonamiento

¿Cómo sabes si te dieron el cambio correcto?

© Harcourt

Cuenta hacia adelante a partir del precio para calcular el cambio.
Comienza con monedas de 1¢ y luego
usa monedas de 5¢ y 10¢.

1 Tienes 50¢. Compras

38¢

39¢, 40¢, 50¢

Tu cambio es ___12¢___ .

---

2 Tienes 75¢. Compras

62¢

_____ , _____ , _____ , _____

Tu cambio es _____ .

---

3 Tienes 50¢. Compras

36¢

_____ , _____ , _____ , _____ , _____

Tu cambio es _____ .

Resolver problemas ▪ Razonamiento

Resuelve.

4 Hans compra un juguete que cuesta 23¢. Le
da dinero al vendedor y recibe 2¢ de cambio.
¿Cuánto dinero le dio al vendedor?

El juguete cuesta

_____ .

Hans recibe _____
de cambio.

Hans le dio _____
al vendedor.

ACTIVIDAD PARA LA CASA • Cuando compre artículos que no cuesten más de 99¢, ayude a su niño a contar hacia adelante a partir del precio del artículo hasta la cantidad que le dio al vendedor para calcular el cambio que debe recibir.

NORMAS DE CALIFORNIA NS 5.0 Los estudiantes modelan y resuelven problemas representando, sumando y restando distintas cantidades de dinero. MR 2.0 Los estudiantes resuelven problemas y justifican su razonamiento.

Nombre _____

Ana tiene 5 monedas en su bolsa.
Ninguna de las monedas vale más de 5¢.
¿Qué monedas puede tener?
Haz una lista para averiguarlo.

Comprueba que la suma total de
las monedas siempre sea cinco.

monedas de 5¢	monedas de 1¢	cantidad total
5	0	25¢

Explica lo que sabes ▪ Razonamiento

Si sabes que todas las monedas
valen 5¢, ¿cómo cambiará tu lista?

© Harcourt

Ana tiene 3 monedas en su bolsa. Ninguna de las monedas vale más de 10¢. ¿Qué monedas puede tener? Haz una lista para averiguarlo.

Comprueba que el número total de monedas que usas siempre sea tres.

monedas de 10¢	monedas de 5¢	monedas de 1¢	cantidad total
3	0	0	30¢

Por escrito

Vamos a suponer que por lo menos una de las monedas vale 1¢. Explica cómo cambiará tu lista.

© Harcourt

ACTIVIDAD PARA LA CASA • Coloque en una bolsa tres monedas (ninguna con un valor mayor de 10¢). Pida a su niño que haga una lista de las combinaciones posibles de las monedas que hay en la bolsa.

NORMAS DE CALIFORNIA NS 5.0 Los estudiantes modelan y resuelven problemas representando, sumando y restando distintas cantidades de dinero. ⚬— NS 5.2 Conocer y usar la notación decimal, y los símbolos de dólar y de centavos para el dinero. *también* MR 1.2

Nombre _____

COMPROBAR ■ Conceptos y destrezas

Usa monedas. Muestra la cantidad de dinero de dos maneras.
Dibuja y escribe el valor de cada moneda.

1 83¢

Escribe la cantidad. Forma la misma cantidad con el mínimo número
de monedas. Dibuja y escribe el valor de cada moneda.

2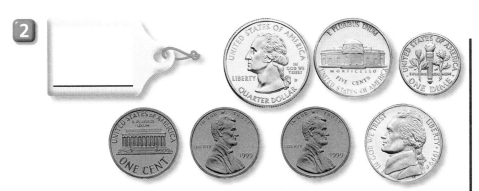

Cuenta hacia adelante a partir del
precio para calcular el cambio.

3 Tienes 30¢. Compras

 22¢

23¢, _____, _____, _____

Tu cambio es _____.

COMPROBAR ■ Resolver problemas

Resuelve.

4 Ana tiene 2 monedas en su bolsa. Ninguna de las monedas vale más de 5¢. ¿Qué monedas puede tener? Haz una lista para averiguarlo.

monedas de 5¢	monedas de 1¢	cantidad total

© Harcourt

Nombre _____

Elige la mejor respuesta.

1 ¿Cuál es la cantidad total?

27¢	67¢	47¢	90¢
○	○	○	○

2 Jacob compró una pelota que cuesta 62¢. Pagó 65¢.
¿Qué debe decir para contar el cambio?

62¢

65	64, 65	63, 64, 65	65, 66, 67
○	○	○	○

3 Carrie tiene estas monedas. ¿Qué juguete puede comprar?

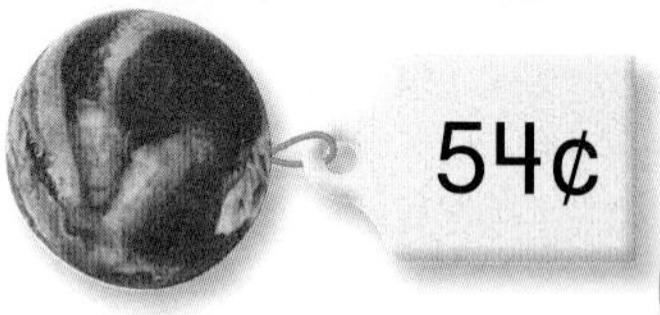

84¢   54¢   64¢   44¢

○	○	○	○

4 ¿Cuál es la cantidad total de dinero?

Moneda de 50¢	Moneda de 10¢	Monedas de 5¢	Monedas de 1¢	Total
1	1	2	3	?

73¢	72¢	70¢	48¢
○	○	○	○

Decir la hora

2:30

Para	Plataforma	Hora
San Diego	2	2:00
Detroit	4	2:30
Boise	3	3:00
Orlando	1	8:45

¿Cuántos minutos faltan para la salida del próximo tren? Haga otras preguntas acerca de la hora.

© Harcourt

LA ESCUELA Y LA CASA

Querida familia:

Hoy comenzamos el Capítulo 9. Aprenderemos a decir la hora. Aquí están el vocabulario nuevo y una actividad para hacer juntos en casa.

Con cariño,

_____

Mis palabras de matemáticas

minuto
hora
reloj digital

Vocabulario

minuto Una unidad que se usa para medir el tiempo. Una hora tiene 60 minutos.

hora Otra unidad que se usa para medir el tiempo. Una hora tiene 60 minutos y un día tiene 24 horas.

reloj digital Un reloj con números para indicar la hora y los minutos. Por ejemplo: 7:35 y 12:05.

Reloj digital

Visita *The Learning Site* para ideas adicionales y actividades. www.harcourtschool.com

ACTIVIDAD

Pregunte a su niño a qué hora comienza y termina su programa de televisión favorito. Pregúntele cuánto dura el programa.

Libros para compartir

Busque éstos u otros libros en la biblioteca local para leer con su niño acerca de cómo decir la hora.

Clocks and More Clocks, por Pat Hutchins, Simon & Schuster, 1994.

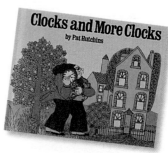

La mariquita malhumorada, por Eric Carle, HarperCollins, 1996.

Tuesday, por David Wiesner, Houghton Mifflin, 1997.

© Harcourt

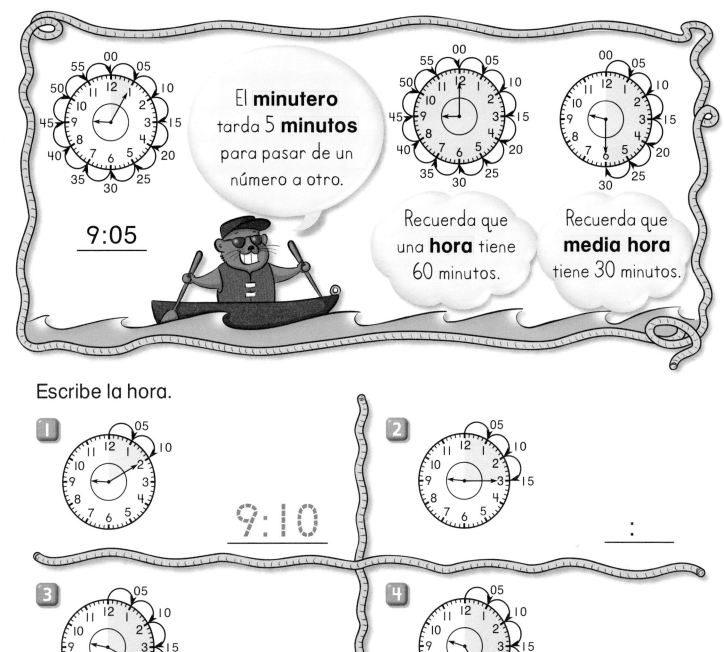

El **minutero** tarda 5 **minutos** para pasar de un número a otro.

9:05

Recuerda que una **hora** tiene 60 minutos.

Recuerda que **media hora** tiene 30 minutos.

Escribe la hora.

1 9:10

2 :

3 :

4 :

5 :

6 :

Explica lo que sabes ▪ Razonamiento

¿Cuándo crees que sería importante saber cómo decir la hora cada 5 minutos?

Escribe la hora.

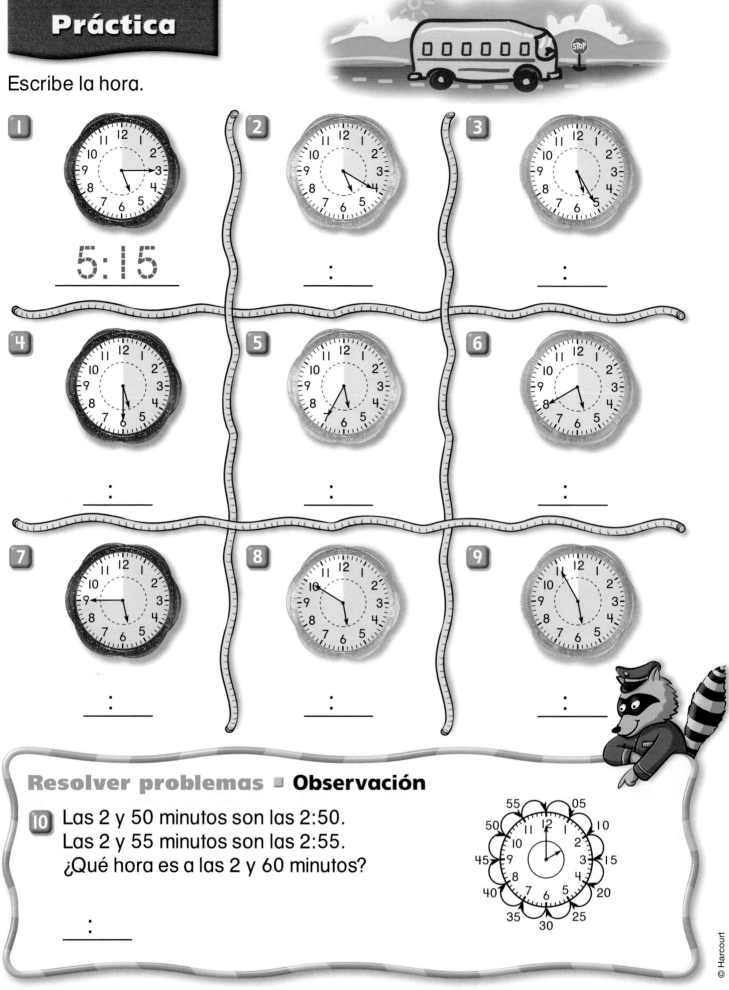

1   5:15

2   _ : _

3   _ : _

4   _ : _

5   _ : _

6   _ : _

7   _ : _

8   _ : _

9   _ : _

Resolver problemas ▪ Observación

10 Las 2 y 50 minutos son las 2:50.
Las 2 y 55 minutos son las 2:55.
¿Qué hora es a las 2 y 60 minutos?

_ : _

🏠 **ACTIVIDAD PARA LA CASA** • A diferentes horas del día, pida a su niño que le diga la hora cada 5 minutos.

NORMAS DE CALIFORNIA MG 1.4 Aproximar al cuarto de hora más próximo y conocer la relación entre las diferentes unidades de tiempo (p.ej., minutos en una hora, días en un mes, semanas en un año). MG 1.0 Los estudiantes comprenden que el tiempo se mide identificando una unidad de medida, diciendo (repitiendo) la unidad y comparándola con el objeto que se va a medir. *también* MR 3.0

© Harcourt

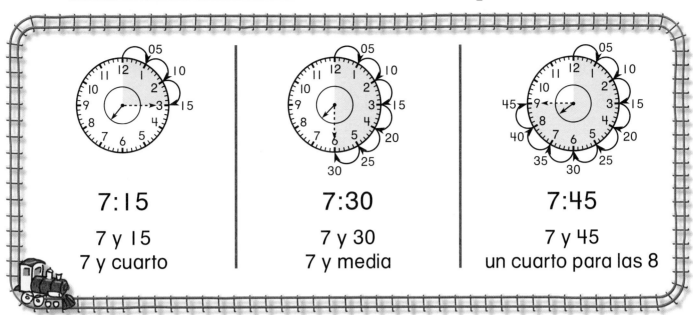

7:15	7:30	7:45
7 y 15	7 y 30	7 y 45
7 y cuarto	7 y media	un cuarto para las 8

Dibuja el minutero para mostrar la hora.
Escribe la hora.

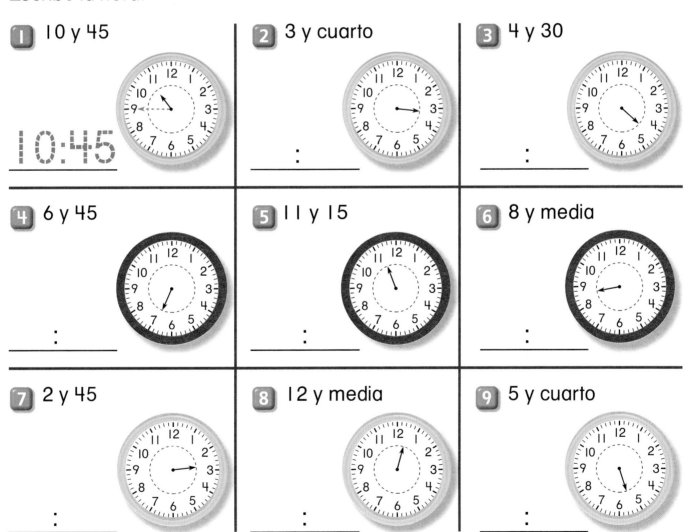

1 10 y 45

10:45

2 3 y cuarto

____ : ____

3 4 y 30

____ : ____

4 6 y 45

____ : ____

5 11 y 15

____ : ____

6 8 y media

____ : ____

7 2 y 45

____ : ____

8 12 y media

____ : ____

9 5 y cuarto

____ : ____

Explica lo que sabes ▪ Razonamiento

Mira los relojes en la parte superior de la página. ¿Cómo muestran
por qué podrías decir que las 7:30 son las 7 y media?

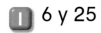

Práctica

Dibuja el minutero para mostrar la hora.
Escribe la hora.

1 6 y 25

6:25

2 12 y 10

_ _ : _ _

3 3 y 45

_ _ : _ _

4 1 y cuarto

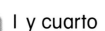

_ _ : _ _

5 6 y 20

_ _ : _ _

6 5 y media

_ _ : _ _

7 4 y 30

_ _ : _ _

8 12 y 5

_ _ : _ _

9 10 y 40

_ _ : _ _

Resolver problemas ▪ Aplicaciones

Encierra en un círculo temprano o tarde.

10 El almuerzo se sirve a las 12:30. Juan llega a las 12:45. ¿Juan llega temprano o tarde?

temprano   tarde

11 Sue y Karen se van a encontrar a las 7:00. Sue llega a las 6:45. ¿Sue llega temprano o tarde?

temprano   tarde

ACTIVIDAD PARA LA CASA • Use un reloj en casa. Antes de comenzar diferentes actividades, pida a su niño que le diga la hora aproximando al cuarto de hora más próximo, e indique los minutos después de la hora.

NORMAS DE CALIFORNIA MG 1.4 Aproximar al cuarto de hora más próximo y conocer la relación entre las diferentes unidades de tiempo (p.ej., minutos en una hora, días en un mes, semanas en un año). MG 1.0 Los estudiantes comprenden que el tiempo se mide identificando una unidad de medida, diciendo (repitiendo) la unidad y comparándola con el objeto que se va a medir. *también* MR 1.2

Nombre _____

Una vez pasada la media hora, se dice que faltan
tantos minutos para la siguiente hora.

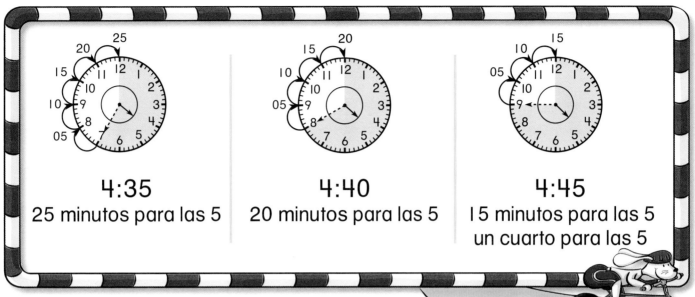

4:35
25 minutos para las 5

4:40
20 minutos para las 5

4:45
15 minutos para las 5
un cuarto para las 5

Dibuja el minutero para mostrar la hora.
Escribe la hora.

1 10 minutos para las 5

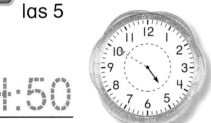

4:50

2 un cuarto para las 12

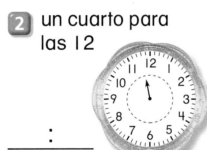

_____ : _____

3 25 minutos para las 4

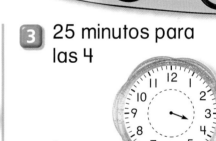

_____ : _____

4 un cuarto para las 10

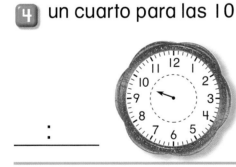

_____ : _____

5 5 minutos para las 6

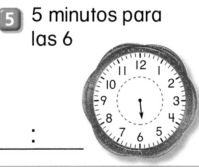

_____ : _____

6 veinte minutos para las 3

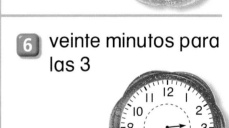

_____ : _____

7 5 minutos para las 7

_____ : _____

8 15 minutos para las 9

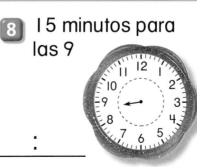

_____ : _____

9 20 minutos para las 5

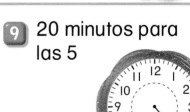

_____ : _____

Explica lo que sabes ▪ **Razonamiento**

¿Cómo puedes indicar las 6:35 como antes de las 7 y después de la 6?

Práctica

Dibuja el minutero para mostrar la hora.
Escribe la hora.

1 5 minutos para las 10

9:55

2 un cuarto para las 11

___ : ___

3 20 minutos para la 1

___ : ___

4 un cuarto para las 6

___ : ___

5 10 minutos para las 3

___ : ___

6 15 minutos para las 6

___ : ___

7 25 minutos para las 12

___ : ___

8 15 minutos para las 9

___ : ___

9 un cuarto para las 3

___ : ___

Álgebra

10 Continúa el patrón. Dibuja las manecillas del reloj.

| 2:00 | 2:15 | 2:30 | 2:45 | 3:00 |

ACTIVIDAD PARA LA CASA • A diferentes horas del día, entre la media hora y la hora, pregunte a su niño qué hora es.

NORMAS DE CALIFORNIA MG 1.4 Aproximar al cuarto de hora más próximo y conocer la relación entre las diferentes unidades de tiempo (p.ej., minutos en una hora, días en un mes, semanas en un año). MG 1.0 Los estudiantes comprenden que el tiempo se mide identificando una unidad de medida, diciendo (repitiendo) la unidad y comparándola con el objeto que se va a medir. *también* MR 1.2

© Harcourt

Nombre _____

Practicar cómo decir la hora

Dibuja el minutero para mostrar la hora.

4:15

9:35

10:05

6:15

8:25

11:10

7:45

3:40

2:00

12:30

5:20

Explica lo que sabes ▪ Razonamiento

Describe dónde está el horario a las 10: 55.
Explica tu respuesta.

Capítulo 9 · Decir la hora

ciento treinta y uno **131**

Práctica

Escribe la hora.

1 $9:05$

2 _____:_____

3 _____:_____

4 _____:_____

5 _____:_____

6 _____:_____

7 _____:_____

8 _____:_____

9 _____:_____

Resolver problemas ▪ Estimación

Encierra en un círculo 1 segundo o 1 minuto.

10 Estornudar tarda aproximadamente 1 segundo. Lavarse las manos tarda aproximadamente 1 minuto. Aproximadamente, ¿cuánto tarda amarrase los zapatos?

1 segundo   1 minuto

11 Parpadear tarda aproximadamente 1 segundo. Sacarle punta a un lápiz tarda aproximadamente 1 minuto. Aproximadamente, ¿cuánto tarda sonreír?

1 segundo   1 minuto

 ACTIVIDAD PARA LA CASA • Pida a su niño que le diga la hora desde la hora y 5 hasta la hora y 55 cada 5 minutos.

NORMAS DE CALIFORNIA MG 1.4 Aproximar al cuarto de hora más próximo y conocer la relación entre las diferentes unidades de tiempo (p.ej., minutos en una hora, días en un mes, semanas en un año). MG 1.0 Los estudiantes comprenden que el tiempo se mide identificando una unidad de medida, diciendo (repitiendo) la unidad y comparándola con el objeto que se va a medir. *también* MR 1.2

© Harcourt

Nombre _____

COMPROBAR ▪ Conceptos y destrezas

Escribe la hora.

1

___ : ___

2

___ : ___

3

___ : ___

Repaso/Prueba
Capítulo 9

Dibuja el minutero para mostrar la hora. Escribe la hora.

4 6 y 20

___ : ___

5 5 y media

___ : ___

6 10 y 5

___ : ___

7 10 minutos para las 8

___ : ___

8 un cuarto para la 1

___ : ___

9 20 minutos para las 4

___ : ___

Dibuja el minutero para mostrar la hora.

10

7:25

11

3:45

12

9:40

© Harcourt

Capítulo 9 • Repaso/Prueba

ciento treinta y tres **133**

Nombre _____

Repaso acumulativo
Capítulos 1–9

Elige la mejor respuesta.

1 Shannece ve 12 gatitos. 7 son negros. El resto son blancos. ¿Cuántos gatitos son blancos?

4	5	19	20
○	○	○	○

---

2 ¿Qué hora muestra el reloj?

4:15 ○   4:45 ○

4:30 ○   4:50 ○

---

3 ¿Qué hora muestra el reloj?

12 y cuarto ○   12 y 25 ○

12 y 20 ○   12 y media ○

---

4 ¿Qué hora muestra el reloj?

20 minutos para las 10 ○   30 minutos para las 10 ○

25 minutos para las 10 ○   un cuarto para las 10 ○

---

5 ¿Cuál reloj muestra las 2:50?

○   ○   ○   ○

© Harcourt

Entender el tiempo

Escribe el mes que
muestra cada ilustración.

LA ESCUELA Y LA CASA

Querida familia:

Hoy comenzamos el Capítulo 10. Usaremos un calendario, aprenderemos la diferencia entre a.m. y p.m. y estimaremos el tiempo. Aquí están el vocabulario nuevo y una actividad para hacer juntos en casa.

Con cariño,

_____

Mis palabras de matemáticas

a.m.
p.m.
mes
día
fecha
semana

Vocabulario

a.m. Se usa para indicar las horas entre la medianoche y el mediodía.

p.m. Se usa para indicar las horas entre el mediodía y la medianoche.

mes →	Enero						
día →	Domingo	Lunes	Martes	Miércoles	Jueves	Viernes	Sábado
				1	2	3	4
fecha →	⑤	6	7	8	9	10	11
	12	13	14	15	16	17	18
semana →	19	20	21	22	23	24	25
	26	27	28	29	30	31	

Visita *The Learning Site* Site para ideas adicionales y actividades. www.harcourtschool.com

ACTIVIDAD

Ayude a su niño a hacer un calendario de las actividades que realiza en la casa, como la tarea, ver televisión, ayudar en las tareas domésticas, etc.

Libros para compartir

Busque éstos u otros libros en la biblioteca local para leer con su niño acerca del tiempo.

Benjamin's 365 Birthdays,
por Judi Barrett,
Aladdin, 1992.

La hora,
por Gallimard Jeunesse
y André Verdet,
Ediciones SM, 1995.

Morning, Noon, and Night,
por Jean Craighead George,
HarperCollins, 1999.

© Harcourt

a.m. son las horas entre la **medianoche** y el **mediodía.** Las 9:00 a.m. son las 9 de la mañana.

p.m. son las horas entre el mediodía y la medianoche. Las 9:00 p.m. son las 9 de la noche.

Escribe la hora. Encierra en un círculo a.m. o p.m.

1 despertarse

   p.m.

2 almorzar

____ : ____   a.m.   p.m.

3 salir de la escuela

____ : ____   a.m.   p.m.

4 ir a la cama

____ : ____   a.m.   p.m.

Explica lo que sabes ▪ Razonamiento

Los niños almuerzan en la escuela a las 11:30 a.m. o a las 11:30 p.m.? Explica tu respuesta.

Práctica

Escribe la hora.
Encierra en un círculo a.m. o p.m.

1 tener la clase de lectura

9:15

_____ : _____ (a.m.)   p.m.

2 hacer la tarea

_____ : _____   a.m.   p.m.

3 jugar al fútbol

_____ : _____   a.m.   p.m.

4 cenar

_____ : _____   a.m.   p.m.

5 prepararse para ir a la cama

_____ : _____   a.m.   p.m.

6 dormir

_____ : _____   a.m.   p.m.

Repaso mixto

7 Forma 52¢ con el mínimo número de monedas.

ACTIVIDAD PARA LA CASA • Con su niño, prepare una lista de actividades diarias y la hora en que las realizan. Asegúrese de indicar si es a.m. o p.m. al escribir la hora.

NORMAS DE CALIFORNIA MG 1.4 Aproximar al cuarto de hora más próximo y conocer la relación entre las diferentes unidades de tiempo (p.ej., minutos en una hora, días en un mes, semanas en un año). MR 2.0 Los estudiantes resuelven problemas y justifican su razonamiento.

© Harcourt

Nombre _____

La fiesta comienza a las 11:00 a.m. Termina a la 1:00 p.m. ¿Cuánto tiempo ha pasado?

__2__ horas

El horario se mueve de las 11 a la 1 para mostrar dos horas.
El minutero da la vuelta al reloj 2 veces.

Usa un 🕐 para resolver el problema. Escribe cuánto tiempo ha pasado.

1 Jack comienza a tocar el piano a las 2:00 p.m. Toca hasta las 2:20 p.m. ¿Cuánto tiempo pasó?

__20__ minutos

2 La escuela comienza a las 9:00 a.m. Termina a las 3:00 p.m. ¿Cuánto tiempo ha pasado?

_____ horas

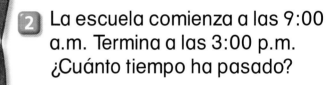

3 Peter comienza a jugar fútbol a las 3:30 p.m. Juega hasta las 5:30 p.m. ¿Cuánto tiempo ha pasado?

_____ horas

4 Judy comienza a hacer la tarea a las 6:30 p.m. Termina a las 7:00 p.m. ¿Cuánto tiempo ha pasado?

_____ minutos

5 El carnaval comienza a la 1:00 p.m. Termina a las 4:00 p.m. ¿Cuánto tiempo ha pasado?

_____ horas

6 Ryan se va a dormir a las 8:00 p.m. Se despierta a las 8:00 a.m. ¿Cuánto tiempo ha pasado?

_____ horas

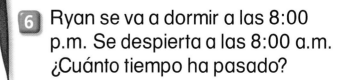

© Harcourt

Práctica

Usa un 🕐 para resolver el problema.
Escribe cuánto tiempo ha pasado.

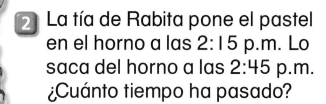

1 Rabita la coneja llegó a la parada del autobús a las 2:00 p.m. Son las 4:00 p.m. ¿Cuánto tiempo ha pasado?

_2_ horas

2 La tía de Rabita pone el pastel en el horno a las 2:15 p.m. Lo saca del horno a las 2:45 p.m. ¿Cuánto tiempo ha pasado?

_____ minutos

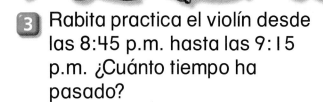

3 Rabita practica el violín desde las 8:45 p.m. hasta las 9:15 p.m. ¿Cuánto tiempo ha pasado?

_____ minutos

4 El torneo de fútbol comienza a las 11:00 a.m. Termina a las 4:00 p.m. ¿Cuánto tiempo ha pasado?

_____ horas

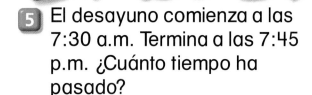

5 El desayuno comienza a las 7:30 a.m. Termina a las 7:45 p.m. ¿Cuánto tiempo ha pasado?

_____ minutos

6 Rabita duerme desde las 9:00 p.m. hasta las 7:00 a.m. ¿Cuánto tiempo ha pasado?

_____ horas

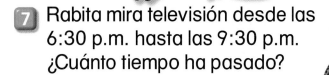

7 Rabita mira televisión desde las 6:30 p.m. hasta las 9:30 p.m. ¿Cuánto tiempo ha pasado?

_____ horas

8 El avión despega a las 2:00 p.m. Aterriza a las 3:00 p.m. ¿Cuánto tiempo ha pasado?

_____ horas

Diario

Por escrito

Escribe un cuento con un problema como los de esta página. Indica la hora en que comienza y la hora en que termina la actividad. Pide a un compañero que resuelva tu problema.

ACTIVIDAD PARA LA CASA • Con su niño, escriba las horas en que comienza y termina una actividad cualquiera. Calculen cuánto tiempo toma realizar esa actividad. Repita el ejercicio varias veces al día.

NORMAS DE CALIFORNIA MG 1.5 Determinar la duración de intervalos de tiempo en horas (p.ej., 11:00 a.m. a 4:00 p.m.). MG 1.2 Usar herramientas, como objetos de manipuleo o bosquejos, para hacer modelos de problemas. *también* MR 1.4

Usa un **calendario** para contestar las preguntas.

Hay 7 días en una semana.

NOVIEMBRE

Domingo	Lunes	Martes	Miércoles	Jueves	Viernes	Sábado
					1	2
3	4	5	6	7	8	9
10	11	12	13	14	15	16
17	18	19	20	21	22	23
24	25	26	27	28 Día de Acción de Gracias	29	30

1 ¿Qué fecha es el tercer martes?   noviembre 19

2 ¿Cuántos días tiene este mes?   _____

3 ¿Qué día es y qué fecha es una semana antes del Día de Acción de Gracias?   _____ , _____

4 ¿Qué fecha es una semana después del 7 de noviembre?   _____

5 ¿En qué día comienza el siguiente mes?   _____

Explica lo que sabes ▪ Razonamiento

¿Cómo te ayuda un calendario a planear y comprobar tus actividades?

Práctica

Hay 52 **semanas** en un año.
Hay 12 **meses** en un **año**.

Usa el calendario para contestar las preguntas.

Enero	Febrero	Marzo	Abril
D L Ma Mi J V S	D L Ma Mi J V S	D L Ma Mi J V S	D L Ma Mi J V S
1 2 3 4	1	1	1 2 3 4 5
5 6 7 8 9 10 11	2 3 4 5 6 7 8	2 3 4 5 6 7 8	6 7 8 9 10 11 12
12 13 14 15 16 17 18	9 10 11 12 13 14 15	9 10 11 12 13 14 15	13 14 15 16 17 18 19
19 20 21 22 23 24 25	16 17 18 19 20 21 22	16 17 18 19 20 21 22	20 21 22 23 24 25 26
26 27 28 29 30 31	23 24 25 26 27 28	23 24 25 26 27 28 29	27 28 29 30
		30 31	

Mayo	Junio	Julio	Agosto
D L Ma Mi J V S	D L Ma Mi J V S	D L Ma Mi J V S	D L Ma Mi J V S
1 2 3	1 2 3 4 5 6 7	1 2 3 4 5	1 2
4 5 6 7 8 9 10	8 9 10 11 12 13 14	6 7 8 9 10 11 12	3 4 5 6 7 8 9
11 12 13 14 15 16 17	15 16 17 18 19 20 21	13 14 15 16 17 18 19	10 11 12 13 14 15 16
18 19 20 21 22 23 24	22 23 24 25 26 27 28	20 21 22 23 24 25 26	17 18 19 20 21 22 23
25 26 27 28 29 30 31	29 30	27 28 29 30 31	24 25 26 27 28 29 30
			31

Septiembre	Octubre	Noviembre	Diciembre
D L Ma Mi J V S	D L Ma Mi J V S	D L Ma Mi J V S	D L Ma Mi J V S
1 2 3 4 5 6	1 2 3 4	1	1 2 3 4 5 6
7 8 9 10 11 12 13	5 6 7 8 9 10 11	2 3 4 5 6 7 8	7 8 9 10 11 12 13
14 15 16 17 18 19 20	12 13 14 15 16 17 18	9 10 11 12 13 14 15	14 15 16 17 18 19 20
21 22 23 24 25 26 27	19 20 21 22 23 24 25	16 17 18 19 20 21 22	21 22 23 24 25 26 27
28 29 30	26 27 28 29 30 31	23 24 25 26 27 28 29	28 29 30 31
		30	

1 ¿En qué mes comienza el año?

enero
_____

2 ¿Qué mes viene después de octubre?
_____

3 ¿Qué mes es el que tiene menos días?
_____

4 ¿Cuál es el quinto mes del año?
_____

5 ¿Qué fecha es una semana después del 28 de mayo?
_____

⬟ **ACTIVIDAD PARA LA CASA** • Señale una fecha en un calendario. Pida a su niño que diga qué días y qué fechas son una semana antes y una semana después de esa fecha.

📏 **NORMAS DE CALIFORNIA** MG 1.4 Aproximar al cuarto de hora más próximo y conocer la relación entre las diferentes unidades de tiempo (p.ej., minutos en una hora, días en un mes, semanas en un año). MR 2.0 Los estudiantes resuelven problemas y justifican su razonamiento. *también* MR 2.1

© Harcourt

Aproximadamente, ¿cuánto tiempo se necesita?

Pregúntate qué unidad de tiempo tiene sentido.

para almorzar

¡aproximadamente 15 minutos¡

aproximadamente 15 horas

para jugar un partido de fútbol

aproximadamente 1 mes

¡aproximadamente 1 hora¡

Aproximadamente, ¿cuánto tiempo se necesita?
Encierra en un círculo la estimación razonable.

1 para hacer un viaje

5 minutos   5 días

2 para pintar una casa

3 días   3 minutos

3 para cepillarte los dientes

4 minutos   4 horas

4 para cursar el segundo grado

10 meses   10 días

© Harcourt

Explica lo que sabes ▪ **Razonamiento**

¿Qué actividades tardan horas?
¿Qué actividades tardan minutos?

Práctica

Aproximadamente, ¿cuánto tiempo se necesita?
Encierra en un círculo la estimación razonable.

1 para construir una casa

8 días   (8 meses)

2 para pasear al perro

10 minutos   10 horas

3 para cenar

30 minutos   30 días

4 para mirar un partido

2 semanas   2 horas

5 para contar hasta 100

1 minuto   1 semana

6 para lavar el carro

1 mes   1 hora

© Harcourt

ACTIVIDAD PARA LA CASA • Pida a su niño que estime si necesita minutos, horas, días, semanas
o meses para navegar alrededor del mundo, mirar una película y cepillarse los dientes.

NORMAS DE CALIFORNIA NS 6.1 Reconocer cuando la estimación de una medición es razonable (p.ej., con
una aproximación de una pulgada). MG 1.4 Aproximar al cuarto de hora más próximo y conocer la relación entre las
diferentes unidades de tiempo (p.ej., minutos en una hora, días en un mes, semanas en un año).
también MR 2.0, MG 1.5

Para medir el tiempo usamos minutos, horas, días, semanas, meses y años.

Relaciones de tiempo	
I hora tiene 60 minutos.	I día tiene 24 horas.
I semana tiene 7 días.	I mes tiene 28, 30 ó 31 días.
I año tiene 12 meses.	I año tiene 52 semanas.

Escribe más que, menos que o igual que en cada oración.

1 Myriam fue a vivir con sus abuelos durante un año. Esto es

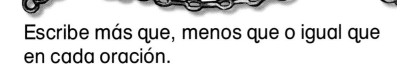 52 semanas.

2 Viajó en avión 3 horas. Esto es

_____ un día.

3 Myriam hizo buenos amigos en 7 días. Esto es

_____ un mes.

4 Myriam regresó a su casa después de 12 meses. Esto es

_____ un año.

Explica lo que sabes ■ **Razonamiento**

Explica tus respuestas a las preguntas de esta página.

Práctica

Escribe más que, menos que o igual que en cada oración.

1 En otoño, Paulo juega 3 meses al fútbol. Esto es

<u>menos que</u> 52 semanas.

Relaciones de tiempo
1 hora tiene 60 minutos.
1 día tiene 24 horas.
1 semana tiene 7 días.
1 mes tiene 28, 30 ó 31 días.
1 año tiene 12 meses.
1 año tiene 52 semanas.

2 Antes de la práctica, Paulo hace ejercicios de calentamiento durante 15 minutos. Esto es

_____ 1 hora.

3 Los juegos duran aproximadamente 2 horas. Esto es

_____ 60 minutos.

Resolver problemas ▪ Observación

Estima y comenzó la hora.

4 Tania empezó a pintar la cerca a las 8:00. Ahora son las 11:00. ¿A qué hora crees que terminará? _____ : _____

ACTIVIDAD PARA LA CASA • Sugiera diferentes actividades y pregunte a su niño cuánto tiempo le parece que se necesita para realizar cada una de ellas.

NORMAS DE CALIFORNIA MG 1.4 Aproximar al cuarto de hora más próximo y conocer la relación entre las diferentes unidades de tiempo (p.ej., minutos en una hora, días en un mes, semanas en un año). *también* MG 1.5

Capítulo 10

Nombre _____

COMPROBAR ▪ Conceptos y destrezas

Escribe la hora correcta.
Encierra en un círculo a.m. o p.m.

¿Cuánto tiempo te parece que se necesita? Encierra en un círculo la estimación razonable.

1 preparar la cena

____ : ____   a.m.   p.m.

2 para lavarse las manos

1 minuto   1 hora

Usa un calendario para contestar la pregunta.

3 ¿Qué fecha es el segundo viernes de noviembre?

_____

Escribe más que, menos que o igual que.

4 La hermanita de Mark tiene 6 semanas.

Esto es _____ 1 mes.

COMPROBAR ▪ Resolver problemas

Usa un 🕐 para resolver el problema.
Escribe cuánto tiempo ha pasado.

5 Annie comienza a jugar a las damas a las 4:15 p.m. Termina a las 4:45 p.m. ¿Cuánto tiempo ha pasado?

_____ minutos

© Harcourt

Nombre _____

Repaso acumulativo
Capítulos 1–10

Elige la mejor respuesta.

1 ¿Qué harías a las 9:00 p.m.?

ir a la escuela	ir a la cama	cenar	plantar flores
○	○	○	○

2 Matthew durmió desde las 10:00 p.m. hasta las 8:00 a.m. ¿Cuánto tiempo pasó?

8 horas	8 minutos	10 minutos	10 horas
○	○	○	○

3 ¿Cuánto tiempo necesitas para escribir tu nombre?

1 mes	1 año	1 semana	1 minuto
○	○	○	○

4 ¿Qué es más que 1 hora?

16 minutos	72 minutos	60 minutos	26 minutos
○	○	○	○

5

¿Qué fecha es una semana después del 7 de mayo?

○ mayo 14   ○ mayo 28

○ mayo 21   ○ junio 4

6 ¿Cuál es el valor del dígito subrayado?

8<u>6</u>

6	60	8	80
○	○	○	○

© Harcourt

El cumpleaños de Abuela Coneja

Escrito por Lucy Floyd
Ilustrado por Terri Chicko

Este libro me ayudará a repasar el tiempo y el dinero.

Este libro pertenece a _____.

A

El conejo Rabito está muy contento.
¡Hoy es el cumpleaños de Abuela Coneja!
"La fiesta es a las 3:00", dijo Rabito.
"¡Tengo que comprarle un regalo! Veamos.

Tengo $____.____".

B

De camino a la tienda, Rabito se encontró con el sapo Sapín. "¿Adónde vas tan apurado, Rabito?", le preguntó.

"¡Hoy es el cumpleaños de Abuela Coneja, y tengo que comprarle un regalo!", contestó Rabito.

"La fiesta es a las 3:00. Mi reloj marca las ___:___".

Rabito le mostró al sapo Sapín las monedas. "Tienes demasiadas monedas", dijo el sapo Sapín. "Podrías perder algunas. Déjame ayudarte. Tienes $1.00. Puedo formar la misma cantidad con menos monedas. Te las cambio".

Encierra en un círculo las monedas que el sapo Sapín puede cambiar con Rabito.

Rabito siguió su camino y se encontró con la tortuga Tuga. "¿Adónde vas tan apurado, Rabito?", le preguntó.

"¡Hoy es el cumpleaños de Abuela Coneja, y tengo que comprarle un regalo!", contestó Rabito. "La fiesta es a las 3:00.

Mi reloj marca las ___:___".

Rabito le mostró a la tortuga Tuga las monedas. "Tienes demasiadas monedas", dijo la tortuga Tuga. "Podrías perder algunas. Déjame ayudarte. Tienes $1.00. Puedo formar la misma cantidad con menos monedas. Te las cambio".

Encierra en un círculo las monedas que la tortuga Tuga puede cambiar con Rabito.

Rabito siguió su camino y se encontró con la ardilla Dilla. "¿Adónde vas tan apurado, Rabito?", le preguntó.

"¡Hoy es el cumpleaños de Abuela Coneja, y tengo que comprarle un regalo!", contestó Rabito.

"La fiesta es a las 3:00. Mi reloj marca las __:__".

Rabito le mostró a la ardilla Dilla las monedas. "Tienes demasiadas monedas", dijo la ardilla Dilla. "Podrías perder algunas. Déjame ayudarte. Tienes $1.00. Puedo formar la misma cantidad con menos monedas. Te las cambio".

Encierra en un círculo las monedas que la ardilla Dilla puede cambiar con Rabito.

Rabito siguió su camino y se encontró con la ardillita Rayita. "¿Adónde vas tan apurado, Rabito?", le preguntó.

"¡Hoy es el cumpleaños de Abuela Coneja, y tengo que comprarle un regalo!", contestó Rabito.

"La fiesta es a las 3:00. Mi reloj marca las ___:___".

Rabito le mostró a la ardillita Rayita las monedas. "Tienes demasiadas monedas", dijo la ardillita Rayita. "Podrías perder algunas. Déjame ayudarte. Tienes $1.00. Puedo formar la misma cantidad con menos monedas. Te las cambio".

Encierra en un círculo las monedas que la ardillita Rayita puede cambiar con Rabito.

Rabito observó todas las cosas que había en la tienda. "Quiero comprarle el mejor regalo a Abuela Coneja", dijo.

"Mi reloj marca las ___:___".

¿Cuántos minutos tiene Rabito para llegar a la fiesta? _____ minutos.

"¡Lo logré!", dijo Rabito.
"Llegué a tiempo a la fiesta y le
traje un regalo a Abuela!".

Nombre _____

Descubrir la fecha

Usa tus destrezas de razonamiento y el
calendario para resolver cada caso.

Mayo

Domingo	Lunes	Martes	Miércoles	Jueves	Viernes	Sábado
		1	2	3	4	5
6	7	8	9	10	11	12
13	14	15	16	17	18	19
20	21	22	23	24	25	26
27	28	29	30	31		

Detective matemático

Clave 1:
La fecha es un doble.

Clave 2:
No es un número impar.

Clave 3:
Está en la tercera semana
de mayo.

Clave 4:
Es el cuarto día de
la semana.

¿Qué fecha es? _____

Clave 1:
La fecha **no** es un
número par.

Clave 2:
El dígito del lugar de las
decenas es par.

Clave 3:
No es domingo.

Clave 4:
Está en la última semana de
mayo. ¿Qué fecha es?

_____

Amplía tu conocimiento Elige una fecha en mayo y
prepara claves para ayudar a un compañero a que la descubra.

© Harcourt

Nombre _____

Si tiras al aire una moneda de 1 ¢, ¿es más probable que caiga en cara o en sello?

¡Es sello!

¡Es cara!

Inténtalo. Necesitas 1 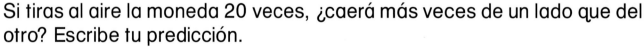. Lanza la moneda de 1 ¢ al aire 10 veces. Haz una marca de conteo cada vez que cae en cara o en sello.

Lados	Marcas de conteo	Totales
cara		
sello		

1. ¿Cuántas veces cayó en cara? _____

2. ¿Cuántas veces cayó en sello? _____

3. ¿Cayó más veces en cara o en sello? _____

Si tiras al aire la moneda 20 veces, ¿caerá más veces de un lado que del otro? Escribe tu predicción.

_____

_____

© Harcourt

Nombre _____

Destrezas y conceptos

Escribe la cantidad total.

1    _____

2    _____

Usa monedas. Dibuja y escribe el valor de cada moneda.

3 Forma la misma cantidad con el mínimo número de monedas.

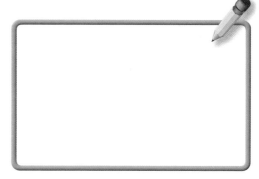

4 David compró una pelota que cuesta 32¢. Pagó 35¢. Cuenta hacia adelante a partir del precio para calcular el cambio.

33¢, _____ , _____

Tu cambio es _____ .

5 Escribe la hora.

_____ : _____

6 Escribe cuánto falta para la hora.

_____

© Harcourt

Escribe la hora y encierra en un círculo a.m. o p.m.

7

_____ : _____   a.m.   p.m.

8

_____ : _____   a.m.   p.m.

Usa el calendario para contestar las preguntas.

9 ¿Qué fecha es una semana después del 3 de mayo? _____

10 ¿Cuántos días hay en este mes? _____

Encierra en un círculo la respuesta correcta.

11 Aproximadamente, ¿cuánto tiempo se necesita para desayunar?

    15 minutos   15 días

12 El perrito de Chris tiene 8 semanas.

Eso es _____ 2 meses.

    más que   menos que

    igual que

Resolver problemas

13 Karen quiere comprar un bolígrafo. Dibuja las monedas que necesita.

Nombre _____

California y tú

La hora

La hora es diferente en distintas partes de
Estados Unidos.

Escribe la hora.

1. Ésta es la hora en California.

_____ : _____ p.m.

En Texas es 2 horas más tarde. Dibuja
las manecillas para mostrar la hora.

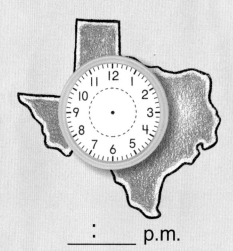

_____ : _____ p.m.

2. Ésta es la hora en California.

_____ : _____ a.m.

En Hawaii es 2 horas más temprano.
Dibuja las manecillas para mostrar la hora.

_____ : _____ a.m.

© Harcourt

Nombre _____

Un día en el zoológico

Kazuya vive en California. Es sábado y su papá lo va a llevar al zoológico. Escribe la hora que corresponde a cada fotografía.

8:00 a.m.

Son 2 horas más tarde.

_____:_____ a.m.

Son 3 horas más tarde.

_____:_____ p.m.

Son 4 horas más tarde.

_____:_____ p.m.

Explorar la suma de números de 2 dígitos

¿Qué cuentos de sumas puedes decir acerca de este dibujo?

LA ESCUELA Y LA CASA

Querida familia:
   Hoy comenzamos el Capítulo 11. Comenzaremos a sumar números de 2 dígitos. Aquí están el vocabulario nuevo y una actividad para hacer juntos en casa.

Con cariño,

_____

Mis palabras de matemáticas

reagrupar

Vocabulario

Cuando sumas dos números y el total de los dos grupos de unidades es 10 o más, debes **reagrupar**. Al reagrupar, cambias un número de una forma a otra que es igual.

decenas	unidades
1	
1	6
+	7
2	3

Suma las unidades.

$6 + 7 = 13$

Reagrupa las 13 unidades para formar 1 decena y 3 unidades.

Suma las decenas.

Visita *The Learning Site* para ideas adicionales y actividades. www.harcourtschool.com

ACTIVIDAD

Entregue a su niño algunas monedas de 10¢ para representar las decenas y algunas monedas de 1¢ para las unidades. Elija un número entre 11 y 60. Pida que le muestre diferentes maneras de formar ese número con las monedas. Repita el ejercicio con otros números.

Libros para compartir

Busque éstos u otros libros en la biblioteca local para leer con su niño acerca de números de 2 dígitos.

A Fair Bear Share, por Stuart J. Murphy, HarperCollins, 1997.

La caja de los botones, por Margarette S. Reid, Dutton, 1995.

© Harcourt

Nombre _____

¿Cuánto es 30 + 20?

3 + 2 = 5

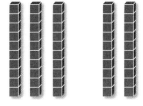

3 decenas + 2 decenas = 5 decenas

30 + 20 = 50

Conocer operaciones de suma te puede ayudar a sumar decenas.

Suma.

1

6 + 1 = __

6 decenas + 1 decena = __ decenas

60 + 10 = ___

2

2 + 2 = __

2 decenas + 2 decenas = __ decenas

20 + 20 = ___

3

3 + 6 = __

3 decenas + 6 decenas = __ decenas

30 + 60 = ___

4

4 + 5 = __

4 decenas + 5 decenas = __ decenas

40 + 50 = ___

5

8 + 0 = __

8 decenas + 0 decenas = __ decenas

80 + 0 = ___

6

2 + 5 = __

2 decenas + 5 decenas = __ decenas

20 + 50 = ___

© Harcourt

Explica lo que sabes ▪ Razonamiento

¿Cómo el sumar 5 decenas + 2 decenas
te ayuda a saber que 50 + 20 = 70?

Práctica

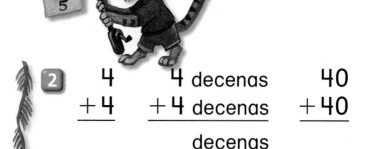

Suma.

1
  2
+3
5

2 decenas
+3 decenas
5 decenas

20
+30
50

2
  4
+4

4 decenas
+4 decenas
decenas

40
+40

3
  1
+8

1 decena
+8 decenas
decenas

10
+80

4
  3
+4

3 decenas
+4 decenas
decenas

30
+40

5
  2
+6

2 decenas
+6 decenas
decenas

20
+60

6
  3
+3

3 decenas
+3 decenas
decenas

30
+30

7
  0
+5

0 decenas
+5 decenas
decenas

0
+50

8
  7
+2

7 decenas
+2 decenas
decenas

70
+20

Álgebra

Suma.

9 $50 + 30 = 80$, entonces

$30 + 50 = $ _____

10 $30 + 40 = 70$, entonces

$40 + 30 = $ _____

11 $10 + 40 = 50$, entonces

$40 + 10 = $ _____

12 $20 + 50 = 70$, entonces

$50 + 20 = $ _____

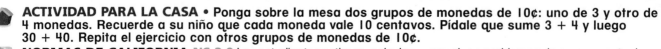

ACTIVIDAD PARA LA CASA • Ponga sobre la mesa dos grupos de monedas de 10¢: uno de 3 y otro de 4 monedas. Recuerde a su niño que cada moneda vale 10 centavos. Pídale que sume 3 + 4 y luego 30 + 40. Repita el ejercicio con otros grupos de monedas de 10¢.

NORMAS DE CALIFORNIA NS 2.0 Los estudiantes estiman, calculan y resuelven problemas de suma y resta de números de dos y tres dígitos. ⚷ NS 2.2 Hallar la suma o la diferencia de dos números enteros con un máximo de tres dígitos cada uno. *también* MR 3.0, AF 1.0

© Harcourt

Nombre _____

Contar hacia adelante decenas y unidades

¿Cuánto es 56 + 2?

Di 56.

Cuenta hacia adelante por unidades.

Contar hacia adelante por unidades o decenas hace que sea más fácil sumar.

¿Cuánto es 56 + 20?

Di 56.

Cuenta hacia adelante por decenas.

Piensa

56   57, 58

56 + 2 = __58__

Piensa

56   66, 76

56 + 20 = __76__

Cuenta hacia adelante para sumar.

1

$65 + 3 =$ _____

$65 + 30 =$ _____

2

$2 + 22 =$ _____

$20 + 22 =$ _____

3

$47 + 2 =$ _____

$47 + 20 =$ _____

4

$1 + 82 =$ _____

$10 + 82 =$ _____

5

$2 + 62 =$ _____

$20 + 62 =$ _____

6

$51 + 30 =$ _____

$51 + 3 =$ _____

7

$3 + 27 =$ _____

$30 + 27 =$ _____

8

$41 + 2 =$ _____

$41 + 20 =$ _____

9

$63 + 1 =$ _____

$63 + 10 =$ _____

Explica lo que sabes ▪ Razonamiento

Observa el problema 13 + 20. ¿Es más fácil contar hacia adelante desde 13 o desde 20? ¿Por qué?

© Harcourt

Práctica

Cuenta hacia adelante para sumar.

1.
$$\begin{array}{r} 20 \\ + 39 \\ \hline 59 \end{array}$$

$$\begin{array}{r} 95 \\ + 3 \\ \hline \end{array}$$
$$\begin{array}{r} 37 \\ + 3 \\ \hline \end{array}$$
$$\begin{array}{r} 67 \\ + 30 \\ \hline \end{array}$$
$$\begin{array}{r} 43 \\ + 2 \\ \hline \end{array}$$

2.
$$\begin{array}{r} 1 \\ + 39 \\ \hline \end{array}$$
$$\begin{array}{r} 75 \\ + 10 \\ \hline \end{array}$$
$$\begin{array}{r} 29 \\ + 10 \\ \hline \end{array}$$
$$\begin{array}{r} 52 \\ + 2 \\ \hline \end{array}$$
$$\begin{array}{r} 84 \\ + 10 \\ \hline \end{array}$$

3.
$$\begin{array}{r} 20 \\ + 32 \\ \hline \end{array}$$
$$\begin{array}{r} 3 \\ + 48 \\ \hline \end{array}$$
$$\begin{array}{r} 49 \\ + 2 \\ \hline \end{array}$$
$$\begin{array}{r} 92 \\ + 1 \\ \hline \end{array}$$
$$\begin{array}{r} 38 \\ + 30 \\ \hline \end{array}$$

4.
$$\begin{array}{r} 75 \\ + 2 \\ \hline \end{array}$$
$$\begin{array}{r} 27 \\ + 20 \\ \hline \end{array}$$
$$\begin{array}{r} 88 \\ + 1 \\ \hline \end{array}$$
$$\begin{array}{r} 61 \\ + 3 \\ \hline \end{array}$$
$$\begin{array}{r} 30 \\ + 59 \\ \hline \end{array}$$

Resolver problemas ▪ Sentido numérico

Usa la recta numérica para contar hacia adelante.

50 51 52 53 54 55 56 57 58 59 60 61 62

5. $51 + 10 = $ _____ $3 + 58 = $ _____ $53 + 2 = $ _____

ACTIVIDAD PARA LA CASA • Pida a su niño que cuente hacia adelante para sumar 47 + 3. Después elija cualquier número de 2 dígitos y pídale que cuente hacia adelante 1, 2, 3 y 10, 20, 30. Repita el ejercicio varias veces comenzando con diferentes números.

NORMAS DE CALIFORNIA NS 2.0 Los estudiantes estiman, calculan y resuelven problemas de suma y resta de números de dos y tres dígitos. NS 2.2 Hallar la suma o la diferencia de dos números enteros con un máximo de tres dígitos cada uno. *también* MR 1.2, MR 2.1, MR 3.0, NS 2.3

© Harcourt

Nombre _____

Hacer un modelo sumando 1 dígito a 2 dígitos

Muestra 15 + 8.

> Cuando hay 10 o más unidades, reagrupa 10 unidades como 1 decena.

Escribe cuántas decenas y unidades hay.

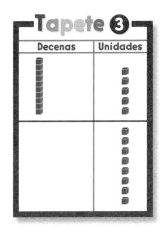

Tapete ❸	
Decenas	Unidades

Tapete ❸	
Decenas	Unidades

> Recuerda: 10 unidades equivalen a 1 decena.

Tapete ❸	
Decenas	Unidades

Suma las unidades.

5 + 8 = 13

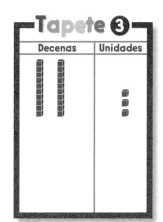

_2_ decenas _3_ unidades

Usa el Tapete 3 y ▬▬▬▬ ▪ .

Muestra.	Suma las unidades. ¿Hay 10 o más unidades? Si las hay, reagrupa 10 unidades como 1 decena.	Escribe cuántas decenas y unidades hay.
1 15 + 6	(Sí) No	_2_ decenas _1_ unidades
2 26 + 9	Sí No	___ decenas ___ unidades
3 31 + 4	Sí No	___ decenas ___ unidades
4 25 + 5	Sí No	___ decenas ___ unidades

© Harcourt

Explica lo que sabes ▪ Razonamiento

¿En qué problemas reagrupaste 10 unidades en 1 decena?
Usa ▬▬▬▬ ▪ para explicar por qué.

Capítulo 11 · Explorar la suma de números de 2 dígitos   ciento sesenta y uno **161**

Práctica

Usa el Tapete 3 y  .

Muestra.	Suma las unidades. ¿Hay 10 o más unidades? Si las hay, reagrupa 10 unidades como 1 decena.	Escribe cuántas decenas y unidades hay.
1 18 + 7	(Sí) No	_2_ decenas _5_ unidades
2 25 + 8	Sí No	___ decenas ___ unidades
3 32 + 4	Sí No	___ decenas ___ unidades
4 47 + 4	Sí No	___ decenas ___ unidades
5 35 + 5	Sí No	___ decenas ___ unidades
6 16 + 7	Sí No	___ decenas ___ unidades

Repaso mixto

Escribe la hora.

7

:___

8

:___

9

:___

ACTIVIDAD PARA LA CASA • Pida a su niño que señale los problemas de esta página en los que tuvo que reagrupar. Pregunte por qué en cada caso.

NORMAS DE CALIFORNIA NS 2.0 Los estudiantes estiman, calculan y resuelven problemas de suma y resta de números de dos y tres dígitos. O→ NS 2.2 Hallar la suma o la diferencia de dos números enteros con un máximo de tres dígitos cada uno. también NS 1.0, MR 1.2, MG 1.4

Capítulo 11

© Harcourt

Manos a la
Obra

Muestra
13 + 18.

Cuando hay 10 o más unidades, reagrupa 10 unidades como 1 decena.

Escribe cuántas
decenas y unidades hay.

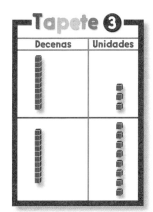

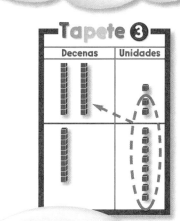

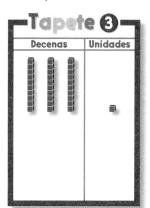

Tapete 3	
Decenas	Unidades

3 decenas 1 unidades

Suma las unidades.
3 + 8 = 11

Recuerda: 10 unidades equivalen a 1 decena.

Usa el Tapete 3 y .

Muestra.	Suma las unidades. ¿Hay 10 o más unidades? Si las hay, reagrupa 10 unidades como 1 decena.	Escribe cuántas decenas y unidades hay.
1 13 + 14	Sí (No)	2 decenas 7 unidades
2 13 + 17	Sí No	___ decenas ___ unidades
3 13 + 19	Sí No	___ decenas ___ unidades
4 13 + 16	Sí No	___ decenas ___ unidades

Explica lo que sabes ■ **Razonamiento**

¿Qué pasaría si sumaras primero las decenas en este problema?
¿Podrías obtener la respuesta correcta? ¿Cómo lo harías?

$$13$$
$$+18$$

Práctica

Recuerda: 10 unidades equivalen a 1 decena.

Usa el Tapete 3 y .

Muestra.	Suma las unidades. ¿Hay 10 o más unidades? Si las hay, reagrupa 10 unidades como 1 decena.	Escribe cuántas decenas y unidades hay.
1 59 + 16	(Sí) No	_7_ decenas _5_ unidades
2 24 + 23	Sí No	___ decenas ___ unidades
3 62 + 28	Sí No	___ decenas ___ unidades
4 17 + 16	Sí No	___ decenas ___ unidades
5 33 + 55	Sí No	___ decenas ___ unidades
6 13 + 15	Sí No	___ decenas ___ unidades

Resolver problemas ▪ Razonamiento

Tres niños obtuvieron respuestas diferentes cuando resolvieron este problema. Encierra en un círculo la respuesta correcta. Explica qué errores te parece que cometieron los otros dos niños.

7
$$\begin{array}{r} 47 \\ +25 \\ \hline \end{array}$$

22	72	612

ACTIVIDAD PARA LA CASA • Pregunte a su niño por qué reagrupó algunos problemas de esta página y otros no.

NORMAS DE CALIFORNIA NS 2.0 Los estudiantes estiman, calculan y resuelven problemas de suma y resta de números de dos y tres dígitos. ○━ NS 2.2 Hallar la suma o la diferencia de dos números enteros con un máximo de tres dígitos cada uno. *también* NS 1.0, MR 1.2, MR 2.2

© Harcourt

Nombre _____

Comprende   Planea   Resuelve   Comprueba

Usa el Tapete 3 y ▬▬▬▬▬ ▫.
Suma. Reagrupa si es necesario.
Escribe la suma.

1 Hay 27 niños jugando a la pelota en el patio de recreo. Llegan a jugar 13 niños más. ¿Cuántos niños en total están jugando a la pelota?

_40_ niños

decenas	unidades
2	7
+ 1	3
4	0

2 La biblioteca tiene 25 libros sobre béisbol y 17 sobre fútbol. ¿Cuántos libros tiene la biblioteca sobre fútbol y béisbol?

_____ libros

decenas	unidades
+	

3 A las 12:00 hay 39 niñas y 34 niños en el comedor. ¿Cuántos niños en total están almorzando a las 12:00?

_____ niños

decenas	unidades
+	

4 En la clase de la Sra. Dodge, 7 niños y 15 niñas traen su almuerzo a la escuela. ¿Cuántos niños en total traen su almuerzo?

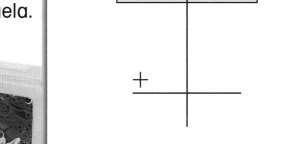

_____ niños

decenas	unidades
+	

© Harcourt

Práctica

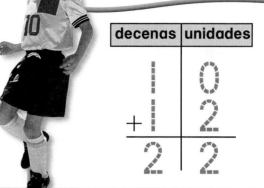

Usa el Tapete 3 y ▬▬▬▬▬▬ ▮.
Suma. Reagrupa si es necesario.
Escribe la suma.

1 Hay 10 niños y 12 niñas jugando al fútbol en la cancha. ¿Cuántos niños en total están jugando al fútbol?

_ 22 _ niños

decenas	unidades
1	0
+ 1	2
2	2

2 El equipo Rojo anota 13 goles el lunes y 8 el martes. ¿Cuántos goles en total anota este equipo?

_____ goles

decenas	unidades
+	

3 Los jugadores de fútbol comen 12 pizzas de queso y 9 pizzas de salchicha. ¿Cuántas pizzas comen?

_____ pizzas

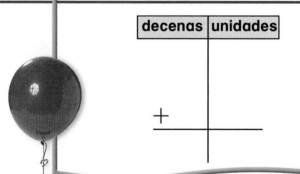

decenas	unidades
+	

4 En la fiesta hay 29 globos azules y 37 globos rojos. ¿Cuántos globos hay en total?

_____ globos

decenas	unidades
+	

Por escrito

Escribe un cuento sobre la suma de dos números.
Los dos números están entre 0 y 40.

© Harcourt

🔺 **ACTIVIDAD PARA LA CASA** • Haga un problema como los de esta página. Pida a su niño que use monedas de 1¢ y monedas de 10¢ (vea la página 156) para resolver el problema.

🔖 **NORMAS DE CALIFORNIA** NS 2.0 Los estudiantes estiman, calculan y resuelven problemas de suma y resta de números de dos y tres dígitos. MR 1.2 Usar herramientas, como objetos de manipuleo o bosquejos, para hacer modelos de problemas. *también* MR 2.2, ⚬━ NS 2.2

COMPROBAR ▪ Conceptos y destrezas

Suma.

1
$$2$$
$$+3$$

2 decenas
+3 decenas
_____ decenas

$$20$$
$$+30$$

2
$$4$$
$$+5$$

4 decenas
+5 decenas
_____ decenas

$$40$$
$$+50$$

3 Cuenta hacia adelante para sumar.

$$55 + 2 = \_\_\_\_\_$$ $$30 + 42 = \_\_\_\_\_$$ $$47 + 10 = \_\_\_\_\_$$

Usa el Tapete 3 y ▬▬▬▬ ▪ .

Muestra.	Suma las unidades. ¿Hay 10 o más unidades? Si las hay, reagrupa 10 unidades como 1 decena.	Escribe cuántas decenas y unidades hay.
4 25 + 16	Sí No	___ decenas ___ unidades
5 46 + 19	Sí No	___ decenas ___ unidades

COMPROBAR ▪ Resolver problemas

Usa el Tapete 3 y ▬▬▬▬ ▪ . Suma.
Reagrupa si es necesario. Escribe la suma.

6 13 niños fueron al partido de fútbol.
18 niños fueron al partido de béisbol.
¿Cuántos niños en total fueron a ver
un partido?

_____ niños

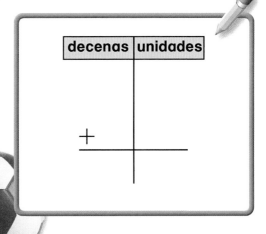

decenas	unidades
+	

Nombre _____

Elige la mejor respuesta.

1
$$40$$
$$+20$$

6   16   50   60
○   ○   ○   ○

2 $72 + 4 =$ _____

76   80   81   112
○   ○   ○   ○

3 ¿Qué muestra el modelo?

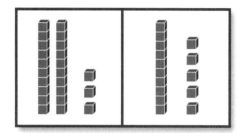

$33 + 15$ $23 + 15$ $23 + 16$ $22 + 14$
○   ○   ○   ○

4 Jasmine tiene una caja de 64 creyones. Kelli tiene una caja de 12 creyones. ¿Cuántos creyones tienen las dos en total?

76   78   87   97
○   ○   ○   ○

5 ¿Qué número concuerda con las palabras?

sesenta y cuatro

60   604   64   614
○   ○   ○   ○

6 ¿Qué número está entre 45 y 47?

44   64   54   46
○   ○   ○   ○

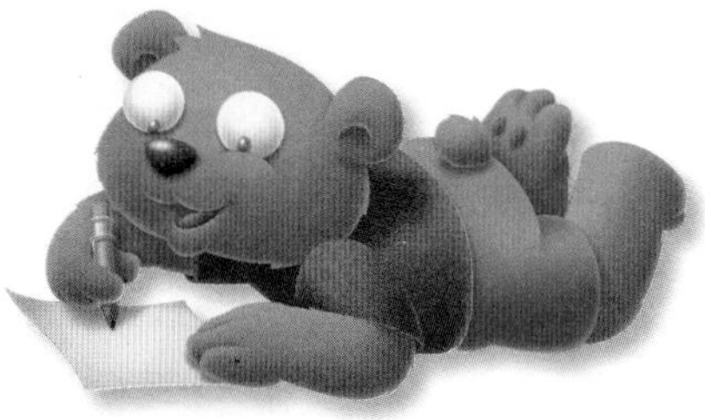

© Harcourt

CAPÍTULO 12

Sumar números de 2 dígitos

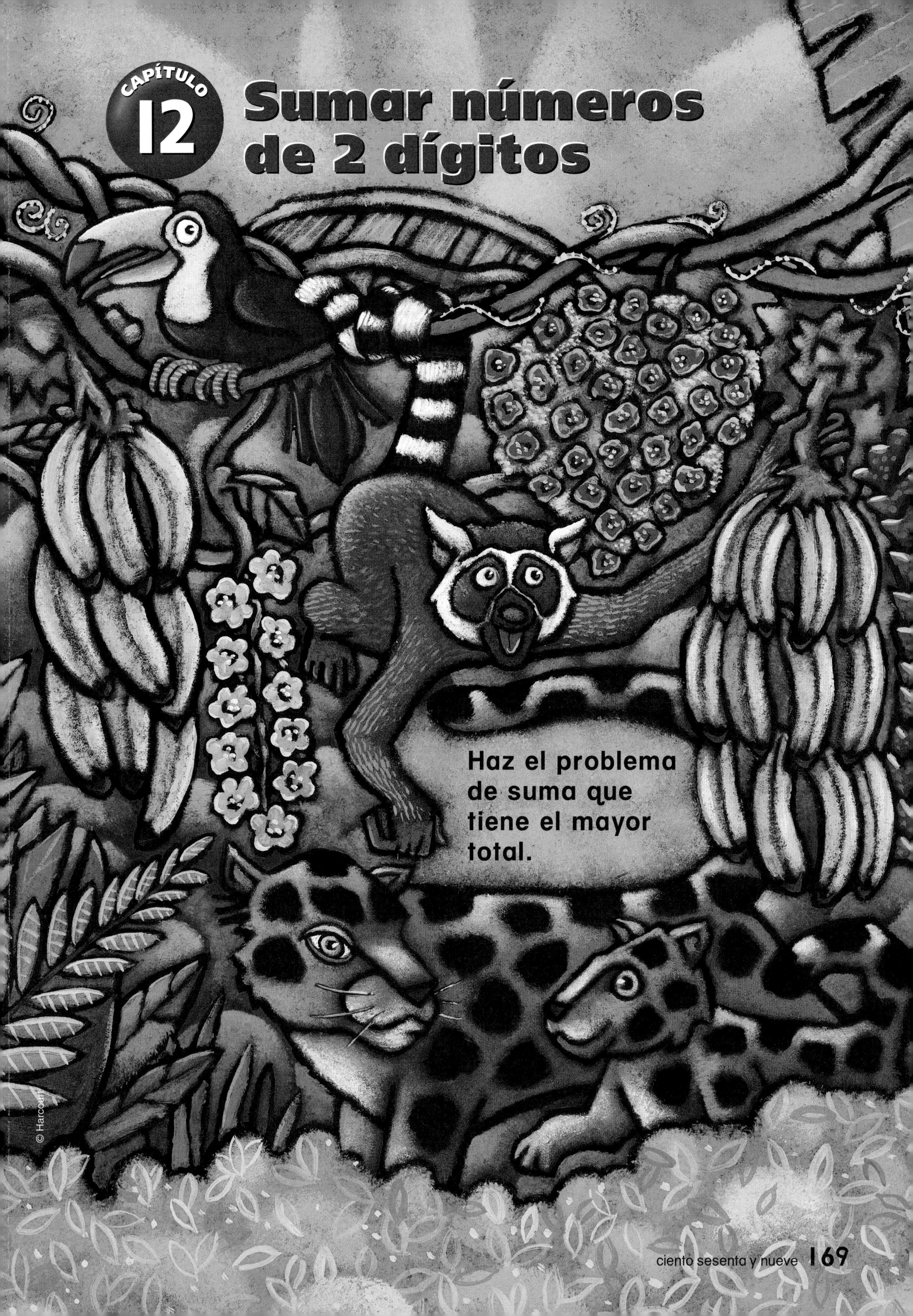

Haz el problema de suma que tiene el mayor total.

Querida familia:

Hoy comenzamos el Capítulo 12. Sumaremos más números de dos dígitos y aprenderemos a estimar. Aquí están el vocabulario nuevo y una actividad para hacer juntos en casa.

Mis palabras de matemáticas

estimar sumas

Con cariño,

_____

Vocabulario

estimar sumas Una manera de determinar una cantidad total es estimar. Puedes estimar redondeando cada número a la decena más próxima y después sumando las decenas.

Estima 39 + 23 como 40 + 20.

40 + 20 = 60

Entonces 39 + 23 es aproximadamente 60.

Visita *The Learning Site* para ideas adicionales y actividades.
www.harcourtschool.com

ACTIVIDAD

Dé a su niño frascos, latas y cajas que contengan hasta 48 onzas de alimentos. Pídale que elija dos de los recipientes y sume las onzas para hallar el total.

Libros para compartir

Busque éstos u otros libros en la biblioteca local para leer con su niño acerca de la suma.

17 Kings and 42 Elephants, por Margaret Mahy, Dial Books, 1990.

Vamos de viaje, por Burton Marks, Editorial Molino, 1992.

E I E I O, por Gus Clarke, Lothrop, Lee & Shepard, 1993.

© Harcourt

$24 + 18 =$ _____

Paso 1

Suma las unidades.
$4 + 8 = 12.$

decenas	unidades
☐	
2	4
+1	8

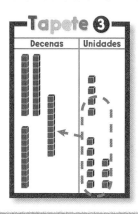

Tapete ❸

Decenas	Unidades

Paso 2

Reagrupa 12 unidades para formar 1 decena y 2 unidades. Escribe 1 para mostrar la nueva decena.

decenas	unidades
1	
2	4
+1	8
	2

Tapete ❸

Decenas	Unidades

Paso 3

Suma las decenas. Escribe cuántas hay.

decenas	unidades
1	
2	4
+1	8
4	2

Tapete ❸

Decenas	Unidades

Usa el Tapete 3 y ▰▰▰▰▰▰▰▰▰▰ ▪ .
Suma. Reagrupa si es necesario.

1

decenas	unidades
☐	
2	7
+3	9

2

decenas	unidades
☐	
4	6
+	8

3

decenas	unidades
☐	
5	4
+1	6

4

decenas	unidades
☐	
3	5
+4	4

Explica lo que sabes ▪ Razonamiento

Cómo sabes si necesitas reagrupar en un problema de suma?

Práctica

Usa el Tapete 3 y .
Suma. Reagrupa si es necesario.

1
decenas	unidades
[1]	
5	7
+	5
6	2

2
decenas	unidades
□	
4	7
+3	6

3
decenas	unidades
□	
2	3
+5	8

4
decenas	unidades
□	
7	9
+1	3

5
decenas	unidades
□	
4	1
+2	9

6
decenas	unidades
□	
	9
+5	6

7
decenas	unidades
□	
1	3
+5	5

8
decenas	unidades
□	
8	3
+	7

9
decenas	unidades
□	
3	6
+	5

10
decenas	unidades
□	
6	5
+1	8

11
decenas	unidades
□	
2	2
+2	6

12
decenas	unidades
□	
4	9
+4	2

Resolver problemas ▪ Aplicaciones

Usa el Tapete 3 y ▪▪▪▪▪▪▪▪▪▪ ▪. Resuelve.

13 El edificio Empire State tiene 6 elevadores para carga. Tiene 67 elevadores para personas. ¿Cuántos elevadores tiene en total?

_____ elevadores

14 El elevador tarda 45 segundos para subir al piso 86. Tarda 12 segundos más para subir al piso 102. ¿Cuánto tarda en total para llegar al piso 102?

_____ segundos

© Harcourt

 ACTIVIDAD PARA LA CASA • Pida a su niño que use objetos pequeños para sumar números de 2 dígitos.

NORMAS DE CALIFORNIA ○━ NS 2.2 Hallar la suma o la diferencia de dos números enteros con un máximo de tres dígitos cada uno. NS 2.0 Los estudiantes estiman, calculan y resuelven problemas de suma y resta de números de dos y tres dígitos. *también* MR 1.1, MR 1.2

Más sumas de números de 2 dígitos

$12 + 18 =$ _____

Paso 1

Suma las unidades.
$2 + 8 = 10$.
¿Necesitas reagrupar?

 Sí No

decenas	unidades
☐	
1	2
+ 1	8

Tapete 3

Decenas	Unidades

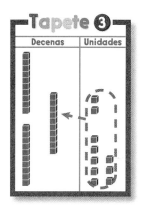

Paso 2

Reagrupa si es
necesario.
Escribe cuántas hay.

decenas	unidades
☐	
1	2
+ 1	8
	0

Tapete 3

Decenas	Unidades

Paso 3

Suma las
decenas.

decenas	unidades
1	
1	2
+ 1	8
3	0

Tapete 3

Decenas	Unidades

Usa el Tapete 3 y ▰▰▰▰▰▰▰ ▰ .
Suma. Reagrupa si es necesario.

1

decenas	unidades
☐	
2	3
+ 2	9

2

decenas	unidades
☐	
2	1
+ 1	9

3

decenas	unidades
☐	
4	2
+ 3	2

4

decenas	unidades
☐	
6	7
+ 2	5

Explica lo que sabes ▪ Razonamiento

¿Por qué es incorrecta esta respuesta?

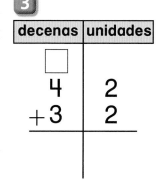

© Harcourt

Práctica

Usa el Tapete 3 y .
Suma. Reagrupa si es necesario.

1

decenas	unidades
1	
3	7
+3	3

70

2

decenas	unidades
☐	
4	8
+3	5

3

decenas	unidades
☐	
5	4
+2	7

4

decenas	unidades
☐	
7	2
+1	7

5

decenas	unidades
☐	
7	2
+1	4

6

decenas	unidades
☐	
5	3
+1	9

7

decenas	unidades
☐	
3	7
+5	6

8

decenas	unidades
☐	
3	4
+3	6

9

decenas	unidades
☐	
2	8
+3	5

10

decenas	unidades
☐	
5	8
+2	4

11

decenas	unidades
☐	
2	3
+4	6

12

decenas	unidades
☐	
2	4
+3	9

Repaso mixto

Escribe el número.

13 6 decenas   4 unidades = _____

14 3 decenas   9 unidades = _____

15 5 decenas   0 unidades = _____

16 7 decenas   2 unidades = _____

 ACTIVIDAD PARA LA CASA • Muestre a su niño un problema, por ejemplo 17+14= _____. Pregúntele si es necesario reagrupar y cómo lo sabe.

NORMAS DE CALIFORNIA ⊶ **NS 2.2** Hallar la suma o la diferencia de dos números enteros con un máximo de tres dígitos cada uno. **NS 2.0** Los estudiantes estiman, calculan y resuelven problemas de suma y resta de números de dos y tres dígitos. *también* **MR 1.2**

© Harcourt

Nombre _____

$$58 + 19 = \underline{\quad}$$

decenas	unidades
1	
5	8
+1	9
7	7

Escribe las decenas en la columna de las decenas. Escribe las unidades en la columna de las unidades.

Vuelve a escribir los números de cada problema.
Después suma.

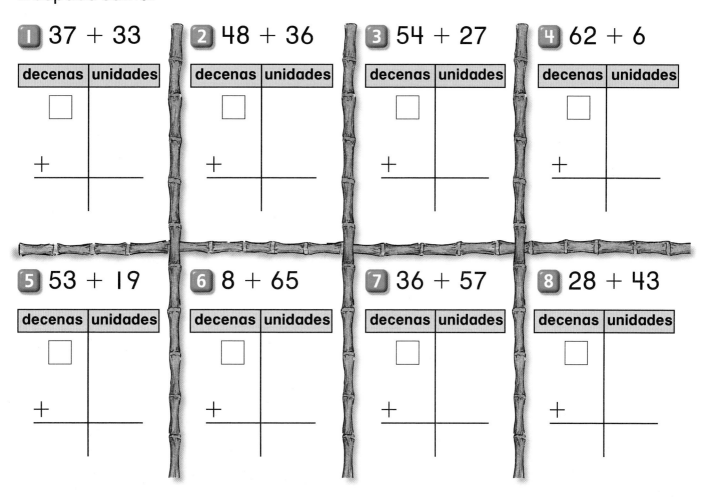

1 37 + 33

decenas	unidades
☐	
+	

2 48 + 36

decenas	unidades
☐	
+	

3 54 + 27

decenas	unidades
☐	
+	

4 62 + 6

decenas	unidades
☐	
+	

5 53 + 19

decenas	unidades
☐	
+	

6 8 + 65

decenas	unidades
☐	
+	

7 36 + 57

decenas	unidades
☐	
+	

8 28 + 43

decenas	unidades
☐	
+	

© Harcourt

Explica lo que sabes ▪ Razonamiento

John sumó 54 + 7. Obtuvo un total de 124. ¿Qué hizo mal?

Práctica

Vuelve a escribir los números de cada problema. Después suma.

1 23 + 29

decenas	unidades
1	
2	3
+2	9
5	2

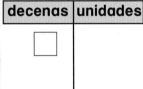

2 51 + 17

decenas	unidades
□	
+	

3 42 + 9

decenas	unidades
□	
+	

4 67 + 28

decenas	unidades
□	
+	

5 25 + 56

decenas	unidades
□	
+	

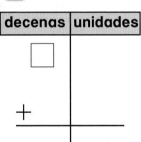

6 14 + 38

decenas	unidades
□	
+	

7 66 + 7

decenas	unidades
□	
+	

8 80 + 18

decenas	unidades
□	
+	

9 5 + 37

decenas	unidades
□	
+	

10 42 + 15

decenas	unidades
□	
+	

11 70 + 17

decenas	unidades
□	
+	

12 22 + 22

decenas	unidades
□	
+	

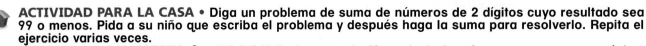

Repaso mixto
Escribe par o impar.

13 47 _____

14 56 _____

15 19 _____

ACTIVIDAD PARA LA CASA • Diga un problema de suma de números de 2 dígitos cuyo resultado sea 99 o menos. Pida a su niño que escriba el problema y después haga la suma para resolverlo. Repita el ejercicio varias veces.

NORMAS DE CALIFORNIA ⚬━ NS 2.2 Hallar la suma o la diferencia de dos números enteros con un máximo de tres dígitos cada uno. NS 2.0 Los estudiantes estiman, calculan y resuelven problemas de suma y resta de números de dos y tres dígitos. *también* MR 1.0, MR 1.2

Nombre _____

(Comprende) (Planea) (Resuelve) (Comprueba)

Carol vio 36 animales de la selva tropical en el zoológico. Charles vio 33 en un espectáculo. ¿Cuántos animales de la selva tropical vieron en total?

Estimas cuando no necesitas una respuesta exacta.

Puedes **redondear** números cuando quieres saber aproximadamente cuántos hay. Cuando redondeas un número a la decena más próxima, puedes hallar la decena a la que está más cerca en una recta numérica.

30 31 32 33 34 35 36 37 38 39 40

Encierra en un círculo el número 36. 36 está más cerca de 40 que de 30.

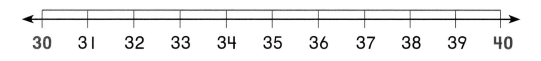

30 31 32 33 34 35 36 37 38 39 40

Encierra en un círculo el número 33. 33 está más cerca de 30 que de 40.

Ahora suma los números estimados.

Cuando un número está en medio de 2 decenas, se redondea a la mayor. 15 se redondea a 20. Mira la recta numérica. ¿Qué números redondearías a 40?

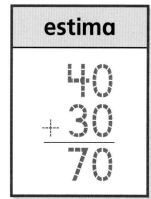

estima

$$\begin{array}{r} 40 \\ + 30 \\ \hline 70 \end{array}$$

© Harcourt

```
←——|——|——|——|——|——|——|——|——|——|——|——|——|——|——|——|——|——|——|——|——→
   10  11  12  13  14  15  16  17  18  19  20  21  22  23  24  25  26  27  28  29  30
```

Usa la recta numérica para redondear.
Muestra tu problema de suma.

		estima
1	Ian tiene 11 botones. Erika le da 17 botones. Aproximadamente, ¿cuántos botones tiene Ian ahora? 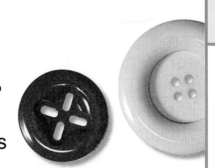 aproximadamente ___30___ botones	$\begin{array}{r} 10 \\ + 20 \\ \hline 30 \end{array}$
2	Greg tiene 26 conchas. Encuentra 21 conchas más. Aproximadamente, ¿cuántas conchas tiene Greg en total?  aproximadamente _____ conchas	
3	Bob tiene 19 adhesivos. Linda le da 18 más. Aproximadamente, ¿cuántos adhesivos tiene Bob ahora?  aproximadamente _____ adhesivos	
4	Pat ganó 25¢ el lunes. Ganó la misma cantidad el martes. ¿Puede comprar las canicas por 40¢?  _____	

Por escrito

Escribe un cuento de animales.
Suma dos números en el cuento.
Cada número debe ser menor que 50.

ACTIVIDAD PARA LA CASA • Pida a su niño que practique estimar sumas cuando vayan al supermercado. Elija dos artículos con precios menos que 49¢. Pida a su niño que estime el precio total.

NORMAS DE CALIFORNIA NS 6.0 Los estudiantes usan estrategias de estimación para hacer cálculos y resolver problemas con números en los que se usan los lugares de las unidades, las denenas, las centenas y los millares. NS 2.0 Los estudiantes estiman, calculan y resuelven problemas de suma y resta de números de dos y tres dígitos. *también* MR 1.2, MR 2.2, NS 2.2, AF 1.2

© Harcourt

Nombre _____

COMPROBAR ▪ Conceptos y destrezas

Usa el Tapete 3 y .
Suma. Reagrupa si es necesario.

1

decenas	unidades
☐	
2	6
+	7

2

decenas	unidades
☐	
4	9
+	9

3

decenas	unidades
☐	
2	4
+1	8

4

decenas	unidades
☐	
4	3
+3	8

Usa el Tapete 3 y .
Suma. Reagrupa si es necesario.

Vuelve a escribir los números de cada problema. Después súmalos.

5

decenas	unidades
☐	
2	7
+5	2

6

decenas	unidades
☐	
3	8
+4	4

7 32 + 27

decenas	unidades
☐	
+	

8 74 + 8

decenas	unidades
☐	
+	

COMPROBAR ▪ Resolver problemas

Usa la recta numérica para redondear. Muestra tu problema de suma.

10 11 12 13 14 15 16 17 18 19 **20** 21 22 23 24 25 26 27 28 29 **30**

9 Luis tiene 17 tarjetas de deportistas.
Mike le da 19 más.
¿Cuántas tarjetas tiene Luis ahora?

aproximadamente _____ tarjetas

estima

© Harcourt

Nombre _____

Elige la mejor respuesta.

1 ¿De qué otra manera puedes escribir 29 + 44 = _____?

92
+44
○

24
+94
○

44
+92
○

29
+44
○

2
27
+12

decenas	unidades

15   35   39   41
○   ○   ○   ○

3
37
+14

decenas	unidades

50   51   60   61
○   ○   ○   ○

---

4 Bobby tiene 19 lápices. Tim tiene 12 lápices.
Aproximadamente, ¿cuántos lápices tienen en total?

aproximadamente   aproximadamente   aproximadamente   aproximadamente
20   30   40   50
○   ○   ○   ○

---

5 ¿Qué hora muestra el reloj?

6:20   6:25   5:20   5:25
○   ○   ○   ○

CAPÍTULO 13

Practicar sumas de números de 2 dígitos

Escribe 2 problemas de suma. Reagrupa si es necesario.

© Harcourt

La Escuela y la Casa

Querida familia:

Hoy comenzamos el Capítulo 13. Practicaremos la suma de números de 2 dígitos y usaremos el cálculo mental para resolver problemas. Aquí están el vocabulario nuevo y una actividad para hacer juntos en casa.

Con cariño,

_____

Mis palabras de matemáticas
cálculo mental

Vocabulario

cálculo mental Una manera de resolver problemas sin usar lápiz ni papel.

$$\begin{array}{r} 64 \\ + 25 \\ \hline \end{array}$$

Suma las decenas.
$$\begin{array}{r} 60 \\ + 20 \\ \hline 80 \end{array}$$

Suma las unidades.
$$\begin{array}{r} 4 \\ + 5 \\ \hline 9 \end{array}$$

Halla la suma.
$$\begin{array}{r} 80 \\ + 9 \\ \hline 89 \end{array}$$

Visita *The Learning Site* para ideas adicionales y actividades.
www.harcourtschool.com

ACTIVIDAD

Dé a su niño un recibo del supermercado o un anuncio del periódico. Pídale que encuentre dos artículos que cuesten menos de 50¢ y que sume los precios.

Libros para compartir

Busque éstos u otros libros en la biblioteca local para leer con su niño acerca de la suma.

The Hundred Penny Box, por Sharon Bell Mathis, Viking, 1975.

¿Cuántos osos hay?, por Cooper Edens, Atheneum, 1994.

The Philharmonic Gets Dressed, por Karla Kuskin, HarperCollins, 1986.

© Harcourt

Había 35 garzas y 29 pelícanos bebiendo agua en la laguna. ¿Cuántas aves había en total?

Paso 1

Suma las unidades.
$5 + 9 = 14$.

decenas	unidades
3	5
+2	9

Paso 2

Reagrupa si es necesario.

decenas	unidades
3	5
+2	4
	4

Paso 3

Suma las decenas.

decenas	unidades
3	5
+2	9
6	4

Había __64__ garzas y pelícanos.

Suma.

1

decenas	unidades
2	6
+2	7

decenas	unidades
5	3
+1	7

decenas	unidades
4	7
+2	1

decenas	unidades
3	9
+	7

2

decenas	unidades
1	8
+4	4

decenas	unidades
3	2
+2	8

decenas	unidades
6	5
+1	5

decenas	unidades
4	6
+1	3

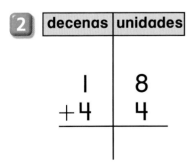

Explica lo que sabes ▪ Razonamiento

¿Cómo sabes cuándo tienes que reagrupar las unidades?

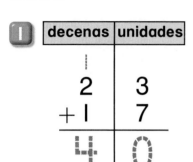

Práctica

Suma.

1

decenas	unidades
2	3
+1	7
4	**0**

decenas	unidades
1	3
+1	2

decenas	unidades
3	2
+2	9

decenas	unidades
5	1
+1	2

2

decenas	unidades
3	7
+4	4

decenas	unidades
4	9
+	7

decenas	unidades
5	6
+2	7

decenas	unidades
6	6
+1	6

3

decenas	unidades
3	5
+2	4

decenas	unidades
2	8
+2	3

decenas	unidades
	9
+3	6

decenas	unidades
3	8
+1	5

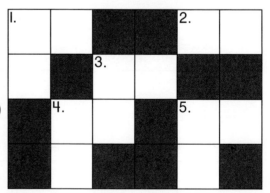

Resolver problemas ▪ Aplicaciones

Resuelve cada clave. Usa las respuestas
para resolver el rompecabezas.

Horizontales
1. doble de 40
2. 10 más que 20
3. 2 más que 39
4. 2 menos que 80
5. 1 menos que 50

Verticales
1. 60 + 20
3. 2 menos que 50
4. 5 más que 70
5. doble de 20

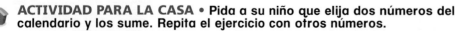

ACTIVIDAD PARA LA CASA • Pida a su niño que elija dos números del
calendario y los sume. Repita el ejercicio con otros números.

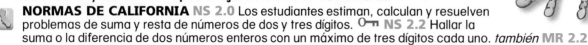

NORMAS DE CALIFORNIA NS 2.0 Los estudiantes estiman, calculan y resuelven
problemas de suma y resta de números de dos y tres dígitos. ⟳ NS 2.2 Hallar la
suma o la diferencia de dos números enteros con un máximo de tres dígitos cada uno. *también* MR 2.2

Nombre _____

Janie vio 43 pájaros azules.
Después vio 25 pájaros rojos.
¿Cuántos pájaros vio en total?

Ésta es una manera de sumar 43 + 25 en
tu cabeza. Se llama **cálculo mental**.

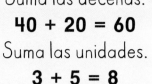

Piensa.
Suma las decenas.
40 + 20 = 60
Suma las unidades.
3 + 5 = 8
Suma los totales.
60 + 8 = 68

Janie vio _**68**_ pájaros.

Usa el cálculo mental para
sumar.

 1   19 + 21 = _**40**_

Piensa

$$\underline{10} + \underline{20} = \underline{30}$$
$$\underline{9} + \underline{1} = \underline{10}$$
$$\underline{30} + \underline{10} = \underline{40}$$

2   33 + 56 = _____

Piensa

___ + ___ = ___
___ + ___ = ___
___ + ___ = ___

3   41 + 26 = _____

Piensa

___ + ___ = ___
___ + ___ = ___
___ + ___ = ___

4   35 + 25 = _____

Piensa

___ + ___ = ___
___ + ___ = ___
___ + ___ = ___

Explica lo que sabes ▪ Razonamiento
Si piensas que 20 + 40 = 60 y 7 + 3 = 10, ¿qué dos
números estás sumando?

© Harcourt

Práctica

Usa el cálculo mental para sumar.

$$33 + 59 = \underline{\quad ? \quad}$$

Piensa.
Suma las decenas. **30 + 50 = 80**
Después suma las unidades. **3 + 9 = 12**
Suma los totales. **80 + 12 = 92**

$$33 + 59 = \underline{92}$$

1 $45 + 13 = \underline{\qquad}$

Piensa

$$\underline{\qquad} + \underline{\qquad} = \underline{\qquad}$$

$$\underline{\qquad} + \underline{\qquad} = \underline{\qquad}$$

$$\underline{\qquad} + \underline{\qquad} = \underline{\qquad}$$

2 $52 + 42 = \underline{\qquad}$

Piensa

$$\underline{\qquad} + \underline{\qquad} = \underline{\qquad}$$

$$\underline{\qquad} + \underline{\qquad} = \underline{\qquad}$$

$$\underline{\qquad} + \underline{\qquad} = \underline{\qquad}$$

3 $61 + 29 = \underline{\qquad}$

Piensa

$$\underline{\qquad} + \underline{\qquad} = \underline{\qquad}$$

$$\underline{\qquad} + \underline{\qquad} = \underline{\qquad}$$

$$\underline{\qquad} + \underline{\qquad} = \underline{\qquad}$$

Resolver problemas ▪ **Cálculo mental**

Usa el cálculo mental. ¿Es correcta la suma?
Encierra en un círculo Sí o No. Después escribe la suma correcta.

4 $39 + 49 = 88$

Sí   No   _____

5 $67 + 24 = 81$

Sí   No   _____

🏠 **ACTIVIDAD PARA LA CASA** • Pida a su niño que le diga cómo sumó los números de los ejercicios de esta página.

🔑 **NORMAS DE CALIFORNIA** NS 2.3 Emplear el cálculo mental para hallar la suma o la diferencia de dos números de 2 dígitos. NS 2.0 Los estudiantes estiman, calculan y resuelven problemas de suma y resta de números de dos y tres dígitos. *también* MR 1.0, 🔑 NS 2.2

Nombre _____

Encierra en un círculo los problemas en los
que necesitas reagrupar. Después suma.

**Practicar sumas
de números de
2 dígitos**

1

$$\begin{array}{r} 28 \\ +47 \\ \hline 75 \end{array}$$

$$\begin{array}{r} 11 \\ +56 \\ \hline \end{array}$$

$$\begin{array}{r} 14 \\ +28 \\ \hline \end{array}$$

$$\begin{array}{r} 54 \\ +\ 9 \\ \hline \end{array}$$

$$\begin{array}{r} 37 \\ +36 \\ \hline \end{array}$$

2

$$\begin{array}{r} 35 \\ +29 \\ \hline \end{array}$$

$$\begin{array}{r} 14 \\ +17 \\ \hline \end{array}$$

$$\begin{array}{r} 42 \\ +36 \\ \hline \end{array}$$

$$\begin{array}{r} 16 \\ +39 \\ \hline \end{array}$$

$$\begin{array}{r} 63 \\ +\ 4 \\ \hline \end{array}$$

3

$$\begin{array}{r} 26 \\ +19 \\ \hline \end{array}$$

$$\begin{array}{r} 73 \\ +24 \\ \hline \end{array}$$

$$\begin{array}{r} 54 \\ +\ 9 \\ \hline \end{array}$$

$$\begin{array}{r} 49 \\ +18 \\ \hline \end{array}$$

$$\begin{array}{r} 21 \\ +12 \\ \hline \end{array}$$

4

$$\begin{array}{r} 57 \\ +17 \\ \hline \end{array}$$

$$\begin{array}{r} 39 \\ +37 \\ \hline \end{array}$$

$$\begin{array}{r} 26 \\ +36 \\ \hline \end{array}$$

5

$$\begin{array}{r} 48 \\ +22 \\ \hline \end{array}$$

$$\begin{array}{r} 35 \\ +49 \\ \hline \end{array}$$

$$\begin{array}{r} 61 \\ +17 \\ \hline \end{array}$$

Explica lo que sabes ▪ Razonamiento

¿Cómo sabes en qué problemas debes reagrupar?

© Harcourt

Capítulo 13 • Practicar sumas de números de 2 dígitos

Encierra en un círculo los problemas en los que necesitas reagrupar. Después suma.

1

$$\begin{array}{r} 13 \\ +39 \\ \hline 52 \end{array}$$

$$\begin{array}{r} 25 \\ +8 \\ \hline \end{array}$$

$$\begin{array}{r} 67 \\ +20 \\ \hline \end{array}$$

$$\begin{array}{r} 19 \\ +48 \\ \hline \end{array}$$

$$\begin{array}{r} 73 \\ +13 \\ \hline \end{array}$$

2

$$\begin{array}{r} 17 \\ +46 \\ \hline \end{array}$$

$$\begin{array}{r} 33 \\ +3 \\ \hline \end{array}$$

$$\begin{array}{r} 19 \\ +24 \\ \hline \end{array}$$

$$\begin{array}{r} 14 \\ +28 \\ \hline \end{array}$$

$$\begin{array}{r} 73 \\ +19 \\ \hline \end{array}$$

3

$$\begin{array}{r} 41 \\ +25 \\ \hline \end{array}$$

$$\begin{array}{r} 73 \\ +9 \\ \hline \end{array}$$

$$\begin{array}{r} 42 \\ +39 \\ \hline \end{array}$$

$$\begin{array}{r} 35 \\ +20 \\ \hline \end{array}$$

$$\begin{array}{r} 71 \\ +19 \\ \hline \end{array}$$

4

$$\begin{array}{r} 25 \\ +37 \\ \hline \end{array}$$

$$\begin{array}{r} 29 \\ +41 \\ \hline \end{array}$$

$$\begin{array}{r} 47 \\ +25 \\ \hline \end{array}$$

$$\begin{array}{r} 79 \\ +3 \\ \hline \end{array}$$

$$\begin{array}{r} 17 \\ +15 \\ \hline \end{array}$$

Resolver problemas ▪ Razonamiento

5 Quieres que el total sea aproximadamente 60. ¿Qué 2 números sumas?

_____ _____

6 Quieres que el total sea aproximadamente 90. ¿Qué 2 números sumas?

_____ _____

| 28 |
| 47 |
| 59 |
| 8 |

ACTIVIDAD PARA LA CASA • Pida a su niño que le diga cómo sumar números de 2 dígitos. Juntos, hagan problemas de suma usando dígitos de su número telefónico. Las sumas deben dar 99 o menos.

NORMAS DE CALIFORNIA NS 2.0 Los estudiantes estiman, calculan y resuelven problemas de suma y resta de números de dos y tres dígitos. ⌦ NS 2.2 Hallar la suma o la diferencia de dos números enteros con un máximo de tres dígitos cada uno. *también* MR 2.2

© Harcourt

Comprende Planea Resuelve Comprueba

Resolver problemas
Hacer y usar una gráfica

Algunos niños están construyendo una pajarera para un proyecto de la escuela. Usa la tabla para responder las preguntas.

Pajareras construidas

Kindergarten	7
Primer grado	10
Segundo grado	14
Tercer grado	13

1 ¿Cuántas pajareras hicieron en total kindergarten y tercer grado?

20

2 ¿Cuántas pajareras hicieron en total segundo y tercer grado?

_____

3 Usa la tabla para completar la gráfica.

Pajareras construidas

Kindergarten															
Primer grado															
Segundo grado															
Tercer grado															

0 1 2 3 4 5 6 7 8 9 10 11 12 13 14 15

Usa la gráfica para contestar las preguntas.

4 ¿Cuántas pajareras se hicieron en total?

_____

5 ¿Cuántas pajareras más que primer grado hizo segundo grado?

_____

6 ¿Cuántas pajareras más tiene que hacer kindergarten para tener la misma cantidad que segundo grado?

_____

© Harcourt

Para un proyecto de ciencias, tres clases de segundo grado estudian los animales de la selva.

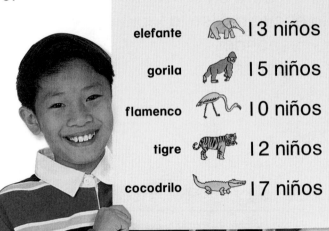

elefante		13 niños
gorila		15 niños
flamenco		10 niños
tigre		12 niños
cocodrilo		17 niños

1 ¿Cuántos niños en total estudian el gorila y el cocodrilo?

_____32_____ niños

2 ¿Cuántos niños en total estudian el elefante y el tigre?

_____ niños

3 Completa la gráfica para mostrar cuántos niños estudian cada animal.

Animales de la selva

	0	1	2	3	4	5	6	7	8	9	10	11	12	13	14	15	16	17
elefante																		
gorila																		
flamenco																		
tigre																		
cocodrilo																		

Usa la gráfica para contestar la pregunta.

4 ¿Cuántos niños en total estudian los animales de la selva? _____ niños

Por escrito

¿Qué preguntas puedes hacer sobre la gráfica? Escribe algunas preguntas.

ACTIVIDAD PARA LA CASA • Pida a su niño que escriba sus propias preguntas sobre sumas usando datos de la gráfica.

NORMAS DE CALIFORNIA AF 1.3 Resolver problemas de suma y resta usando datos de tablas sencillas, gráficas con dibujos y enunciados numéricos. NS 2.0 Los estudiantes estiman, calculan y resuelven problemas de suma y resta de números de dos y tres dígitos. *también* MR 1.2, MR 2.2, SDAP 1.0, SDAP 1.1, SDAP 1.4

Nombre _____

COMPROBAR ▪ Conceptos y destrezas

Suma.

1

decenas	unidades
1	6
+ 2	3

2

decenas	unidades
6	4
+ 1	7

Usa el cálculo mental para sumar.

3 41 + 18 =

Piensa

_____ + _____ = _____

_____ + _____ = _____

_____ + _____ = _____

Suma.

4
```
  21
+ 18
```

5
```
  35
+ 26
```

6
```
  17
+ 23
```

7
```
  32
+ 61
```

8
```
  53
+ 32
```

COMPROBAR ▪ Resolver problemas

9 Pat y Joe vieron pájaros en el parque. Hicieron una tabla.

Pájaros	
azulejos	9
cuervos	10
petirrojos	12

Completa la gráfica para mostrar cuántos pájaros vieron entre los dos.

Pájaros												
azulejos												
cuervos												
petirrojos												

0   1   2   3   4   5   6   7   8   9   10   11   12

10 ¿Cuántos más cuervos que azulejos vieron Pat y Joe? _____

11 ¿Cuántos pájaros vieron en total? _____

Nombre _____

Elige la mejor respuesta.

1
$$55$$
$$+38$$

17　　18　　93　　94
○　　○　　○　　○

2
$$24$$
$$+32$$

5　　56　　57　　66
○　　○　　○　　○

3
$$48$$
$$+13$$

35　　45　　52　　61
○　　○　　○　　○

4
$$66$$
$$+23$$

89　　83　　49　　43
○　　○　　○　　○

5 ¿Qué número te dice a cuántos niños les gustan las golondrinas o las palomas?

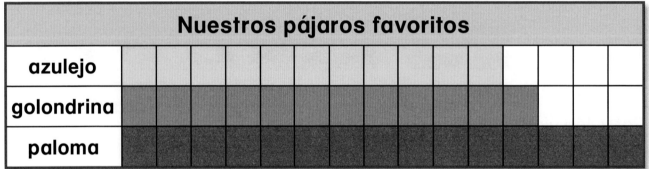

Nuestros pájaros favoritos

azulejo															
golondrina															
paloma															

0　1　2　3　4　5　6　7　8　9　10　11　12　13　14　15

15　　　　27　　　　28　　　　30
○　　　　○　　　　○　　　　○

6 ¿Cuál es el décimo mes del año?

marzo　　　　septiembre　　　　octubre　　　　noviembre
○　　　　○　　　　○　　　　○

7 ¿Qué números suman lo mismo que 2 + 8?

10 + 1　　　　8 + 1　　　　2 + 5　　　　8 + 2
○　　　　○　　　　○　　　　○

© Harcourt

La casa del león

por David McPhail

Este libro me ayudará a repasar sumas de números de 2 dígitos.

Este libro pertenece a _____.

A

Un león quería construir una casa. Tenía
14 tablas de madera y 21 clavos.

B

Pero 14 tablas de madera y 21 clavos no eran suficientes para construir una casa.

C

Llegó un oso caminando. El oso también quería construir una casa. Tenía 17 tablas de madera y 37 clavos.

D

Pero las tablas de madera y los clavos del león y del oso juntos no eran suficientes para construir una casa.

E

Pasó un conejo jalando un carro de carga.
"Tengo 26 tablas de madera y 42 clavos",
dijo el conejo. "Quiero construir una casa".

F

Pero las tablas de madera y los clavos del conejo, del oso y del león juntos no eran suficientes para construir una casa.

G

Pasó una oveja empujando una carretilla. "Tengo 38 tablas de madera y 51 clavos", dijo la oveja. "Quiero construir una casa".

H

Pero las tablas de madera y los clavos de la oveja, del conejo, del oso y del león juntos no eran suficientes para construir una casa.

1

Pasó un ratón conduciendo un camión.
"Tengo 41 tablas de madera y 58 clavos",
dijo el ratón. "Quiero construir una casa".

J

El león, el oso, el conejo, la oveja y el ratón juntos tenían suficientes tablas y clavos para construir una casa.

¡Y hasta les sobraron tablas y clavos!

K

Entonces construyeron una cama grande y se fueron a dormir.

Fin.

Explorar la resta de números de 2 dígitos

Inventa problemas de resta. Usa el cálculo mental para resolverlos.

LA ESCUELA Y LA CASA

Querida familia:

Hoy comenzamos el Capítulo 14. Veremos dos maneras de restar números de 2 dígitos. Aquí están el vocabulario nuevo y una actividad para hacer juntos en casa.

Con cariño,

_____

Mis palabras de matemáticas
diferencia

Vocabulario

Para hallar la **diferencia**, o el resultado en un problema de resta, tienes que reagrupar. Para reagrupar tienes que cambiar 1 decena por 10 unidades para tener 11 unidades. Puedes ahora restar las unidades y escribir cuántas quedan. Resta las decenas y escribe cuántas decenas quedan.

decenas	unidades
3̶	1̶1̶
4̶	1̶
+ 2	9
1	2

Visita *The Learning Site* para ideas adicionales y actividades.
www.harcourtschool.com

ACTIVIDAD

Con su niño, busquen en el periódico precios de liquidación de artículos que cuesten menos de un dólar, que quisieran comprar. Pida a su niño que halle la diferencia entre los precios de liquidación y los precios regulares.

Libros para compartir

Busque éstos u otros libros en la biblioteca local para leer con su niño acerca de la resta.

The Empty Pot,
por Demi,
Henry Holt and
Company, 1990.

Cómo crece una semilla,
por Helene J. Jordan,
HarperCollins, 1996.

How Many Candles?,
por Helen Griffith,
Greenwillow, 1999.

¿Cuánto es $50 - 20$?

Conocer la operación de resta te ayuda a restar decenas.

$5 - 2 =$ ___3___

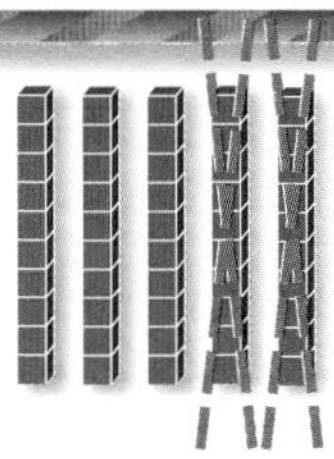

5 decenas $- 2$ decenas $=$ ___3___ decenas

$50 - 20 =$ ___30___

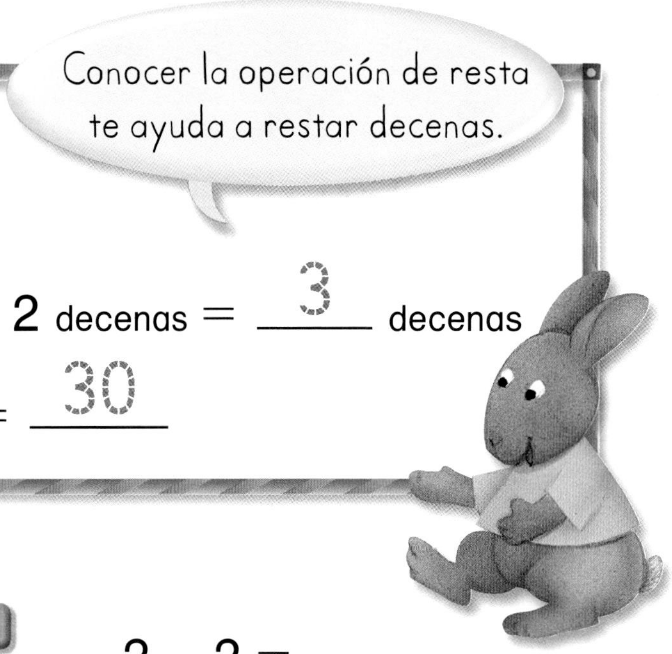

Resta.

1

$6 - 1 =$ ___

6 decenas $- 1$ decena $=$ ___ decenas

$60 - 10 =$ ___

2

$2 - 2 =$ ___

2 decenas $- 2$ decenas $=$ ___ decenas

$20 - 20 =$ ___

3

$9 - 6 =$ ___

9 decenas $- 6$ decenas $=$ ___ decenas

$90 - 60 =$ ___

4

$7 - 5 =$ ___

7 decenas $- 5$ decenas $=$ ___ decenas

$70 - 50 =$ ___

5

$8 - 4 =$ ___

8 decenas $- 4$ decenas $=$ ___ decenas

$80 - 40 =$ ___

6

$5 - 3 =$ ___

5 decenas $- 3$ decenas $=$ ___ decenas

$50 - 30 =$ ___

Explica lo que sabes ▪ **Razonamiento**

¿Por qué restar 6 decenas $- 2$ decenas
te ayuda a saber que $60 - 20 = 40$?

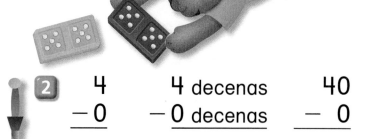

Práctica

Resta.

1.

8	8 decenas	80
− 6	− 6 decenas	− 60
2	2 decenas	20

2.

4	4 decenas	40
− 0	− 0 decenas	− 0
	decenas	

3.

8	8 decenas	80
− 3	− 3 decenas	− 30
	decenas	

4.

6	6 decenas	60
− 4	− 4 decenas	− 40
	decenas	

5.

9	9 decenas	90
− 2	− 2 decenas	− 20
	decenas	

6.

7	7 decenas	70
− 6	− 6 decenas	− 60
	decenas	

7.

5	5 decenas	50
− 5	− 5 decenas	− 50
	decenas	

8.

9	9 decenas	90
− 5	− 5 decenas	− 50
	decenas	

Álgebra

Resuelve.

9. $60 + 20 = 80$, entonces $80 - \underline{\hspace{1.5cm}} = 60$

10. $10 + 40 = 50$, entonces $50 - \underline{\hspace{1.5cm}} = 40$

11. $30 + 40 = 40 + \underline{\hspace{1.5cm}}$

12. $40 + 50 = 50 + \underline{\hspace{1.5cm}}$

© Harcourt

ACTIVIDAD PARA LA CASA • Saque 6 monedas de 10¢. Pida a su niño que reste 6 − 5 y después
60 − 50. Repita el ejercicio con otro grupo de monedas de 10¢.

NORMAS DE CALIFORNIA NS 2.0 Los estudiantes estiman, calculan y resuelven problemas de suma y resta con
números de dos y tres dígitos. ⊶ NS 2.2 Hallar la suma o la diferencia de dos números enteros con un máximo de tres
dígitos cada uno. *también* MR 1.2, MR 3.0, AF 1.0

Nombre _____

Cálculo mental:
Contar hacia atrás
decenas y unidades

Puedes restar contando hacia atrás
por unidades o decenas.

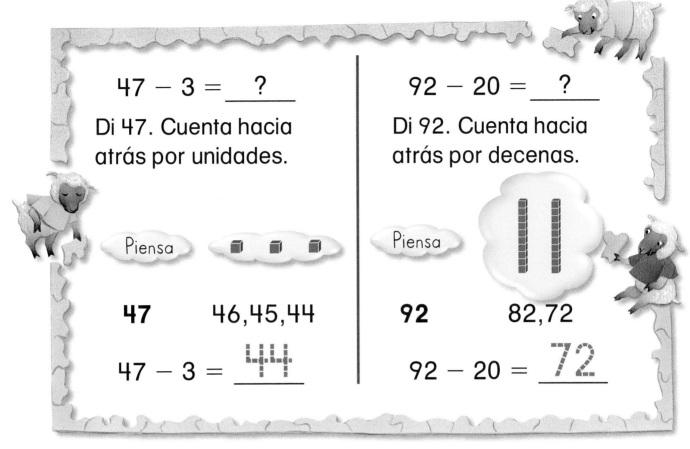

$47 - 3 =$?

Di 47. Cuenta hacia
atrás por unidades.

Piensa

47   46, 45, 44

$47 - 3 =$ 44

$92 - 20 =$?

Di 92. Cuenta hacia
atrás por decenas.

Piensa

92   82, 72

$92 - 20 =$ 72

Cuenta hacia atrás para restar.

1	$65 - 3 =$ _____	$53 - 30 =$ _____	$78 - 20 =$ _____
2	$92 - 1 =$ _____	$84 - 10 =$ _____	$42 - 2 =$ _____
3	$56 - 10 =$ _____	$79 - 3 =$ _____	$14 - 10 =$ _____
4	$16 - 3 =$ _____	$32 - 20 =$ _____	$20 - 3 =$ _____
5	$53 - 1 =$ _____	$35 - 30 =$ _____	$81 - 2 =$ _____

Explica lo que sabes ▪ **Razonamiento**

¿Por qué restar $32 - 10$ es diferente que restar
$32 - 2$?

Capítulo 14 · Explorar la resta de números de 2 dígitos   ciento noventa y siete **197**

© Harcourt

Práctica

Encierra en un círculo los problemas que resolverías contando hacia atrás por decenas. Después resta.

1
$$\begin{array}{r} 84 \\ -20 \\ \hline 64 \end{array}$$
$$\begin{array}{r} 61 \\ -3 \\ \hline \end{array}$$
$$\begin{array}{r} 31 \\ -10 \\ \hline \end{array}$$
$$\begin{array}{r} 62 \\ -30 \\ \hline \end{array}$$
$$\begin{array}{r} 67 \\ -2 \\ \hline \end{array}$$

2
$$\begin{array}{r} 56 \\ -1 \\ \hline \end{array}$$
$$\begin{array}{r} 75 \\ -10 \\ \hline \end{array}$$
$$\begin{array}{r} 65 \\ -3 \\ \hline \end{array}$$
$$\begin{array}{r} 43 \\ -2 \\ \hline \end{array}$$
$$\begin{array}{r} 75 \\ -2 \\ \hline \end{array}$$

3
$$\begin{array}{r} 62 \\ -20 \\ \hline \end{array}$$
$$\begin{array}{r} 38 \\ -3 \\ \hline \end{array}$$
$$\begin{array}{r} 46 \\ -20 \\ \hline \end{array}$$
$$\begin{array}{r} 59 \\ -30 \\ \hline \end{array}$$
$$\begin{array}{r} 94 \\ -20 \\ \hline \end{array}$$

4
$$\begin{array}{r} 87 \\ -30 \\ \hline \end{array}$$
$$\begin{array}{r} 27 \\ -20 \\ \hline \end{array}$$
$$\begin{array}{r} 11 \\ -2 \\ \hline \end{array}$$
$$\begin{array}{r} 95 \\ -3 \\ \hline \end{array}$$
$$\begin{array}{r} 89 \\ -1 \\ \hline \end{array}$$

5
$$\begin{array}{r} 16 \\ -3 \\ \hline \end{array}$$
$$\begin{array}{r} 47 \\ -20 \\ \hline \end{array}$$
$$\begin{array}{r} 51 \\ -30 \\ \hline \end{array}$$
$$\begin{array}{r} 63 \\ -10 \\ \hline \end{array}$$
$$\begin{array}{r} 56 \\ -30 \\ \hline \end{array}$$

Resolver problemas ▪ Observación

Usar la recta numérica para contar hacia atrás.

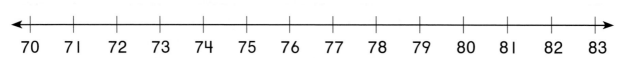

6 $82 - 1 =$ _____ $74 - 3 =$ _____ $80 - 2 =$ _____

© Harcourt

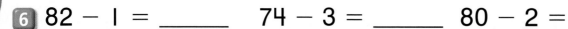

ACTIVIDAD PARA LA CASA • Pida a su niño que reste 69 − 3 contando hacia atrás. Después elija cualquier número de dos dígitos mayor que 30 y pídale que cuente hacia atrás 1, 2, 3, 10, 20 y 30. Repita el ejercicio comenzando en otros números.

 NORMAS DE CALIFORNIA NS 2.0 Los estudiantes estiman, calculan y resuelven problemas de suma y resta con números de dos y tres dígitos. O┬ NS 2.2 Hallar la suma o la diferencia de dos números enteros con un máximo de tres dígitos cada uno. *también* MR 1.1, MR 1.2

198 ciento noventa y ocho

Capítulo 14

Nombre _____

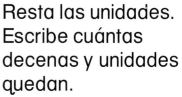
Resta 7 de 35.

35
− 7

Forma 35.
¿Hay suficientes unidades para restar 7 unidades?

Cuando no hay suficientes unidades, desarma una decena. Reagrupa 1 decena como 10 unidades.

Resta las unidades. Escribe cuántas decenas y unidades quedan.

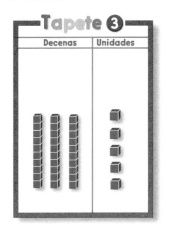

Tapete ③

Decenas	Unidades

Tapete ③

Decenas	Unidades

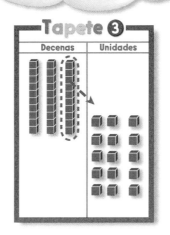

Tapete ③

Decenas	Unidades

_2_ decenas _8_ unidades

Usa el Tapete 3 y ▭▭▭▭▭ ▫ .

Resta.	¿Necesitas reagrupar?		Resta. Escribe cuántas decenas y unidades quedan.
1 35 − 2 = _33_	Sí	(No)	_3_ decenas _3_ unidades
2 35 − 4 = _____	Sí	No	___ decenas ___ unidad
3 35 − 7 = _____	Sí	No	___ decenas ___ unidades
4 35 − 8 = _____	Sí	No	___ decenas ___ unidades

Explica lo que sabes ▪ Razonamiento

¿En cuál de los problemas tuviste que desarmar una decena? ¿Por qué?

© Harcourt

Usa el Tapete 3 y ▭▭▭▭▭▭ ▫ .

Resta.	¿Necesitas agrupar?	Resta las unidades. Escribe cuántas decenas y unidades quedan.
1 $47 - 8 =$ _39_	(Sí) No	_3_ decenas _9_ unidades
2 $24 - 6 =$ _____	Sí No	___ decena ___ unidades
3 $30 - 3 =$ _____	Sí No	___ decenas ___ unidades
4 $26 - 5 =$ _____	Sí No	___ decenas ___ unidad
5 $56 - 7 =$ _____	Sí No	___ decenas ___ unidades
6 $34 - 9 =$ _____	Sí No	___ decenas ___ unidades

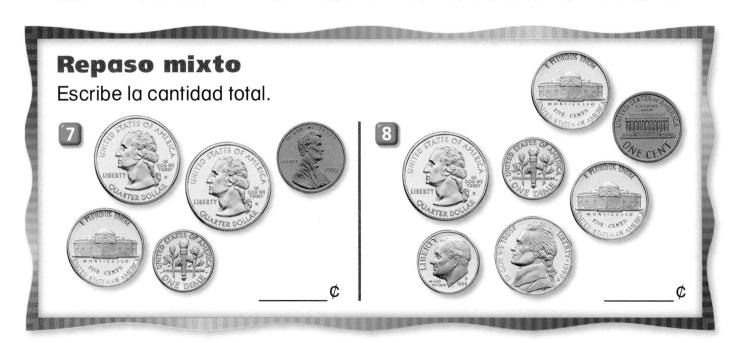

Repaso mixto

Escribe la cantidad total.

7 _____ ¢

8 _____ ¢

🔺 **ACTIVIDAD PARA LA CASA** • Prepare algunas palomitas de maíz, y pida a su niño que las ponga en bolsas por decenas, dejando algunas sueltas. Después dígale que use las palomitas de maíz para mostrar cómo se resta un número de 1 dígito de un número de 2 dígitos, por ejemplo 32 − 8.

📏 **NORMAS DE CALIFORNIA** AF 1.0 Los estudiantes modelan, representan e interpretan relaciones numéricas para crear y resolver problemas de suma y resta. NS 2.0 Los estudiantes estiman, calculan y resuelven problemas de suma y resta de números de dos y tres dígitos. *también* MR 1.2, MR 2.0, ⚬⤙ NS 2.2

Nombre _____

Resta 18 de 34.

$$\begin{array}{r} 34 \\ -18 \\ \hline \end{array}$$

Forma 34. ¿Hay suficientes unidades para restar 8 unidades?

Cuando no hay suficientes unidades, desarma una decena. Reagrupa 1 decena como 10 unidades.

Resta las unidades. Resta las decenas. Escribe la diferencia.

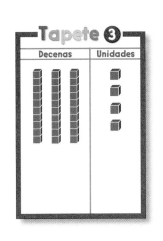

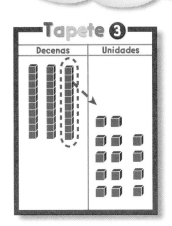

Tapete 3
Decenas	Unidades

$34 - 18 = \underline{16}$

Usa el Tapete 3 y ▭▭▭▭▭▭▭▭ ▪ .

Resta.	¿Necesitas reagrupar?	Resta. Escribe cuántas quedan.
1 $34 - 16 = \underline{18}$	(Sí) No	$\underline{18}$
2 $34 - 19 = \underline{}$	Sí No	$\underline{}$
3 $34 - 20 = \underline{}$	Sí No	$\underline{}$
4 $34 - 17 = \underline{}$	Sí No	$\underline{}$

Explica lo que sabes ▪ Razonamiento

¿En cuál de los problemas tuviste que desarmar una decena? ¿Por qué?

© Harcourt

Cuando no hay suficientes unidades, desarma una decena. Reagrupa 1 decena como 10 unidades.

Usa el Tapete 3 y 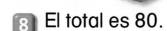 .

Resta.	¿Necesitas reagrupar?	Resta. Escribe cuántas quedan.
1 $35 - 6 =$ _29_	(Sí) No	_29_
2 $63 - 27 =$ _____	Sí No	_____
3 $86 - 44 =$ _____	Sí No	_____
4 $30 - 6 =$ _____	Sí No	_____
5 $53 - 48 =$ _____	Sí No	_____
6 $44 - 19 =$ _____	Sí No	_____

Álgebra

¿Cuántos cubos faltan?

7 El total es 54.

_____

8 El total es 80.

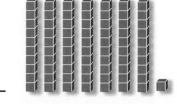

_____

© Harcourt

 ACTIVIDAD PARA LA CASA • Dé a su niño 2 monedas de 10¢ y 3 monedas de 1¢. Pídale 5 monedas de 1¢ y pregúntele qué tiene que hacer para devolverle 5 monedas de 1¢.

NORMAS DE CALIFORNIA AF 1.0 Los estudiantes modelan, representan e interpretan relaciones numéricas para crear y resolver problemas de suma y resta. NS 2.0 Los estudiantes estiman, calculan y resuelven problemas de suma y resta de números de dos y tres dígitos. *también* MR 1.2, MR 2.0, ⚷ NS 2.2

Nombre _____

Practicar un modelo de resta de números de 2 dígitos

Resta 18 de 31.

$$31$$
$$-18$$

Forma 31.

Resta 18.
Reagrupa si
es necesario.

Resta las unidades.
Resta las decenas.
Escribe la diferencia.

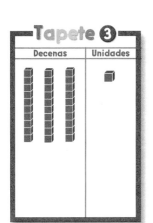

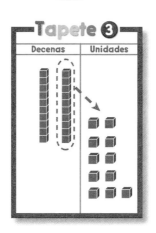

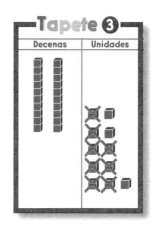

decenas	unidades
3	1
− 1	8
1	3

Usa el Tapete 3 y 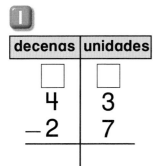 .
Halla la diferencia.

1

decenas	unidades
□	□
4	3
− 2	7

2

decenas	unidades
□	□
9	2
−	3

3

decenas	unidades
□	□
7	8
− 1	5

4

decenas	unidades
□	□
5	3
− 3	5

5

decenas	unidades
□	□
3	0
− 1	2

6

decenas	unidades
□	□
8	6
− 4	4

7

decenas	unidades
□	□
5	2
−	6

8

decenas	unidades
□	□
4	4
− 2	9

Explica lo que sabes ▫ Razonamiento

¿Cómo sabes cuándo necesitas desarmar una decena?

© Harcourt

Usa el Tapete 3 y .
Halla la diferencia.

 1

decenas	unidades
1	17
2	7
+ 1	8
	9

2

decenas	unidades
☐	☐
8	5
+ 5	9

3

decenas	unidades
☐	☐
4	7
− 3	9

4

decenas	unidades
☐	☐
7	4
− 6	1

5

decenas	unidades
☐	☐
3	6
− 2	4

6

decenas	unidades
☐	☐
5	2
−	5

7

decenas	unidades
☐	☐
2	5
− 1	7

8

decenas	unidades
☐	☐
5	0
− 4	3

9

decenas	unidades
☐	☐
4	7
− 2	1

10

decenas	unidades
☐	☐
2	5
− 1	6

11

decenas	unidades
☐	☐
3	4
− 1	7

12

decenas	unidades
☐	☐
2	9
− 1	8

Resolver problemas **Estimación**

Estima. Encierra en un círculo más que 50 o
menos que 50. Usa 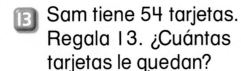 para comprobar.

13 Sam tiene 54 tarjetas.
Regala 13. ¿Cuántas
tarjetas le quedan?

más que 50   menos que 50

14 Supongamos que Sam no
regala ninguna tarjeta sino
que compra 18 más.
¿Cuántas tarjetas tiene?

más que 50   menos que 50

© Harcourt

 ACTIVIDAD PARA LA CASA • Pida a su niño que use las bolsas y algunas palomitas de maíz sueltas
(ver la página 200) para mostrarle cómo resolvió algunos de los problemas de esta página.

NORMAS DE CALIFORNIA AF 1.0 Los estudiantes modelan, representan e interpretan relaciones numéricas
para crear y resolver problemas de suma y resta. NS 2.0 Los estudiantes estiman, calculan y resuelven problemas
de suma y resta de números de dos y tres dígitos. *también* MR 1.2, MR 2.0, ⚬━ NS 2.2

Nombre _____

COMPROBAR ▪ Conceptos y destrezas

Resta.

1 $5 - 1 = $ ___

5 decenas $-$ 1 decena $=$ ___ decenas

$50 - 10 = $ ___

2 $9 - 3 = $ ___

9 decenas $-$ 3 decenas $=$ ___ decenas

$90 - 30 = $ ___

Cuenta hacia atrás para restar.

3
$$\begin{array}{r} 45 \\ -10 \\ \hline \end{array}$$

4
$$\begin{array}{r} 89 \\ -\ 3 \\ \hline \end{array}$$

Usa el Tapete 3 y .
Halla la diferencia.

5

decenas	unidades
☐	☐
4	2
-1	6

6

decenas	unidades
☐	☐
2	3
-1	9

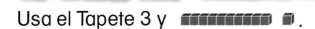

Usa el Tapete 3 y .

Resta.	¿Necesitas reagrupar?		Resta. Escribe cuántas quedan.
7 $21 - 6 = $ _____	Sí	No	__ decenas __ unidades
8 $49 - 7 = $ _____	Sí	No	__ decenas __ unidades
9 $53 - 47 = $ _____	Sí	No	_____
10 $72 - 32 = $ _____	Sí	No	_____

© Harcourt

Nombre _____

Repaso acumulativo
Capítulos 1– 14

Elige la mejor respuesta.

1
```
   80
 − 50
```
30   40   120   130
○   ○   ○   ○

2
```
   73
 −  2
```
61   63   70   71
○   ○   ○   ○

3
```
   57
 − 28
```
29   31   55   85
○   ○   ○   ○

4
```
   44
 − 37
```
1   7   3   81
○   ○   ○   ○

5
```
   93
 − 20
```
23   53   63   73
○   ○   ○   ○

6
```
   63
 −  5
```
56   57   58   62
○   ○   ○   ○

7 ¿Cuánto dinero hay?

35¢   35¢   41¢   51¢
○   ○   ○   ○

8 Amanda tiene 5 gomas de borrar color rosa y 13 azules en su caja de lápices. ¿Cuántas gomas de borrar hay en su caja de lápices?

5   8   17   18
○   ○   ○   ○

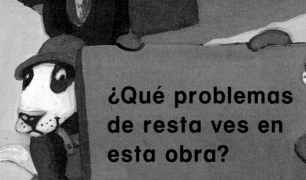

CAPÍTULO 15

Restar números de 2 dígitos

¿Qué problemas de resta ves en esta obra?

© Harcourt

Querida familia:

Hoy comenzamos el Capítulo 15. Estudiaremos más maneras de restar números de 2 dígitos. Aquí están el vocabulario nuevo y una actividad para hacer juntos en casa.

Con cariño,

_____

Mis palabras de matemáticas

estimar diferencias
redondeo

Vocabulario

estimar diferencias Hallar *aproximadamente* cuántos quedan redondeando cada número a la decena más próxima y después restando las decenas.

Estimar 87 – 32 como 90 – 30.

90 – 30 = 60

Entonces, 87 – 32 es aproximadamente 60.

redondear Una manera de estimar una respuesta. En este capítulo redondeamos a la decena más próxima.

ACTIVIDAD

Corte hojas de papel en cuadrados. En cada cuadrado escriba un número entre 1 y 50. Pida a su niño que elija 2 cuadrados y reste el número más pequeño del más grande. Continúe hasta usar todos los cuadrados.

Libros para compartir

Busque éstos u otros libros en la biblioteca local para leer con su niño acerca de la resta.

Alexander, Who Used to be Rich Last Sunday, por Judith Viorst, Simon & Schuster, 1988.

El caldero mágico, por Mercé Company, Ediciones SM, 1991.

© Harcourt

Visita *The Learning Site* para ideas adicionales y actividades. www.harcourtschool.com

Nombre _____

Restar números de 2 dígitos

$42 - 15 = $ _____

Paso 1

Forma 42.
Mira las unidades.
¿Hay suficientes unidades para restar 5?

Sí   No

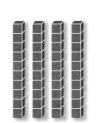

decenas	unidades
☐	☐
4	2
− 1	5

Paso 2

Reagrupa 1 decena como 10 unidades.
Ahora hay 12 unidades.
Resta 5 de 12.
Escribe cuántas unidades quedan.

decenas	unidades
3	12
4	2
− 1	5
	7

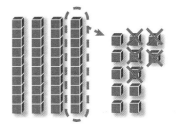

Paso 3

Resta las decenas. Escribe cuántas decenas quedan.

decenas	unidades
3	12
4	2
− 1	5
2	7

Usa el Tapete 3 y ▬▬▬ ▪. Resta. Reagrupa si es necesario.

1

decenas	unidades
☐	☐
3	8
− 1	8

2

decenas	unidades
☐	☐
4	0
− 2	7

3

decenas	unidades
☐	☐
2	7
−	9

4

decenas	unidades
☐	☐
5	1
− 3	6

Explica lo que sabes ▪ Razonamiento

¿Cómo sabes cuándo necesitas reagrupar?

Práctica

Encierra en un círculo los problemas en los que necesitas reagrupar. Resta. Reagrupa si es necesario.

 1

decenas	unidades
6	15
7̸	5̸
−2	9
4	6

2

decenas	unidades
☐	☐
8	3
−2	7

3

decenas	unidades
☐	☐
6	5
−	5

4

decenas	unidades
☐	☐
7	1
−1	9

5

decenas	unidades
☐	☐
9	1
−1	6

6

decenas	unidades
☐	☐
8	0
−4	2

7

decenas	unidades
☐	☐
5	7
−2	8

8

decenas	unidades
☐	☐
6	2
−3	2

9

decenas	unidades
☐	☐
9	5
−4	8

10

decenas	unidades
☐	☐
3	7
−1	9

11

decenas	unidades
☐	☐
8	9
−4	8

12

decenas	unidades
☐	☐
6	3
−	7

Repaso mixto

Escribe >, < ó = en el círculo.

13 26 ◯ 36

14 50 ◯ 49

15 35 ◯ 32

16 94 ◯ 49

17 23 ◯ 23

18 24 ◯ 42

 ACTIVIDAD PARA LA CASA • Pida a su niño que le diga cómo sabe cuándo tiene que reagrupar al restar.

NORMAS DE CALIFORNIA NS 2.0 Los estudiantes estiman, calculan y resuelven problemas de suma y resta de números de dos y tres dígitos. 🔑 NS 2.2 Hallar la suma o la diferencia de dos números enteros con un máximo de tres dígitos cada uno. *también* MR 2.0, MR 2.1, 🔑 NS 1.3

© Harcourt

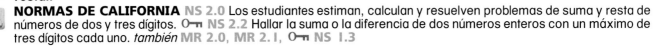

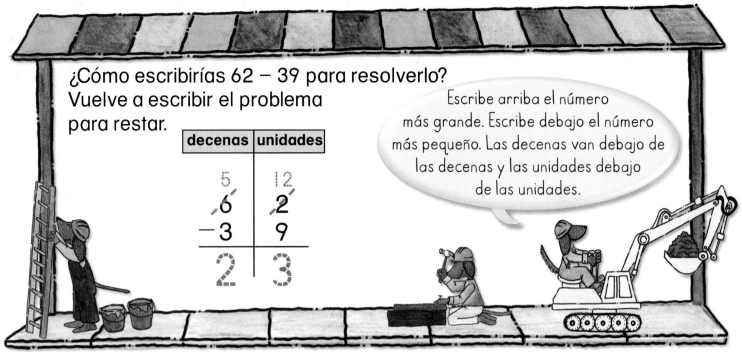

¿Cómo escribirías 62 − 39 para resolverlo?
Vuelve a escribir el problema
para restar.

decenas	unidades
5̶ 6̶	1̶2̶ 2̶
− 3	9
2	3

Escribe arriba el número
más grande. Escribe debajo el número
más pequeño. Las decenas van debajo de
las decenas y las unidades debajo
de las unidades.

Vuelve a escribir los números en cada problema.
Resta.

1 54 − 27

decenas	unidades
4̶ 5̶	1̶4̶ 4
− 2	7
2	7

2 45 − 38

decenas	unidades
☐	☐
−	

3 76 − 46

decenas	unidades
☐	☐
−	

4 62 − 8

decenas	unidades
☐	☐
−	

5 33 − 15

decenas	unidades
☐	☐
−	

6 94 − 65

decenas	unidades
☐	☐
−	

7 43 − 19

decenas	unidades
☐	☐
−	

8 46 − 28

decenas	unidades
☐	☐
−	

Explica lo que sabes ▪ Razonamiento

¿Por qué debes escribir el número más grande
arriba cuando quieres restar?

© Harcourt

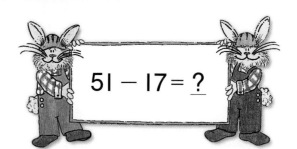

$51 - 17 = \underline{?}$

Vuelve a escribir los números en cada problema. Resta.

1 51 − 17

decenas	unidades
4̶	1̶
5	1
− 1	7
3	4

2 29 − 23

decenas	unidades
☐	☐
−	

3 42 − 9

decenas	unidades
☐	☐
−	

4 97 − 48

decenas	unidades
☐	☐
−	

5 56 − 45

decenas	unidades
☐	☐
−	

6 38 − 14

decenas	unidades
☐	☐
−	

7 66 − 7

decenas	unidades
☐	☐
−	

8 80 − 18

decenas	unidades
☐	☐
−	

9 93 − 37

decenas	unidades
☐	☐
−	

10 45 − 38

decenas	unidades
☐	☐
−	

11 74 − 27

decenas	unidades
☐	☐
−	

12 22 − 12

decenas	unidades
☐	☐
−	

Resolver problemas ▪ Estimación

Estima. Encierra en un círculo la respuesta razonable.

13 Juan tiene 82 tarjetas de fútbol americano y 65 tarjetas de béisbol. Aproximadamente, ¿cuántas tarjetas más de fútbol americano que de béisbol tiene?

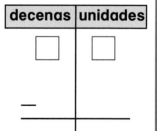

más que 20

menos que 20

© Harcourt

⬟ **ACTIVIDAD PARA LA CASA** • **Prepare un problema de resta con números de 2 dígitos comenzando con cualquier número hasta 99. Pida a su niño que escriba el problema y luego reste para resolverlo. Repita el ejercicio varias veces.**

📏 **NORMAS DE CALIFORNIA** NS 2.0 Los estudiantes estiman, calculan y resuelven problemas de suma y resta de números de dos y tres dígitos. ○╍ NS 2.2 Hallar la suma o la diferencia de dos números enteros con un máximo de tres dígitos cada uno. *también* MR 2.0, MR 2.1

Alexander tiene 31 bloques de construcción. Usó 12 para construir una torre. ¿Cuántos bloques le quedan?

Paso 1

¿Hay suficientes unidades para restar 2?

```
  31
- 12
```

Paso 2

Reagrupa si es necesario. Resta las unidades.

```
  2 11
  3̸1̸
- 12
     9
```

Paso 3

Resta las decenas. Escribe cuántas hay.

```
  2 11
  3̸1̸
- 12
   19
```

A Alexander le quedan ___19___ bloques.

Encierra en un círculo los problemas en los que necesitas reagrupar. Después resta.

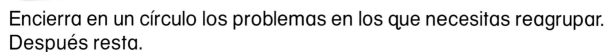

1
```
  6 15
  7̸5̸
- 47
   28
```

2
```
  60
-  2
```

3
```
  58
- 39
```

4
```
  46
- 23
```

5
```
  96
- 27
```

6
```
  92
- 57
```

7
```
  59
- 25
```

8
```
  40
- 21
```

9
```
  33
-  8
```

10
```
  80
- 46
```

Explica lo que sabes ▪ Razonamiento

¿En qué se equivocó Dan cuando resolvió este problema?

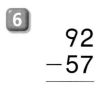

```
  31
- 12
   9
```

Práctica

Reagrupa si es necesario.

Encierra en un círculo los problemas en los que necesitas reagrupar. Después resta.

1

⁸1⁴
94
−55
39

2
36
−29

3
76
−46

4
81
−27

5
52
−37

6
92
−11

7
40
−37

8
25
− 6

9
38
−19

10
92
−63

11
64
−29

12
73
−55

13
43
−26

14
36
−14

15
73
− 4

16
95
−52

17
90
−26

18
41
−17

19
54
−36

Resolver problemas ▪ Sentido numérico

20 Escribe los números que faltan. ¿Cuántas veces puedes restar 13 de 65?

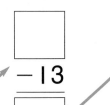

65
−13
─────
52

52
−13
─────
☐

−13
─────
☐

−13
─────
☐

−13
─────
☐

☐   ☐   ☐

ACTIVIDAD PARA LA CASA • Pida a su niño que elija un problema de esta página y le explique qué pasos siguió para restar.

NORMAS DE CALIFORNIA NS 2.0 Los estudiantes estiman, calculan y resuelven problemas de suma y resta de números de dos y tres dígitos. O━ NS 2.2 Hallar la suma o la diferencia de dos números enteros con un máximo de tres dígitos cada uno. *también* MR 2.0, MR 2.1, AF 1.0

© Harcourt

Nombre _____

Comprende   Planea   Resuelve   Comprueba

Tosha tiene 22 cacahuates. Se come 14.
¿Cuántos cacahuates le quedan? Estima.
Después resuelve.

Comprende

Tienes que hallar cuántos
cacahuates le quedan a
Tosha. Primero estima y
después resuelve el problema.

Planea

Usa la recta numérica para redondear.

Resuelve

←———————————————————————————————→
10 11 12 13 (14) 15 16 17 18 19 **20** 21 (22) 23 24 25 26 27 28 29 **30**

¿Está 22 más
cerca de 20 o de 30? __20__

¿Está 14 más
cerca de 10 o de 20? __10__

A Tosha le quedan
aproximadamente __10__ cacahuates.

estima

$$\begin{array}{r} 20 \\ -10 \\ \hline 10 \end{array}$$

Ahora resuelve. Resta para hallar
cuántos cacahuates le quedan a Tosha.

resuelve

$$\begin{array}{r} \overset{1}{\cancel{2}}\overset{12}{2} \\ -14 \\ \hline 8 \end{array}$$

8 está cerca de 10;
la respuesta tiene sentido.

Comprueba

¿Por qué estimar te ayuda a saber si tu
respuesta tiene sentido?

Práctica

Estima redondeando. Después resuelve.

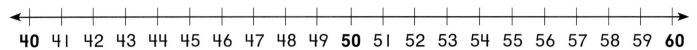

40 41 42 43 44 45 46 47 48 49 **50** 51 52 53 54 55 56 57 58 59 **60**

	estima	resuelve
1 Tim tiene 59 coches de juguete. Regala 43. ¿Cuántos coches le quedan? __16__ coches	$\begin{array}{r} 60 \\ -40 \\ \hline 20 \end{array}$	$\begin{array}{r} 59 \\ -43 \\ \hline 16 \end{array}$
2 Hay 48 cuentas rojas y 42 cuentas azules en el collar. ¿Cuántas cuentas rojas más que azules hay? _____ rojas más		
3 Hay 59 canicas en una bolsa. Lynnette saca 52 para jugar. ¿Cuántas canicas quedan en la bolsa? _____ canicas		
4 Virginia tiene 58 bloques. Lisa tiene 41. ¿Cuántos bloques más tiene Virginia? _____ bloques más		

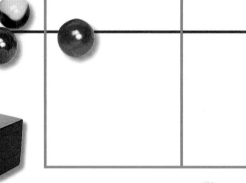

Por escrito

Escribe un cuento en el que alguien estima algunos números. Usa números hasta 99.

ACTIVIDAD PARA LA CASA • Pida a su niño que practique la estimación de diferencias cuando vayan al supermercado. Elija dos artículos con precios inferiores a 99¢. Pida a su niño que redondee los números para estimar la diferencia.

NORMAS DE CALIFORNIA NS 2.0 Los estudiantes estiman, calculan y resuelven problemas de suma y resta de números de dos y tres dígitos. O➞ NS 2.2 Hallar la suma o la diferencia de dos números enteros con un máximo de tres dígitos cada uno. *también* MR 2.2, MR 3.0

© Harcourt

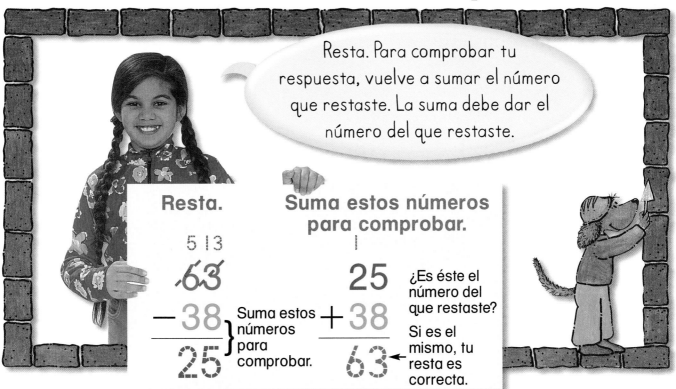

Resta. Para comprobar tu respuesta, vuelve a sumar el número que restaste. La suma debe dar el número del que restaste.

Resta.

5 13
6̶3̶
− 38
25

} Suma estos números para comprobar.

Suma estos números para comprobar.

25
+ 38
63

¿Es éste el número del que restaste?

Si es el mismo, tu resta es correcta.

Resta. Suma para comprobar.

1

3 11
4̶1̶
− 15
26

26
+ 15
41

2

74
− 46

3

40
− 19

4

67
− 35

5

83
− 58

6

56
− 28

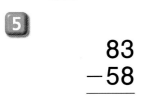

Explica lo que sabes ▪ Razonamiento

¿Cómo puedes usar la suma para comprobar la respuesta de un problema de resta? Explica por qué.

© Harcourt

Práctica

Resta.
Suma para comprobar.

1

$$\begin{array}{r} {}^{2\ 13}\!\!\!\not{\!3}\not{\!3} \\ -\ 17 \\ \hline 16 \end{array}$$

$$\begin{array}{r} 1 \\ 16 \\ +\ 17 \\ \hline 33 \end{array}$$

2

$$\begin{array}{r} 70 \\ -43 \\ \hline \end{array}$$

3

$$\begin{array}{r} 94 \\ -56 \\ \hline \end{array}$$

4

$$\begin{array}{r} 30 \\ -17 \\ \hline \end{array}$$

5

$$\begin{array}{r} 48 \\ -25 \\ \hline \end{array}$$

6

$$\begin{array}{r} 83 \\ -34 \\ \hline \end{array}$$

7

$$\begin{array}{r} 36 \\ -14 \\ \hline \end{array}$$

8

$$\begin{array}{r} 53 \\ -26 \\ \hline \end{array}$$

9

$$\begin{array}{r} 75 \\ -37 \\ \hline \end{array}$$

 Álgebra Escribe y resuelve tres problemas, usando solo los números que se muestran.

10

$$\begin{array}{r} 63 \\ -39 \\ \hline 24 \end{array}$$

$$\begin{array}{r} \square \\ -\ \square \\ \hline \square \end{array}$$

$$\begin{array}{r} \square \\ +\ \square \\ \hline \square \end{array}$$

$$\begin{array}{r} \square \\ +\ \square \\ \hline \square \end{array}$$

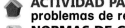 **ACTIVIDAD PARA LA CASA** • Pida a su niño que le muestre cómo comprueba las respuestas de problemas de resta sumando.

NORMAS DE CALIFORNIA O⊓ **NS 2.1** Entender y emplear la relación inversa entre la suma y la resta (p.ej., el enunciado numérico opuesto a 8 + 6 = 14 es 14 − 6 = 8) para resolver problemas y comprobar soluciones.
O⊓ **NS 2.2** Hallar la suma o la diferencia de dos números enteros con un máximo de tres dígitos cada uno.
también **MR 2.1, MR 3.0, AF 1.0**

Nombre _____

COMPROBAR ▪ Conceptos y destrezas

Usa el Tapete 3 y .
Resta. Reagrupa si es necesario.

1

decenas	unidades
☐	☐
6	5
−3	8

2

decenas	unidades
☐	☐
8	8
−5	3

Vuelve a escribir los números. Después resta.

3 43 − 28 = _____

decenas	unidades
☐	☐
−	

Resta.

4
```
 60
−25
```

5
```
 74
−45
```

Resta. Suma para comprobar.

6
```
 94
−67
```

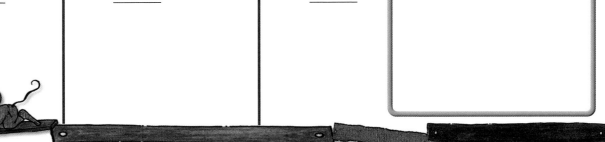

COMPROBAR ▪ Resolver problemas

Estima redondeando. Después resuelve.

40 41 42 43 44 45 46 47 48 49 **50** 51 52 53 54 55 56 57 58 59 **60**

7 Hay 58 coches de juguete en una caja. Carl saca 49 para jugar. ¿Cuántos coches quedan en la caja?

_____ coches

estima	resuelve

Elige la mejor respuesta.

1

$$63$$
$$-47$$

16   17   27   110
○   ○   ○   ○

2

$$80$$
$$-79$$

1   10   19   159
○   ○   ○   ○

3 ¿De qué otra manera puedes escribir $47 - 9 = $ _____?

$$74 \atop -19$$ $$47 \atop -9$$ $$74 \atop -9$$ $$47 \atop -19$$
○   ○   ○   ○

4 ¿Cuál número es par?

1   17   26   35
○   ○   ○   ○

5 ¿Cuál muestra una manera de comprobar la resta?

$$74$$
$$-56$$
$$18$$

$$22 \atop +56$$ $$74 \atop +56$$ $$130 \atop +74$$ $$18 \atop +56$$
○   ○   ○   ○

6 Hay 44 lápices en un vaso. En la clase de matemáticas, los estudiantes sacan 21 lápices del vaso. ¿Cuál es la mejor manera de estimar cuántos lápices quedan en el vaso?

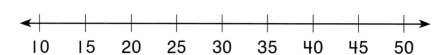

aproximadamente 10   aproximadamente 20   aproximadamente 44   aproximadamente 70
○   ○   ○   ○

© Harcourt

LA ESCUELA Y LA CASA

Querida familia:

Hoy comenzamos el Capítulo 16. Restaremos números de 2 dígitos, usaremos cálculo mental y sumaremos y restaremos cantidades de dinero. Aquí están el vocabulario nuevo y una actividad para hacer juntos en casa.

Con cariño,

_____

Mis palabras de matemáticas
cálculo mental

Vocabulario

cálculo mental Una manera de restar sin usar lápiz ni papel.

$$\begin{array}{r} 36 \\ -17 \\ \hline ? \end{array}$$

Suma más para que el número más pequeño sea una decena.

$$17 + 3 = 20$$

Suma el mismo número al número más grande.

$$36 + 3 = 39$$

Resta tus respuestas.   Entonces,

$$\begin{array}{r} 39 \\ -20 \\ \hline 19 \end{array} \qquad \begin{array}{r} 36 \\ -17 \\ \hline 19 \end{array}$$

Visita The Learning Site para ideas adicionales y actividades.
www.harcourtschool.com

ACTIVIDAD

Busque en los anuncios de los supermercados artículos que cuesten 99¢ o menos. Pida a su niño que use estos números para escribir problemas de resta y halle las diferencias.

Libros para compartir

Busque éstos u otros libros en la biblioteca local para leer con su niño acerca de la resta.

Anno's Math Games II, por Mitsumaso Anno, Putnam & Grosset Group, 1989.

El dinosaurio que vivía en mi patio, por B.G. Hennesy, Scholastic, 1995.

Monster Money Book, por Loreen Leedy, Holiday House, 2000.

© Harcourt

Usar el cálculo mental para hallar diferencias

$$\begin{array}{r} 27 \\ -\,18 \\ \hline ? \end{array}$$

Paso 1	Paso 2	Paso 3
Suma más para que el número más pequeño sea una decena.	Suma el mismo número al número más grande.	Resta tus respuestas.
$$\begin{array}{r} 27 \\ -\,18 \\ \hline \end{array}$$	$$27 + 2 = 29$$ $$18 + 2 = 20$$	$$\begin{array}{r} 29 \\ -\,20 \\ \hline 9 \end{array}$$

Puedes usar el cálculo mental para restar sin lápiz ni papel.

$$18 + 2 = 20$$

Entonces
$$\begin{array}{r} 27 \\ -\,18 \\ \hline 9 \end{array}$$

Usa lo que aprendiste para hallar la diferencia.

	Suma el mismo número a los dos números.	Resta.	
1 $$\begin{array}{r} 35 \\ -\,19 \\ \hline ? \end{array}$$	$$35 + \underline{1} = \underline{36}$$ $$19 + \underline{1} = \underline{20}$$	$$\begin{array}{r} 36 \\ -\,20 \\ \hline 16 \end{array}$$	Entonces $$\begin{array}{r} 35 \\ -\,19 \\ \hline 16 \end{array}$$
2 $$\begin{array}{r} 76 \\ -\,38 \\ \hline ? \end{array}$$	$$76 + \underline{\hphantom{0}} = \underline{\hphantom{0}}$$ $$38 + \underline{\hphantom{0}} = \underline{\hphantom{0}}$$	$$\begin{array}{r} \square \\ -\,\square \\ \hline \square \end{array}$$	Entonces $$\begin{array}{r} 76 \\ -\,38 \\ \hline \square \end{array}$$

Suma más para hacer de 19 una decena.

Explica lo que sabes ▪ Razonamiento

¿Por qué es más fácil restar 20 de 29 que 18 de 27?

Práctica

Usa lo que aprendiste para hallar la diferencia.

	Suma el mismo número a los dos números.	Resta.	
1 $\begin{array}{r} 65 \\ -28 \\ \hline ? \end{array}$ *Suma más para hacer de 28 una decena.*	$65 + \underline{\ 2\ } = \underline{\ 67\ }$ $28 + \underline{\ 2\ } = \underline{\ 30\ }$	$\begin{array}{r} 67 \\ -30 \\ \hline 37 \end{array}$	Entonces $\begin{array}{r} 65 \\ -28 \\ \hline 37 \end{array}$
2 $\begin{array}{r} 46 \\ -19 \\ \hline ? \end{array}$	$46 + \underline{\ \ \ \ } = \underline{\ \ \ \ }$ $19 + \underline{\ \ \ \ } = \underline{\ \ \ \ }$	$\begin{array}{r} \square \\ -\ \square \\ \hline \square \end{array}$	Entonces $\begin{array}{r} 46 \\ -19 \\ \hline \end{array}$

Trata de restar mentalmente estos números.

3 $\begin{array}{r} 71 \\ -57 \\ \hline \end{array}$ **4** $\begin{array}{r} 64 \\ -49 \\ \hline \end{array}$ **5** $\begin{array}{r} 35 \\ -26 \\ \hline \end{array}$ **6** $\begin{array}{r} 83 \\ -56 \\ \hline \end{array}$

Repaso mixto

Escribe qué hora es. Dibuja el minutero para mostrar la hora.

7 25 minutos después de las 3

____ : ____

8 10 minutos después de la 1

____ : ____

9 45 minutos después de las 6

____ : ____

ACTIVIDAD PARA LA CASA • Pida a su niño que le diga cómo restó los números en los ejercicios de esta página.

NORMAS DE CALIFORNIA NS 2.3 Emplear el cálculo mental para hallar la suma o la diferencia de dos números de 2 dígitos. ⚷ NS 2.2 Hallar la suma o la diferencia de dos números enteros con un máximo de tres dígitos cada uno. *también* MR 2.0, AF 1.0

Nombre _____

Hay muchas maneras diferentes de restar.
Puedes restar mentalmente o puedes usar lápiz y papel.

Cuenta hacia atrás por decenas.

$49 - 30 = 19$

Di 49. Cuenta hacia atrás 3 decenas. 39, 29, 19

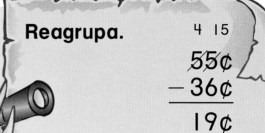

Reagrupa.

$$
\begin{array}{r}
\overset{4\ \ 15}{5\!\!\!\diagup 5}¢ \\
-\ 36¢ \\
\hline
19¢
\end{array}
$$

Reagrupa 1 decena como 10 unidades.
Resta 6 de 15.
Escribe cuántas unidades quedan.

Resta las decenas.
Escribe cuántas decenas quedan.

Cuenta hacia atrás por unidades.

$37 - 3 = 34$

Di 37. Cuenta hacia atrás 3 unidades.
36, 35, 34

Resta. Elige una estrategia.

1

67	34¢	51	96	85¢	50
− 2	− 15¢	− 43	− 10	− 26¢	− 40
65					

2

19	51	75¢	60	58	87
− 5	− 26	− 17¢	− 20	− 58	− 39

3

54¢	90	68	42	95¢	72
− 25¢	− 50	− 31	− 37	− 59¢	− 46

Explica lo que sabes ■ Razonamiento

¿Qué problemas restaste mentalmente? ¿Por qué?

Práctica

Resta. Después usa el código para leer el mensaje.

1 – A	6 – F	11 – K	15 – O	19 – S	23 – W
2 – B	7 – G	12 – L	16 – P	20 – T	24 – X
3 – C	8 – H	13 – M	17 – Q	21 – U	25 – Y
4 – D	9 – I	14 – N	18 – R	22 – V	26 – Z
5 – E	10 – J				

¿Por qué se mueve el agua en el mar?

```
 20      50      47        45      36      12      72
-  8    -49     -28       -30     -24     -11     -53
```

```
 1 2     ___     ___       ___     ___     ___     ___

  L      ___     ___       ___     ___     ___     ___
```

```
 33      46      29      54      42      48
-11     -37     -24     -40     -37     -34
```

```
___     ___     ___     ___     ___     ___


___     ___     ___     ___     ___     ___
```

```
 59              54      60      36
-34             -32     -59     -22
```

```
___             ___     ___     ___


___             ___     ___     ___
```

 ACTIVIDAD PARA LA CASA • Usted y su niño pueden divertirse usando el código para escribirse notas "secretas".

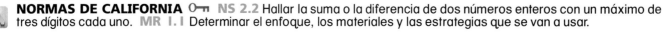 **NORMAS DE CALIFORNIA** ⊶ **NS 2.2** Hallar la suma o la diferencia de dos números enteros con un máximo de tres dígitos cada uno. **MR 1.1** Determinar el enfoque, los materiales y las estrategias que se van a usar.

© Harcourt

Nombre _____

La Sra. Scott compra jugo por 67¢ y nueces por 24¢. ¿Cuánto gasta en total?

$$
\begin{array}{r}
1 \\
67¢ \\
+24¢ \\
\hline
91¢
\end{array}
$$

La Sra. Scott gasta ___91¢___.

Mike tiene 50¢. Gasta 35¢ en un bote. ¿Cuánto le queda?

$$
\begin{array}{r}
4\ 10 \\
\cancel{50}¢ \\
-35¢ \\
\hline
15¢
\end{array}
$$

Le quedan ___15¢___.

Encierra en un círculo + ó −. Después resuelve.

 1

56¢	75¢	90¢	44¢	65¢	29¢
+ 9¢	−18¢	−87¢	+28¢	−25¢	+24¢

2

50¢	88¢	23¢	7¢	48¢	96¢
−35¢	−49¢	+53¢	+64¢	+14¢	−52¢

3

27¢	76¢	63¢	34¢	86¢	49¢
−19¢	+20¢	−37¢	+59¢	−55¢	+39¢

Explica lo que sabes ▪ **Razonamiento**

¿Por qué sumar cantidades de dinero es lo mismo que sumar números de 2 dígitos? ¿En qué se diferencia?

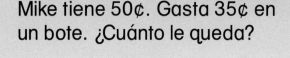

Capítulo 16 • Practicar restas de números de 2 dígitos

© Harcourt

Práctica

Encierra en un círculo + ó −.
Después resuelve.

1

| 69¢ −33¢ = 36¢ | 54¢ +18¢ | 92¢ − 9¢ | 27¢ +40¢ | 8̶1̶¢ − 26¢ | 39¢ − 25¢ |

2

| 43¢ − 25¢ | 92¢ − 86¢ | 35¢ +25¢ | 8¢ +64¢ | 76¢ − 25¢ | 87¢ − 15¢ |

3

| 73¢ + 7¢ | 84¢ +11¢ | 46¢ − 38¢ | 7¢ +30¢ | 78¢ − 64¢ | 76¢ − 72¢ |

4

| 71¢ −32¢ | 9¢ +41¢ | 33¢ − 9¢ | 18¢ +64¢ | 41¢ − 13¢ | 61¢ +27¢ |

Resolver problemas ▪ Aplicaciones

Resuelve.

5 En una tienda venden un avión de juguete a 94¢. En otra, el mismo avión cuesta 76¢. ¿Cuánto más cuesta el avión de la primera tienda? _____ más

© Harcourt

⬠ **ACTIVIDAD PARA LA CASA** • Pida a su niño que busque anuncios de supermercados y sume o reste los precios de dos artículos cuyo precio total no exceda de 99¢.

🖊 **NORMAS DE CALIFORNIA** NS 5.0 Los estudiantes modelan y resuelven problemas representando, sumando y restando distintas cantidades de dinero. *también* MR 2.2

Nombre _____

Suma o resta. Escribe la suma o la diferencia.

1 ¿Cuánto necesitas para comprar un osito y un yoyo?

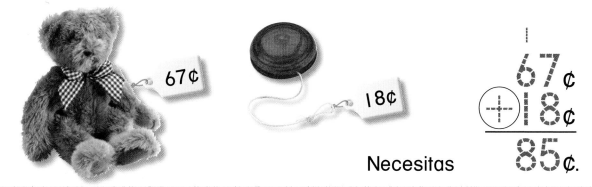

67¢

18¢

$$\begin{array}{r} 67¢ \\ +18¢ \\ \hline 85¢ \end{array}$$

Necesitas

---

2 Tienes 55¢. Compras un títere. ¿Cuánto te queda?

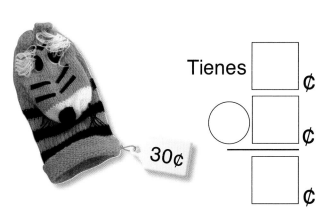

30¢

Tienes ☐ ¢
◯ ☐ ¢
___
☐ ¢

3 ¿Cuánto necesitas para comprar un bote y una cuerda para saltar?

45¢

26¢

☐ ¢
◯ ☐ ¢
___
☐ ¢

---

4 ¿Cuánto necesitas para comprar un vagón y una pelota?

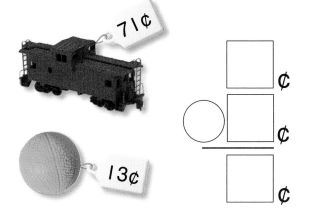

71¢

13¢

☐ ¢
◯ ☐ ¢
___
☐ ¢

5 Quieres comprar un osito. Tienes 15¢. ¿Cuánto más necesitas?

El osito cuesta ☐ ¢

Tienes ☐ ¢
◯
___

67¢

Necesitas ☐ ¢

© Harcourt

Práctica

Suma o resta. Escribe la suma o la diferencia.

1 ¿Cuánto necesitas para comprar un títere y un coche de juguete?

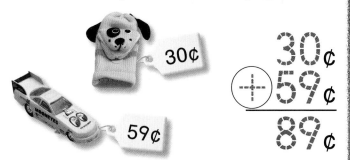

30¢
+59¢
89¢

2 Quieres comprar una locomotora. Tienes 20¢. ¿Cuánto más necesitas?

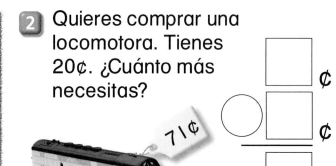

☐ ¢
○ ☐ ¢
___
☐ ¢

71¢

3 Tienes 90¢. Compras un coche de juguete. ¿Cuánto te queda?

Tienes

59¢

☐ ¢
○ ☐ ¢
___
☐ ¢

4 ¿Cuánto necesitas para comprar un osito y una pelota?

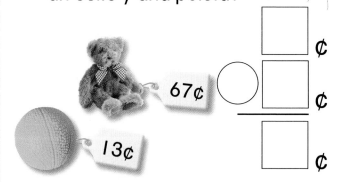

67¢
13¢

☐ ¢
○ ☐ ¢
___
☐ ¢

5 Quieres comprar un osito. Tienes 50¢. ¿Cuánto más necesitas?

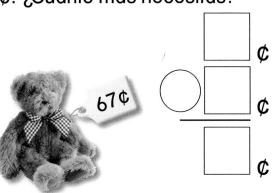

67¢

☐ ¢
○ ☐ ¢
___
☐ ¢

6 ¿Cuánto necesitas para comprar 2 títeres?

30¢
30¢

☐ ¢
○ ☐ ¢
___
☐ ¢

Por escrito

Escribe un cuento de matemáticas sobre los juguetes de dos anaqueles. Usa números hasta 50. Puedes usar sumas o restas.

© Harcourt

ACTIVIDAD PARA LA CASA • Pida a su niño que haga un modelo con monedas para sumar los precios de dos artículos cuyo precio total no exceda de 99¢. También puede restar de 99¢ el precio de un artículo.

NORMAS DE CALIFORNIA NS 5.0 Los estudiantes modelan y resuelven problemas representando, sumando y restando distintas cantidades de dinero. MR 1.1 Determinar el enfoque, los materiales y las estrategias que se van a usar.

Nombre _____

COMPROBAR ▪ Conceptos y destrezas

Halla la diferencia.

	Suma el mismo número a los dos números.	Resta.	
1 $\begin{array}{r} 52 \\ -18 \\ \hline ? \end{array}$	$52 + \underline{\hspace{1.5cm}} = \underline{\hspace{1.5cm}}$ $18 + \underline{\hspace{1.5cm}} = \underline{\hspace{1.5cm}}$	☐ ☐ ☐	Entonces $\begin{array}{r} 52 \\ -18 \\ \hline \boxed{} \end{array}$

Resta. Elige una estrategia.

2 $\begin{array}{r} 67 \\ -39 \\ \hline \end{array}$　　**3** $\begin{array}{r} 70 \\ -40 \\ \hline \end{array}$　　**4** $\begin{array}{r} 39 \\ -21 \\ \hline \end{array}$　　**5** $\begin{array}{r} 41 \\ -\ 8 \\ \hline \end{array}$

Encierra en un círculo + ó −. Después resuelve.

6 $\begin{array}{r} 33¢ \\ +27¢ \\ \hline \end{array}$　　**7** $\begin{array}{r} 82¢ \\ -45¢ \\ \hline \end{array}$　　**8** $\begin{array}{r} 87¢ \\ -\ 8¢ \\ \hline \end{array}$　　**9** $\begin{array}{r} 52¢ \\ +44¢ \\ \hline \end{array}$

COMPROBAR ▪ Resolver problemas

Suma o resta. Escribe la suma o la diferencia.

10 Tienes 75¢. Compras un yoyo. ¿Cuánto te queda?

Tienes　☐ ¢
〇　☐ ¢
　　☐ ¢

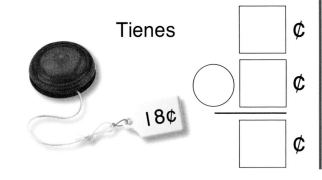

18¢

11 ¿Cuánto necesitas para comprar un vagón y una cuerda para saltar?

☐ ¢
〇　☐ ¢
☐ ¢

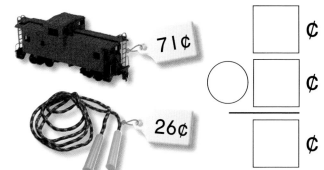

71¢

26¢

© Harcourt

Nombre ______________________________

Repaso acumulativo

Capítulos 1–16

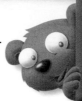

Elige la mejor respuesta.

1

$$\begin{array}{r} 34 \\ -\ 19 \\ \hline \end{array}$$

○ 15 ○ 16 ○ 49 ○ 53

2

$$\begin{array}{r} 75 \\ -\ \ 8 \\ \hline \end{array}$$

○ 67 ○ 73 ○ 77 ○ 83

3

$$\begin{array}{r} 97¢ \\ -\ 49¢ \\ \hline \end{array}$$

○ 38¢ ○ 42¢ ○ 47¢ ○ 48¢

4

$$\begin{array}{r} 9¢ \\ +\ 10¢ \\ \hline \end{array}$$

○ 19¢ ○ 20¢ ○ 29¢ ○ 39¢

5 Sarah quiere comprar una pelota de béisbol. Tiene 85¢. La pelota cuesta 99¢. ¿Cuál enunciado te dice cuánto dinero más necesita Sarah?

○ 85¢ − 99¢ ○ 99¢ − 85¢ ○ 58¢ + 99¢ ○ 99¢ − 58¢

6 ¿Cuánto dinero hay?

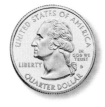

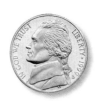

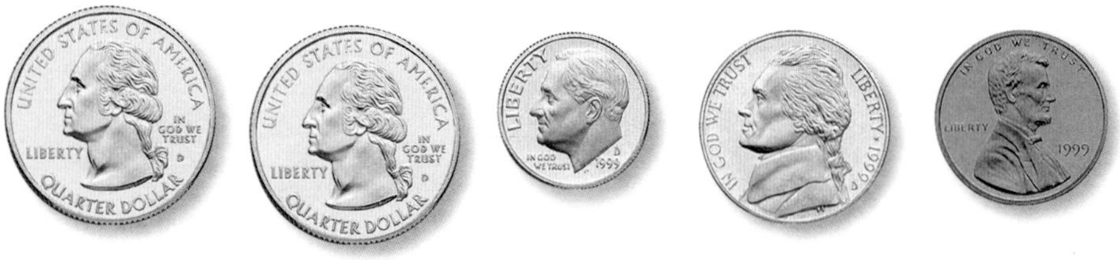

○ 55¢ ○ 56¢ ○ 66¢ ○ 65¢

7 9 + _____ = 17

○ 7 ○ 8 ○ 9 ○ 10

8 23 + 0 = _____

○ 0 ○ 2 ○ 3 ○ 23

El picnic

Escrito por Jo Sumara
Ilustrado por Ken Laidlaw

Este libro me ayudará a repasar sumas y restas de números de 2 dígitos.

Este libro pertenece a _____.

La hormiga Sandy no podía creerlo.

¿Era realmente un picnic?
Parecía un picnic.
Olía a picnic.
¡Era un picnic!

¡Qué suerte! Era su primer día de exploradora.
Quería que todos estuviesen orgullosos de ella.

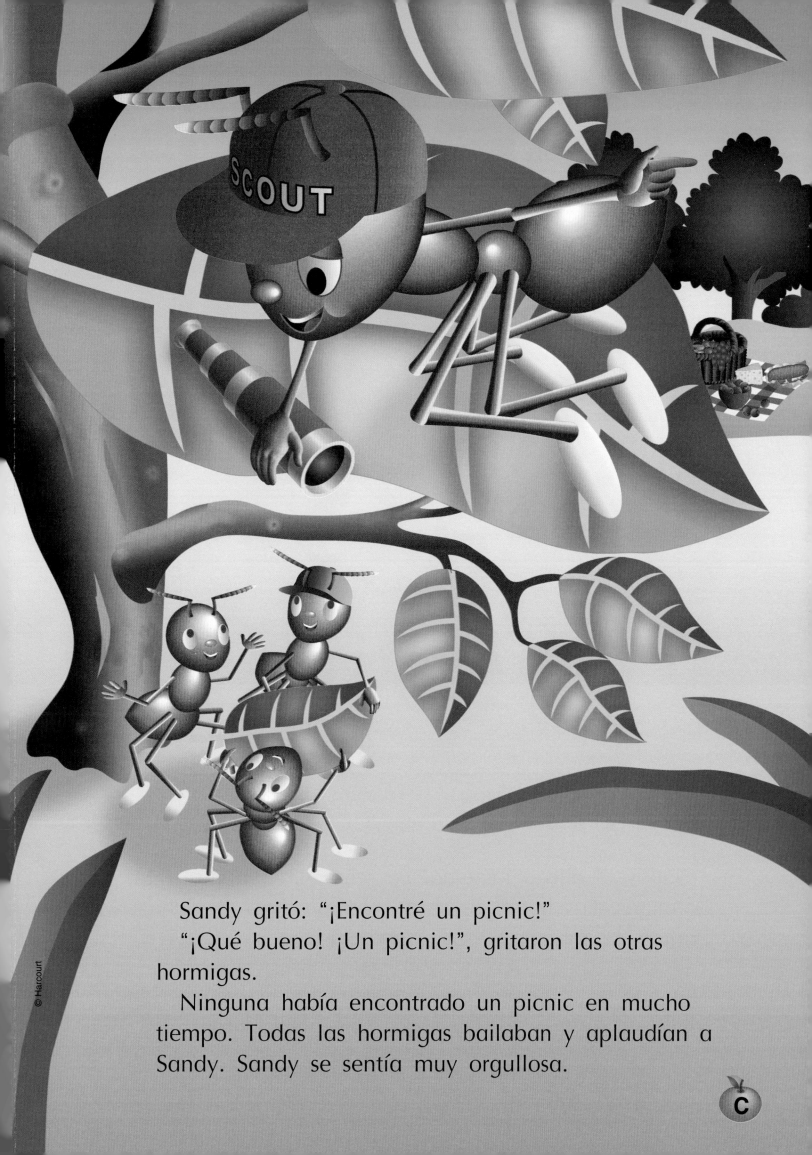

Sandy gritó: "¡Encontré un picnic!"

"¡Qué bueno! ¡Un picnic!", gritaron las otras hormigas.

Ninguna había encontrado un picnic en mucho tiempo. Todas las hormigas bailaban y aplaudían a Sandy. Sandy se sentía muy orgullosa.

Sandy le dijo a la reina. La reina dio órdenes a las hormigas. Las hormigas se prepararon para el picnic. Primero se formaron 40 y luego 30 más.

"¿Dónde es el picnic?", preguntaron las hormigas. Sandy señaló el lugar y las hormigas marcharon hacia allá.

¿Cuántas hormigas marcharon al picnic? _____

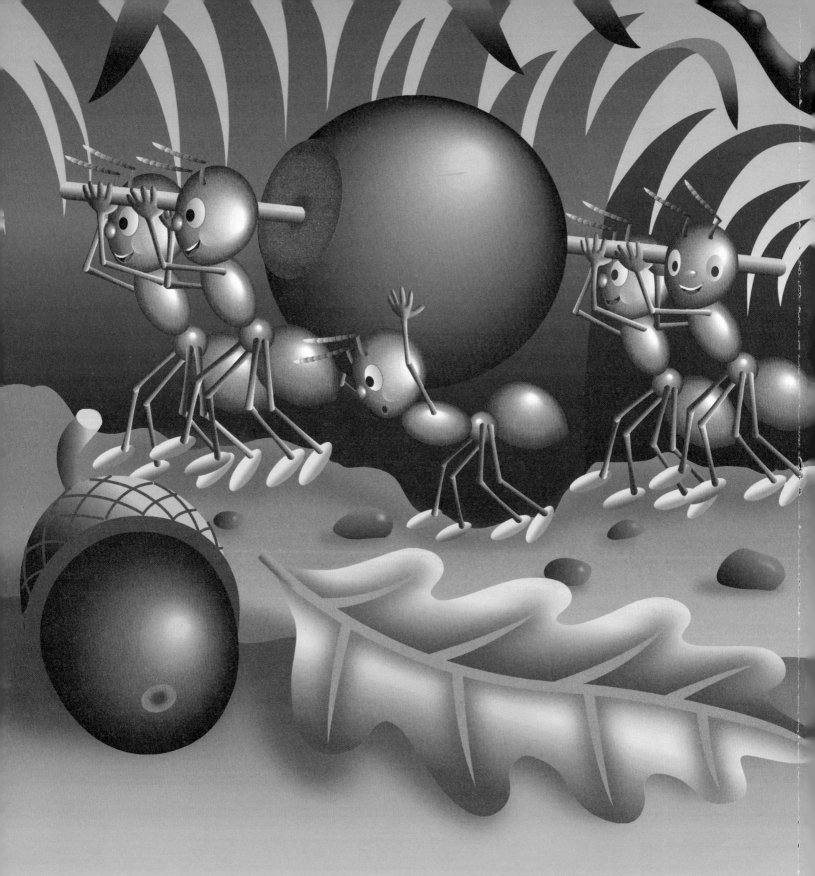

Cuando las hormigas llegaron al picnic se
quedaron sorprendidas. ¡Había muchísima
comida! Entre 5 hormigas cargaron una aceituna.
Entre 20 levantaron el queso. Comenzaron el
largo y difícil camino de regreso.

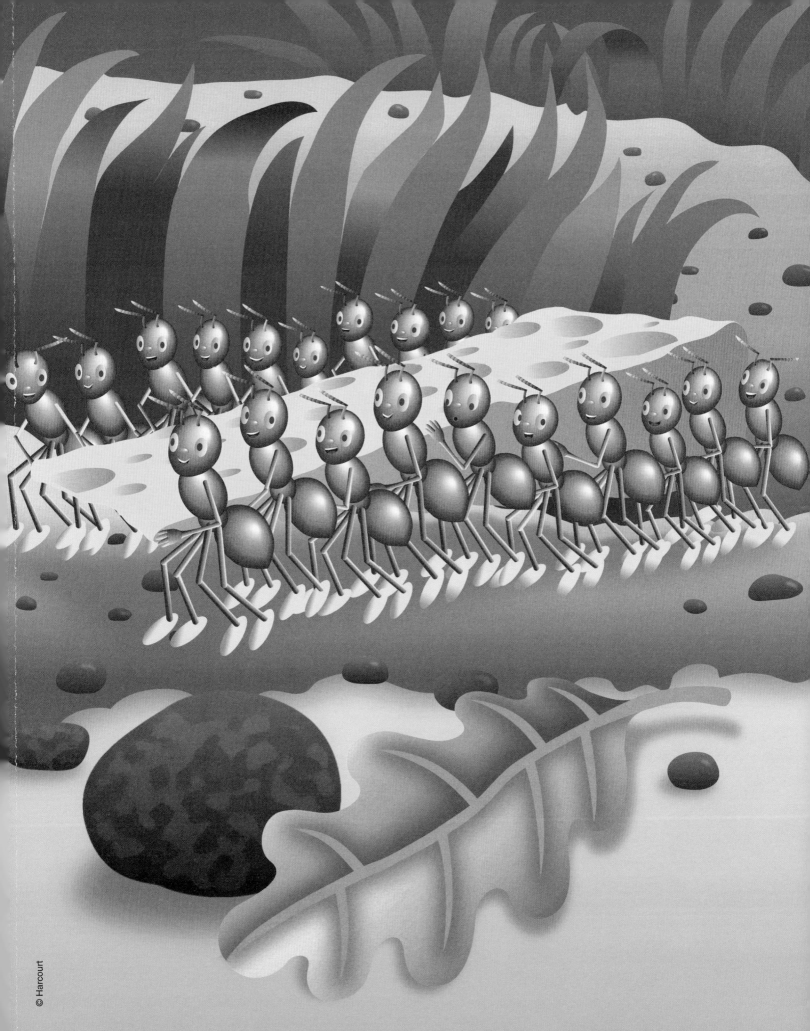

¿Cuántas hormigas llevaron la aceituna y el queso? _____

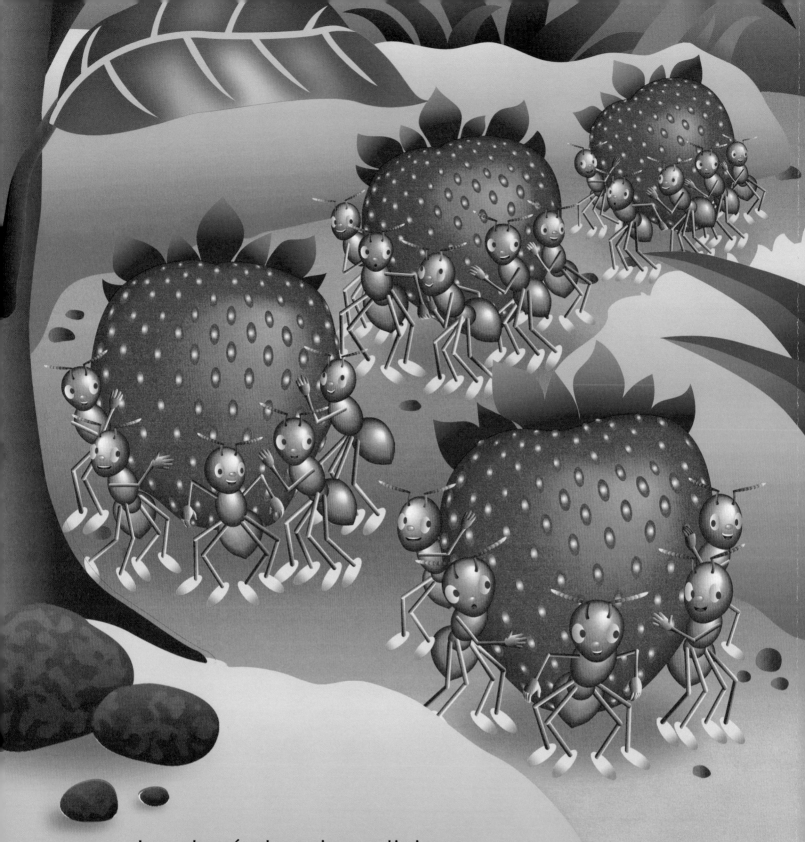

Las demás hormigas eligieron su
cargamento. 33 hormigas llevaron fresas,
uvas y zanahorias. 22 hormigas más jalaron
y empujaron un pepinillo. Todas las hormigas
regresaron a casa. "¡Haremos una fiesta!",
exclamó una de las hormigas.

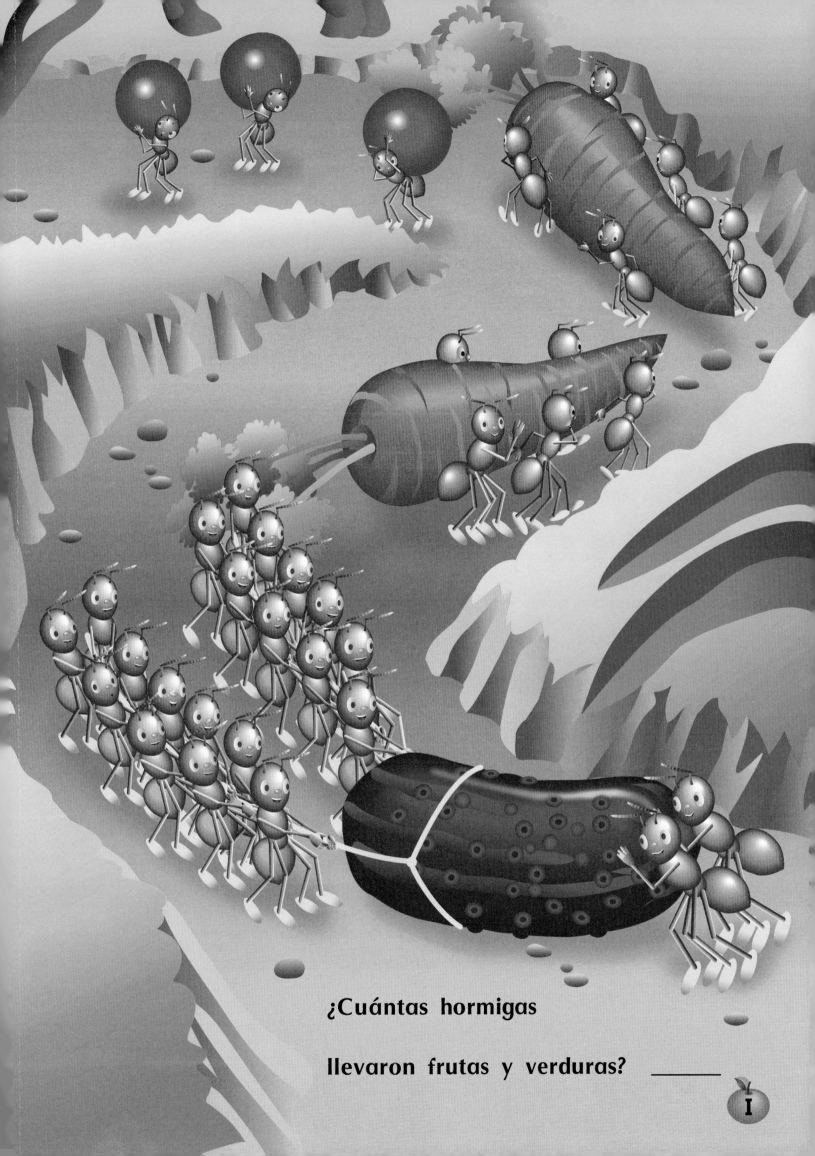

¿Cuántas hormigas

llevaron frutas y verduras? _____

La reina envió a 68 hormigas fuertes
a buscar el emparedado. Lo levantaron
entre 47. ¿Qué hicieron las otras hormigas?

¡Llevaron a Sandy en andas!

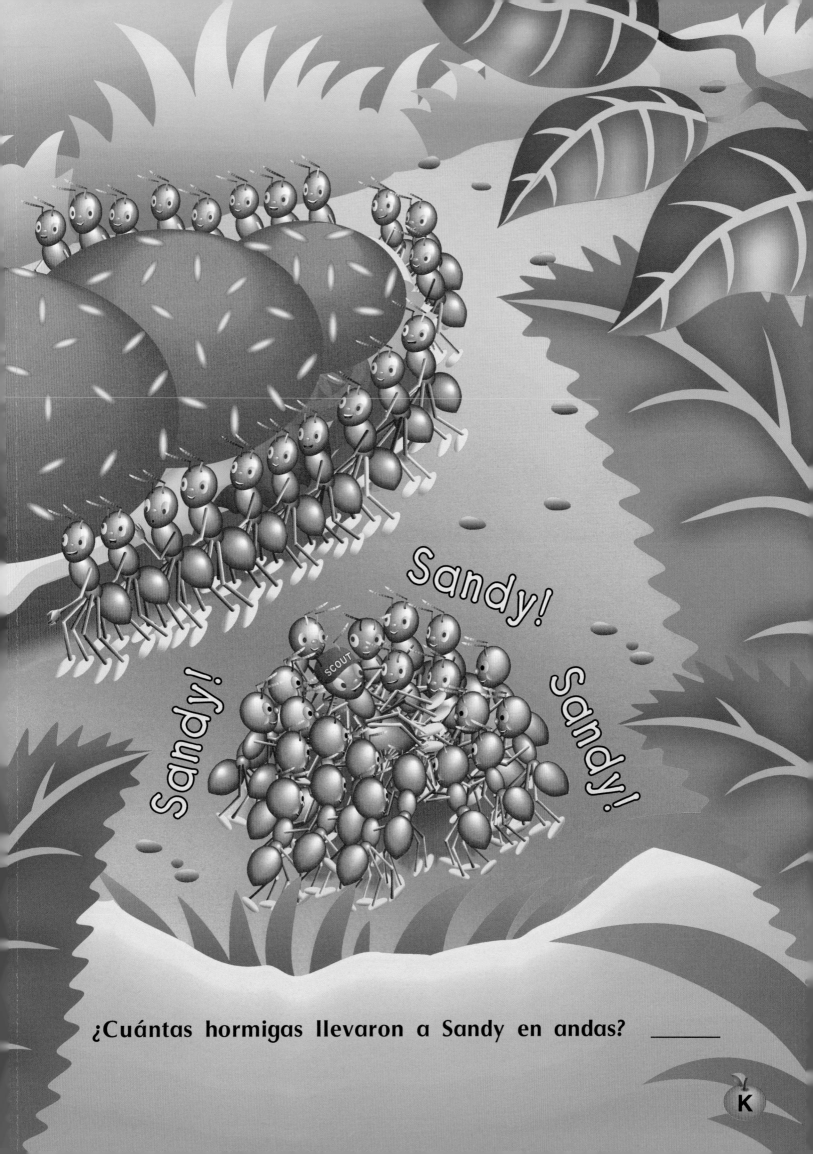

¿Cuántas hormigas llevaron a Sandy en andas? _____

K

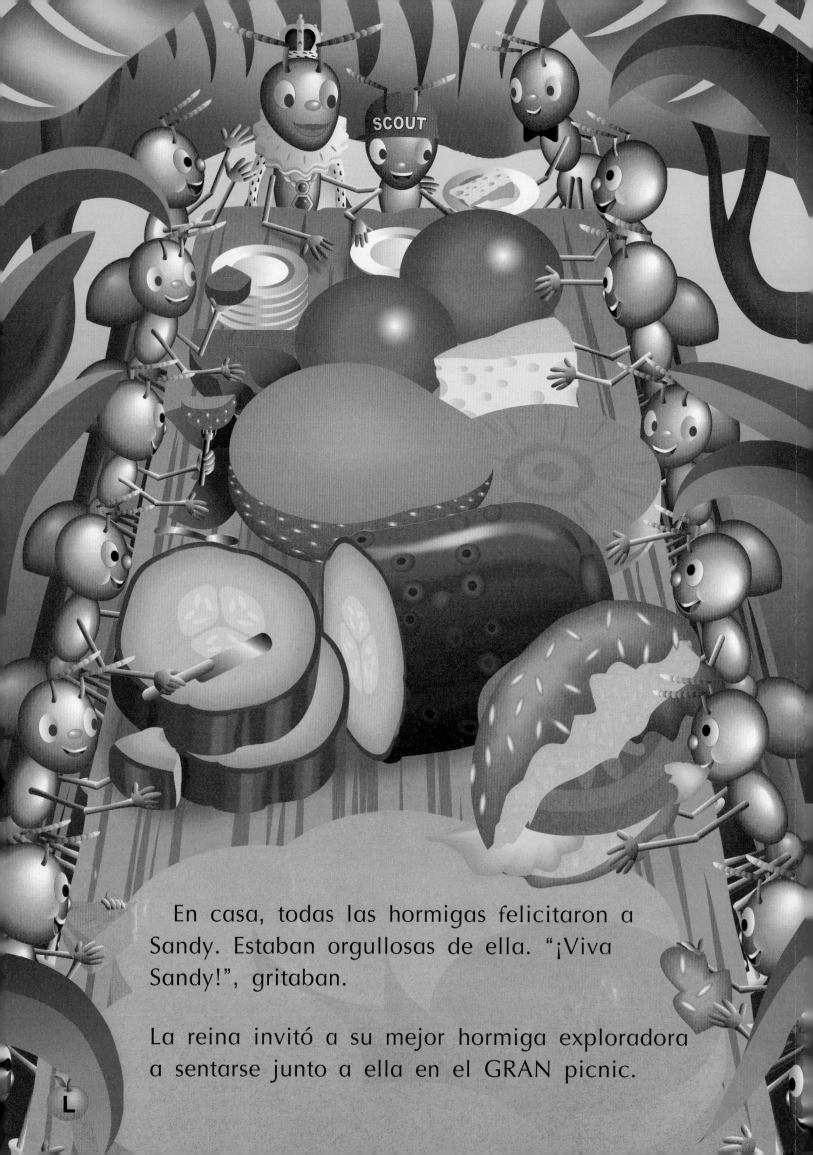

En casa, todas las hormigas felicitaron a Sandy. Estaban orgullosas de ella. "¡Viva Sandy!", gritaban.

La reina invitó a su mejor hormiga exploradora a sentarse junto a ella en el GRAN picnic.

Nombre _____

Un paseo en el jardín

Usa tus destrezas de resolución de problemas para escribir el signo que falta. Traza una línea para mostrar la salida del laberinto.

COMIENZO

$$83 \boxed{} 13 = 96 \qquad 18 \boxed{} 36 = 54$$

$$\begin{array}{l} \boxed{} \ \ 12 \\ 14 \\ \hline 26 \end{array}$$

$$13 \boxed{} 17 = 30$$

$$\begin{array}{l} \boxed{} \ \ 48 \\ 28 \\ \hline 20 \end{array}$$

$$23 \boxed{} 19 = 42$$

$$11 \boxed{} 10 = 21 \qquad 52 \boxed{} 24 = 76$$

$$\begin{array}{l} \boxed{} \ \ 41 \\ 18 \\ \hline 59 \end{array}$$

$$3 \boxed{} 3 = 6$$

$$\begin{array}{l} \boxed{} \ \ 30 \\ 40 \\ \hline 70 \end{array}$$

$$29 \boxed{} 68 = 97$$

$$\begin{array}{l} \boxed{} \ \ 19 \\ 19 \\ \hline 38 \end{array}$$

$$13 \boxed{} 27 = 40$$

$$83 \boxed{} 27 = 56$$

FIN

Amplía tu conocimiento ▪ Dibuja un laberinto para que tus compañeros lo resuelvan.

© Harcourt

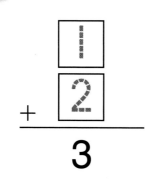

El número mayor es 5.

1	2	3

```
    1           2           1
+   2       +   3       +   3
─────       ─────       ─────
    3           5           4
```

Usa cada número una vez en cada problema.
Trata de hacer la suma más grande posible.

1	2	3	4

```
  □ □         □ □         □ □         □ □
+ □ □       + □ □       + □ □       + □ □
─────       ─────       ─────       ─────
```

```
  □ □         □ □         □ □         □ □
+ □ □       + □ □       + □ □       + □ □
─────       ─────       ─────       ─────
```

¿Cuál es la suma más grande que hallaste? _____

© Harcourt

Nombre _____

Destrezas y conceptos

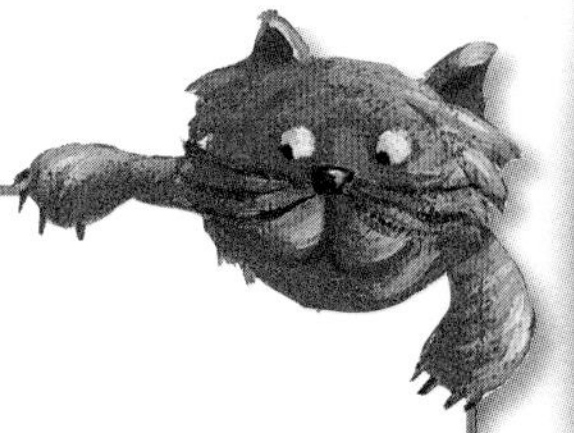

Usa el Tapete 3 y ▮▮▮▮▮▮▮▮▮ ▯ . Suma.

Muestra.	Une las unidades. ¿Puedes formar una decena? Si puedes, reagrupa 10 unidades como 1 decena.	Escribe cuántas hay en total.
① 56 + 4 = ___	Sí No	___ decenas ___ unidades
② 17 + 16 = ___	Sí No	___ decenas ___ unidades

Suma.

③
$$62 \atop + \ 3$$

④
$$62 \atop + 30$$

⑤

decenas	unidades
□	
3	7
+2	9

⑥

decenas	unidades
□	
7	3
+1	7

⑦ Vuelve a escribir. Después suma.

64 + 7

decenas	unidades
□	
+	

⑧ Usa el cálculo mental para sumar 28 + 65.

_____ + _____ = _____

_____ + _____ = _____

_____ + _____ = _____

© Harcourt

Usa el Tapete 3 y 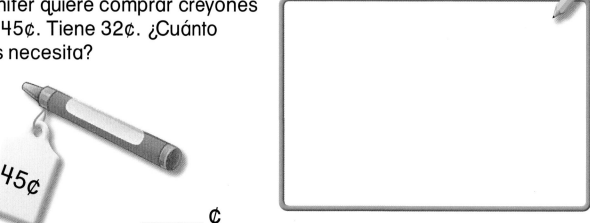 y ▪. Suma.

Muestra.	¿Necesitas reagrupar?	Resta las unidades. Escribe cuántas decenas y unidades quedan.
9 28 − 9 = ___	Sí No	___ decenas ___ unidades
10 32 − 17 = ___	Sí No	___ decenas ___ unidades

Resta.

11
$$\begin{array}{r} 74 \\ -\ 2 \\ \hline \end{array}$$

12
$$\begin{array}{r} 74 \\ -20 \\ \hline \end{array}$$

13

decenas	unidades
□	□
5	2
−3	6

14

decenas	unidades
□	□
4	0
−	3

15 Escribe. Después resta.

34 − 28

decenas	unidades
□	□
−	

16 Resta. Suma para comprobar.

$$\begin{array}{r} 22 \\ -14 \\ \hline \end{array}$$

Resolver problemas

17 Jennifer quiere comprar creyones por 45¢. Tiene 32¢. ¿Cuánto más necesita?

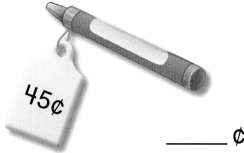

45¢

_____ ¢

Nombre _____

Viajes en California

Esta tabla muestra viajes de un día que hacen algunas familias en California.

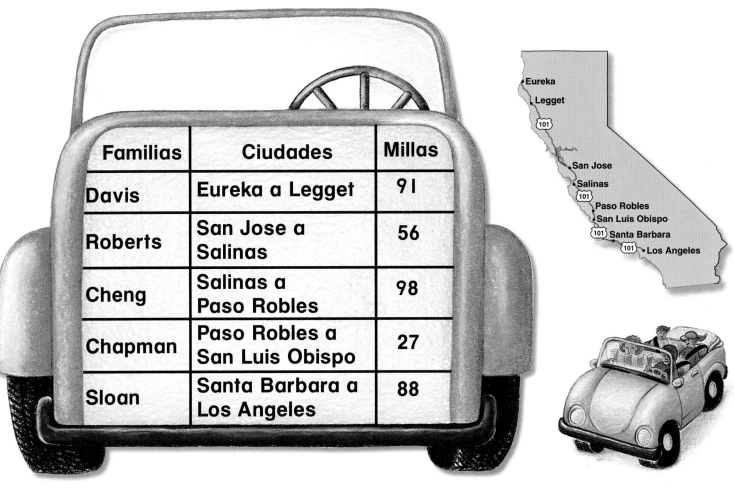

Familias	Ciudades	Millas
Davis	Eureka a Legget	91
Roberts	San Jose a Salinas	56
Cheng	Salinas a Paso Robles	98
Chapman	Paso Robles a San Luis Obispo	27
Sloan	Santa Barbara a Los Angeles	88

Eureka
Legget
101
San Jose
Salinas
101
Paso Robles
San Luis Obispo
101 Santa Barbara
101 Los Angeles

Usa la tabla para contestar las preguntas.

1 ¿Cuál es el mayor número de millas recorridas entre dos ciudades? _____ millas

2 ¿Cuántas millas recorrieron en total la familia Roberts y la familia Chapman? _____ millas

3 ¿Cuántas millas más que la familia Sloan recorrió la familia Cheng? _____ millas

4 ¿Cuál es la diferencia entre el número mayor y el número menor de millas recorridas? _____ millas

© Harcourt

Nombre _____

Muchas millas

California es el tercer estado más grande de la nación. Tiene miles de calles, caminos y autopistas para que la gente pueda viajar de una parte a otra del estado.

Superficie de California: 155,973 millas cuadradas

Superficie de Texas: 261,914 millas cuadradas

Superficie de Alaska: 570,374 millas cuadradas

Resuelve.

1 Mike y su familia recorren 20 millas de Barstow a Newberry Springs en la ruta interestatal 40. Después recorren otras 88 millas para llegar a Essex. ¿Cuántas millas recorrieron en total?

_____ millas

2 La distancia entre Oakland y San Francisco es 8 millas. La distancia entre Oakland y San José es 43 millas. La distancia entre Oakland y Vallejo es 24 millas. Ordena las distancias de la más corta a la más larga.

_____, _____, _____

3 La distancia de Santa Rosa a San Francisco es 58 millas. La distancia de Santa Rosa a Petaluma es 14 millas. ¿Cuánto más lejos de Santa Rosa está San Francisco que Petaluma?

_____ millas

CAPÍTULO

17 Figuras planas

¿Qué figuras planas ves?

LA ESCUELA Y LA CASA

Querida familia:

Hoy comenzamos el Capítulo 17. Identificaremos figuras planas, contaremos los lados y las esquinas de las figuras, y aprenderemos congruencia y simetría. Aquí están el vocabulario nuevo y una actividad para hacer juntos en casa.

Con cariño,

_____

Mis palabras de matemáticas
eje de simetría
simetría
inversión
traslación
giro
esquina

Vocabulario

eje de simetría

Esta mariposa tiene **simetría** porque los dos lados son iguales.

inversión   traslación   giro

esquina   Punta en la que se unen dos lados de una figura. También se llama vértice.

Visita *The Learning Site* **para ideas adicionales y actividades.**
www.harcourtschool.com

ACTIVIDAD

Pida a su niño que recorte un círculo, un cuadrado y un rectángulo de cartulina. Trabaje con su niño para hacer un patrón en otro papel trazando el contorno de las figuras. Si desea, invite a su niño a colorear el diseño que hicieron juntos.

Libros para compartir

Busque éstos u otros libros en la biblioteca local para leer con su niño acerca de figuras planas.

The Village of Round and Square Houses, por Ann Grifalconi, Little, Brown and Company, 1986.

Monitos, cuadritos y triangulitos, por Jane Belk Moncure, Child's World, 1991.

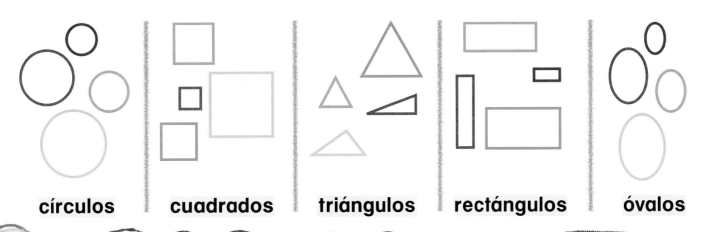

círculos   **cuadrados**   **triángulos**   **rectángulos**   **óvalos**

1 Colorea los círculos. Tacha las figuras que no son círculos.

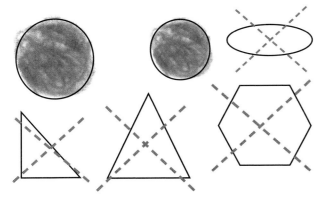

2 Colorea los cuadrados. Tacha las figuras que no son cuadrados.

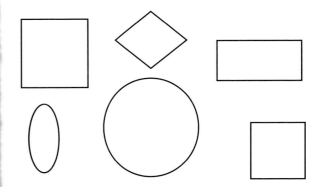

3 Colorea los triángulos. Tacha las figuras que no son triángulos.

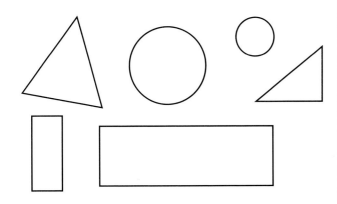

4 Colorea los rectángulos. Tacha las figuras que no son rectángulos.

Explica lo que sabes ■ Razonamiento

¿En qué se diferencian los círculos y óvalos de los triángulos, cuadrados y rectángulos?

Práctica

Sigue las instrucciones para decorar.

 Éstas son **figuras planas**.

1 Dibuja 3 cuadrados. Coloréalos de azul.

2 Dibuja 5 círculos. Coloréalos de rojo.

3 Dibuja 4 triángulos. Coloréalos de verde.

4 Dibuja 2 óvalos. Coloréalos de naranja.

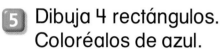

5 Dibuja 4 rectángulos. Coloréalos de azul.

6 Dibuja 5 círculos. Coloréalos de verde.

7 Dibuja 2 triángulos. Coloréalos de amarillo.

8 Dibuja 3 cuadrados. Coloréalos de anaranjado.

Resolver problemas ▪ Observación

9 ¿Cuántos puntos hay dentro del rectángulo pero no dentro del triángulo?

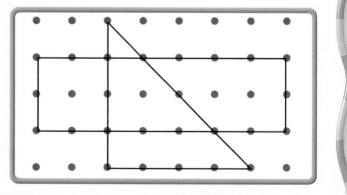

_____ puntos

 ACTIVIDAD PARA LA CASA • Dé a su niño lápiz y papel, y pídale que haga un dibujo con figuras planas.

NORMAS DE CALIFORNIA ⚬━ **MG 2.0** Los estudiantes identifican y describen los atributos de figuras comunes en el plano y de objetos comunes en el espacio. **MR 2.0** Los estudiantes resuelven problemas y justifican su razonamiento. *también* ⚬━ **MG 2.1**

Nombre _____

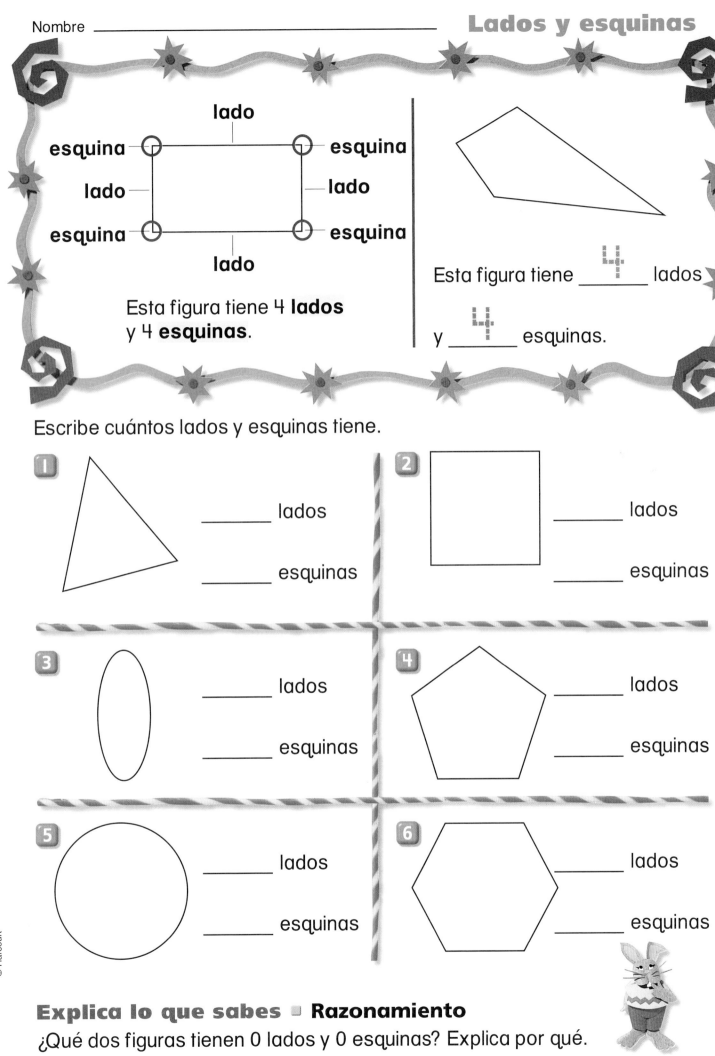

lado

esquina   lado   esquina

lado   lado

esquina   lado   esquina

Esta figura tiene 4 **lados**
y 4 **esquinas**.

Esta figura tiene ___4___ lados

y ___4___ esquinas.

Escribe cuántos lados y esquinas tiene.

1 _____ lados

_____ esquinas

2 _____ lados

_____ esquinas

3 _____ lados

_____ esquinas

4 _____ lados

_____ esquinas

5 _____ lados

_____ esquinas

6 _____ lados

_____ esquinas

Explica lo que sabes ▪ Razonamiento

¿Qué dos figuras tienen 0 lados y 0 esquinas? Explica por qué.

Capítulo 17 · Figuras planas   doscientos cuarenta y tres **243**

Práctica

Dibuja la figura.

1

6 lados 6 esquinas

2

3 lados 3 esquinas

3

4 lados   4 esquinas
2 lados son largos.
2 lados son cortos.

4

4 lados   4 esquinas
Los 4 lados tienen
la misma longitud.

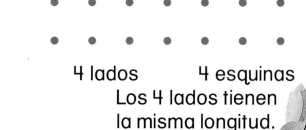

Resolver problemas ▪ Observación

5 Dibuja una figura que tenga lados y esquinas.
Cúbrela. Di a un compañero cómo dibujarla.

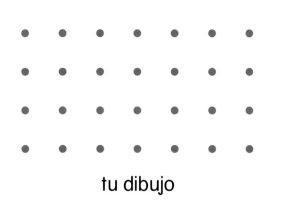

tu dibujo

el dibujo de tu compañero

© Harcourt

 ACTIVIDAD PARA LA CASA • Dé a su niño un número igual de lados y esquinas, por ejemplo, 4 lados y
4 esquinas. Pídale que dibuje la figura.

 NORMAS DE CALIFORNIA ⊶ **MG 2.0** Los estudiantes identifican y describen los atributos de figuras comunes
en el plano y de objetos comunes en el espacio. ⊶ **MG 2.1** Describir y clasificar figuras geométricas planas y
sólidas (p.ej., círculo, triángulo, cuadrado, rectángulo, esfera, pirámide, cubo, prisma rectangular) según el número y la
forma de las caras, las aristas y las esquinas. *también* **MR 1.2, MR 2.0**

Nombre _____

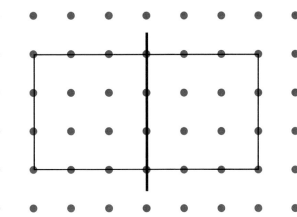

Las dos partes de esta figura son **congruentes**. Son del mismo tamaño y forma.

Un **eje de simetría** divide esta figura en dos partes congruentes.

Dibuja un eje de simetría.
Las dos partes serán congruentes.

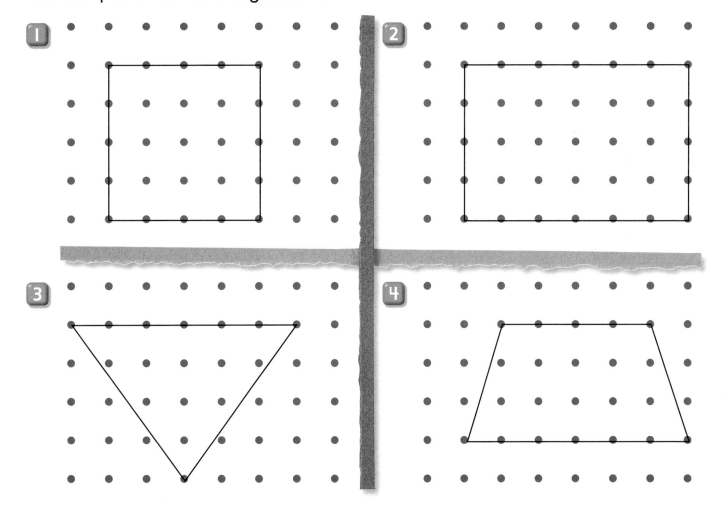

Explica lo que sabes ▪ Razonamiento

¿Cómo puedes probar que las dos partes de una figura son congruentes?

Dibuja un eje de simetría.
Las dos partes serán congruentes.

1

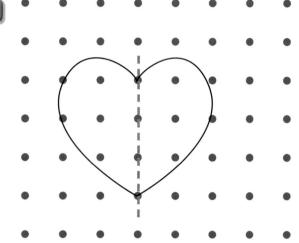

2

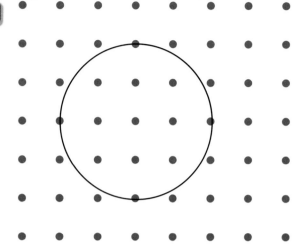

3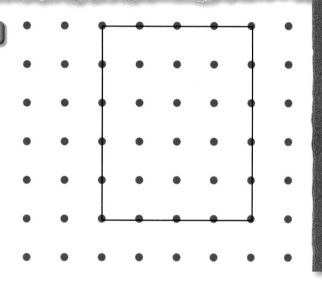

4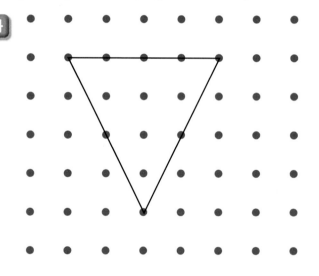

Repaso mixto

Suma o resta.

5

$63¢$	$52¢$	22	18	51	37
$-47¢$	$-37¢$	$+16$	$+9$	-19	-28

⬠ **ACTIVIDAD PARA LA CASA** • Dibuje y recorte una figura. Pida a su niño que use la figura para dibujar y recortar otra del mismo tamaño y forma.

✏ **NORMAS DE CALIFORNIA** ⚬┑ **MG 2.0** Los estudiantes identifican y describen los atributos de figuras comunes en el plano y de objetos comunes en el espacio. *también* **MR 1.2, MR 2.1,** ⚬┑ **MG 2.1,** ⚬┑ **NS 2.2**

Nombre _____

Usa 2 triángulos para hacer un cuadrado o un rectángulo.

Usa figuras planas. Júntalas para hacer una figura nueva. Dibújala. Escribe el nombre de la figura que dibujaste.

1
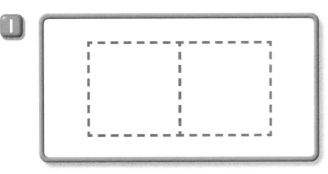

2 cuadrados

rectángulo

2

2 rectángulos

_____

3

2 triángulos

_____

Explica lo que sabes ▪ Razonamiento

Carol juntó 2 triángulos e hizo un rectángulo.
David juntó 2 triángulos e hizo un cuadrado. Explica tu respuesta.

© Harcourt

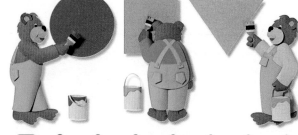

Práctica

Dibuja una o más líneas para separar la figura en nuevas figuras.

1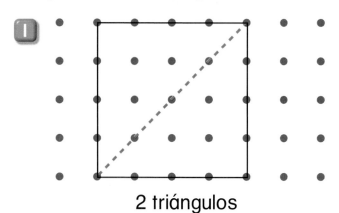

2 triángulos

2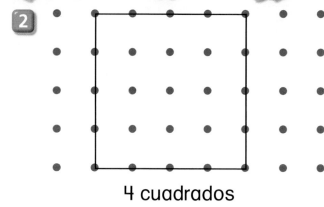

4 cuadrados

3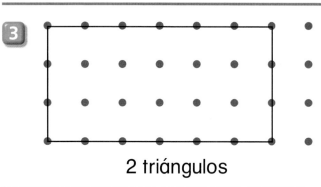

2 triángulos

4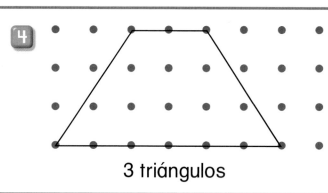

3 triángulos

5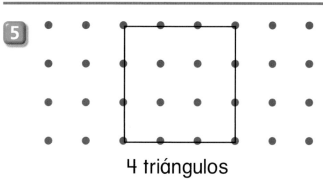

4 triángulos

6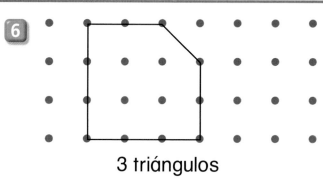

3 triángulos

Repaso mixto

Escribe $<$, $>$ ó $=$.

7 37 ◯ 54   42 ◯ 42   83 ◯ 25

8 83 ◯ 99   94 ◯ 49   21 ◯ 78

ACTIVIDAD PARA LA CASA • Dibuje y recorte una figura. Pida a su niño que trace líneas en su figura y la recorte para hacer nuevas figuras. Pídale que las nombre.

NORMAS DE CALIFORNIA ⚷ **MG 2.2** Unir figuras y separarlas para formar otras (p.ej., dos triángulos rectos congruentes pueden formar un rectángulo). *también* **MR 2.0, MR 1.2,** ⚷ **MG 2.0,** ⚷ **MG 2.1,** ⚷ **NS 1.3**

Puedes mover tu caja de creyones si la giras o la inviertes.

Puedes hacer un **giro**.

Puedes hacer una **inversión**.

Usa .
Pon tu ◥ sobre el primero.
No levantes tu ◥. Gíralo para que quede
justo sobre el segundo ◥. Traza la figura.

1

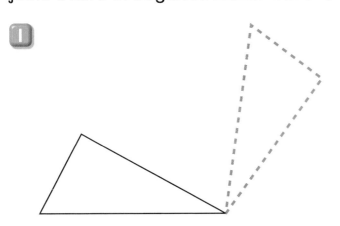

2

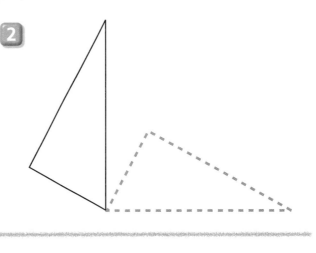

Pon tu ◥ sobre el primero.
Inviértelo para que quede justo sobre
el segundo ◥. Traza la figura.

3

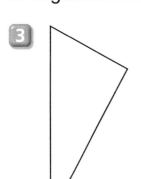

4

 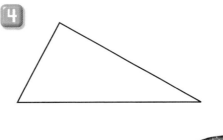

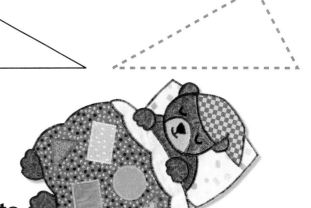

Explica lo que sabes ▪ Razonamiento

¿En qué se diferencia un giro de una inversión?

Usa 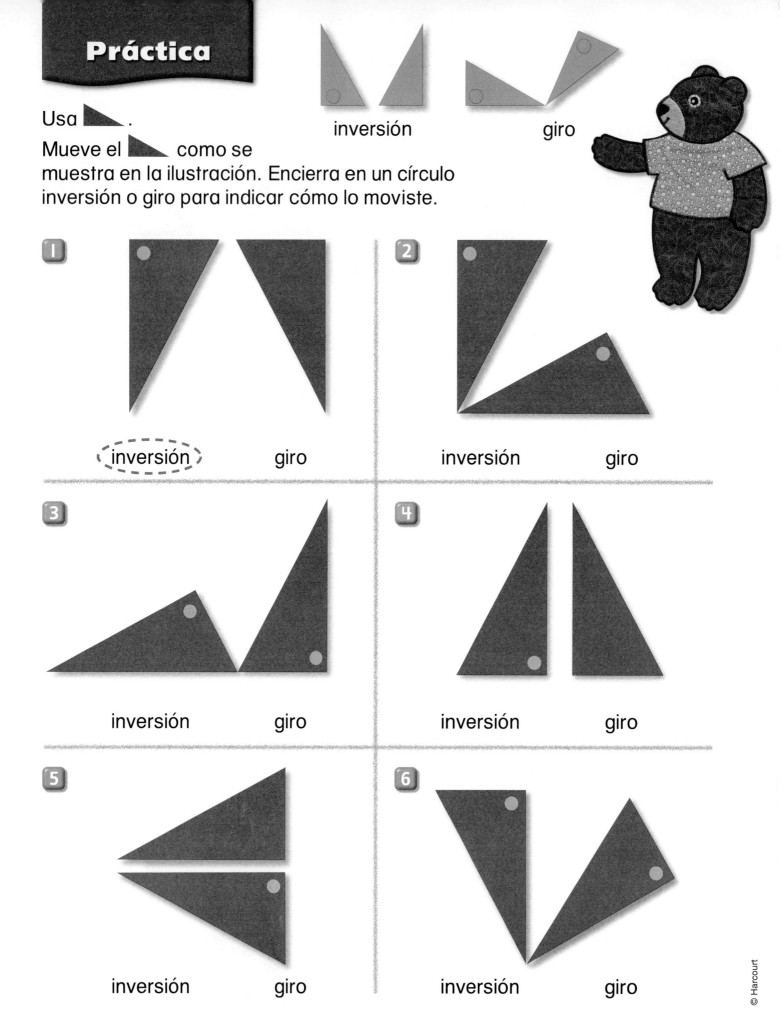.

Mueve el como se muestra en la ilustración. Encierra en un círculo inversión o giro para indicar cómo lo moviste.

inversión

giro

1

(inversión)   giro

2

inversión   giro

3

inversión   giro

4

inversión   giro

5

inversión   giro

6

inversión   giro

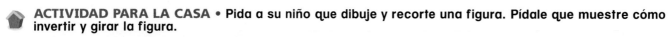

ACTIVIDAD PARA LA CASA • Pida a su niño que dibuje y recorte una figura. Pídale que muestre cómo invertir y girar la figura.

NORMAS DE CALIFORNIA ⚬┓ **MG 2.0** Los estudiantes identifican y describen los atributos de figuras comunes en el plano y de objetos comunes en el espacio. **MR 1.2** Usar herramientas, como objetos de manipuleo o bosquejos, para hacer modelos de problemas.

© Harcourt

Nombre _____

Más sobre mover figuras

Puedes mover tu caja de creyones si la trasladas.

Puedes hacer una **traslación**.

Usa figuras planas. Pon tu figura plana sobre la que se muestra. Trasládala a un lugar diferente. Traza la figura para mostrar el nuevo lugar. Dibuja el punto.

Explica lo que sabes ▪ Razonamiento
¿En qué se diferencia una traslación de un giro?
¿En qué se parece?

Capítulo 17 · Figuras planas   doscientos cincuenta y uno **251**

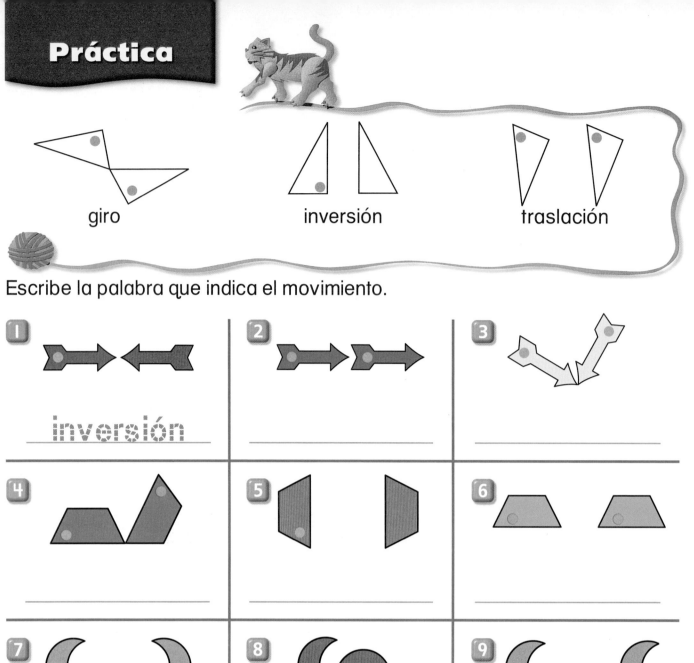

giro   inversión   traslación

Escribe la palabra que indica el movimiento.

1. inversión

2. _____

3. _____

4. _____

5. _____

6. _____

7. _____

8. _____

9. _____

Álgebra

Dibuja dos 🔷 más para continuar
el patrón más probable.

10.

ACTIVIDAD PARA LA CASA • Con su niño, armen un rompecabezas. Pídale que le diga con qué movimiento encajó cada pieza.

NORMAS DE CALIFORNIA ⚏ **MG 2.0** Los estudiantes identifican y describen los atributos de figuras comunes en el plano y de objetos comunes en el espacio. **MR 1.2** Usar herramientas, como objetos de manipuleo o bosquejos, para hacer modelos de problemas.

252 doscientos cincuenta y dos   Capítulo 17

© Harcourt

Nombre _____

COMPROBAR ■ Conceptos y destrezas

Colorea los triángulos. Tacha las figuras que no son triángulos.

1

Escribe cuántos lados y esquinas hay.

2
_____ lados

_____ esquinas

Dibuja un eje de simetría. Las dos partes serán congruentes.

3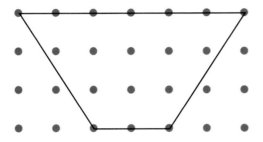

4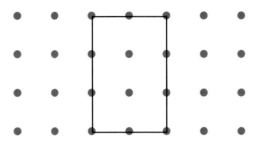

Usa figuras planas. Ponlas juntas para hacer una figura nueva. Dibújala. Escribe el nombre de la figura que hiciste.

5

_____

- - - - - - - - - - - - - - - - - - - -

_____

2 triángulos

Encierra en un círculo la palabra que indica el movimiento.

6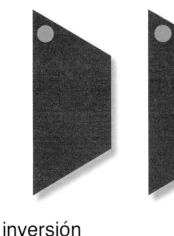

inversión   traslación

7

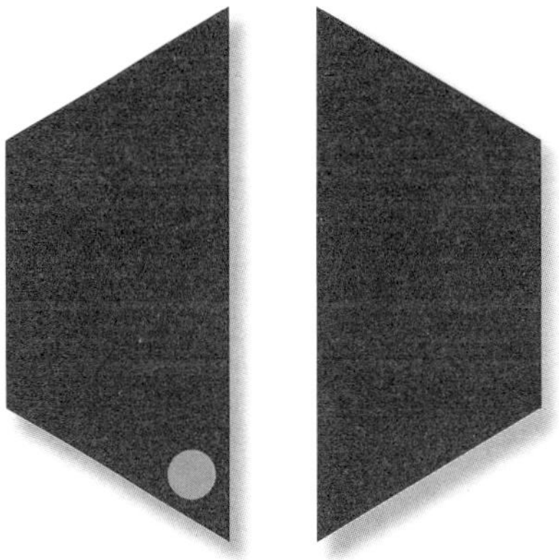

inversión   traslación

© Harcourt

Nombre _____

Elige la mejor respuesta.

1 ¿Cuál es un rectángulo?

   ○   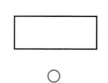   ○   ○   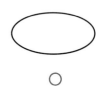   ○

2 ¿Qué figura tiene 4 lados y 4 esquinas?

   ○   ○      ○   ○

3 ¿Cuál muestra un eje de simetría?

   ○   ○   ○      ○

4 ¿Qué figura puede hacerse con dos triángulos?

   ○   ○   ○   ○

5 ¿Cuál muestra una inversión?

   ○   ○   ○   ○

6 Las figuras se repiten para formar un patrón. ¿Cuál es la siguiente figura?

 ?

   ○   ○   ○   ○

© Harcourt

Cuerpos geométricos

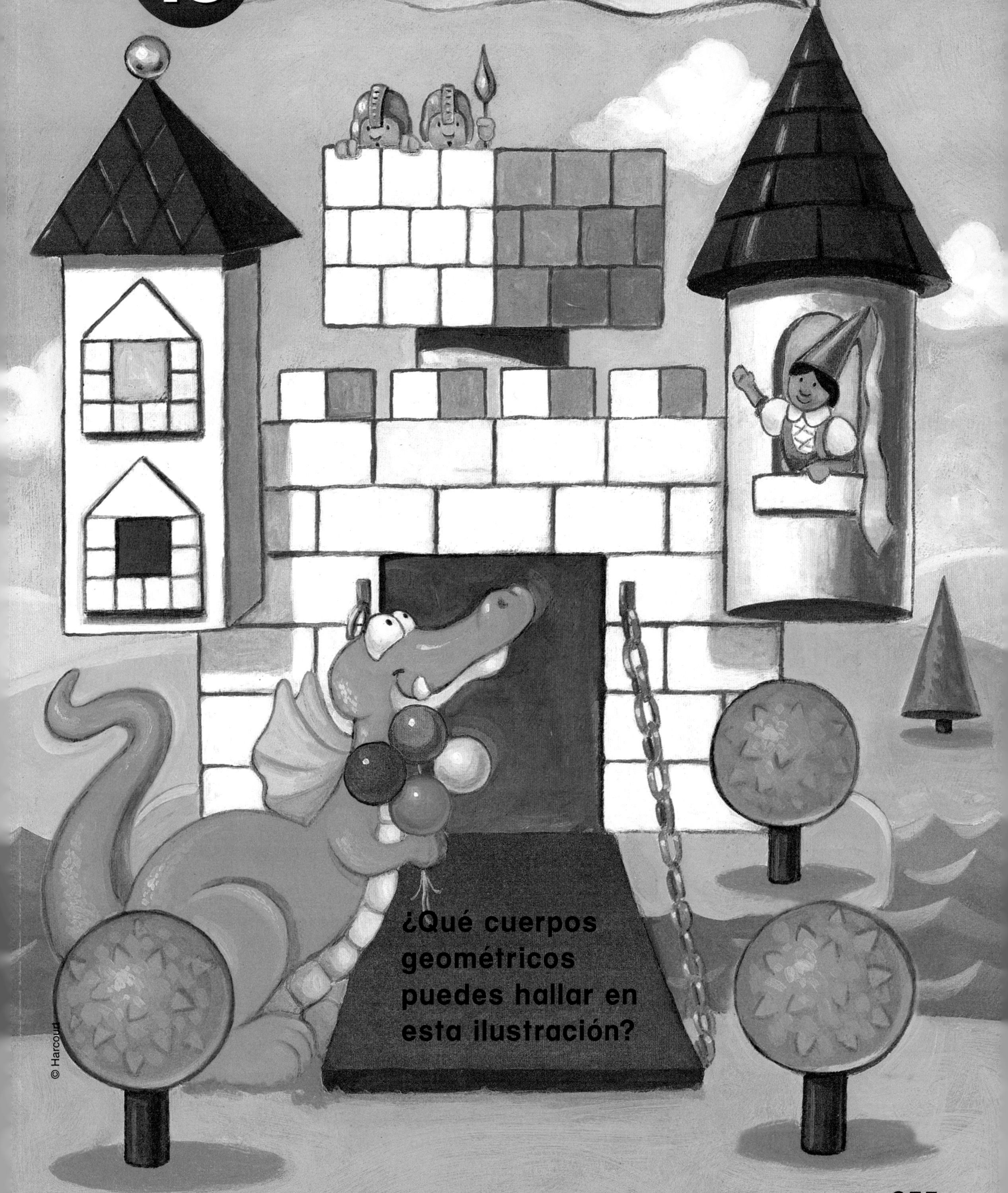

¿Qué cuerpos
geométricos
puedes hallar en
esta ilustración?

© Harcourt

Querida familia:
  Hoy comenzamos el Capítulo 18. Identificaremos y usaremos cuerpos geométricos. Aquí están el vocabulario nuevo y una actividad para hacer juntos en casa.

Con cariño,

_____

Mis palabras de matemáticas
prisma rectangular
esfera
cono
cilindro
pirámide
cubo

Vocabulario

prisma rectangular   **esfera**

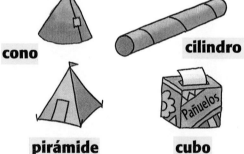

cono   **cilindro**

pirámide   **cubo**

ACTIVIDAD

Proponga un juego a su niño. Busque en la habitación un objeto que tenga la forma de un cuerpo geométrico. Dé a su niño claves sobre el objeto en el que está pensando. Su niño deberá nombrar el objeto y decir qué cuerpo geométrico es, usando el término matemático correcto.

Libros para compartir

Busque éstos u otros libros en la biblioteca local para leer con su niño acerca de la geometría.

The Goat in the Rug, por Charles L. Blood and Martin Link, Simon and Schuster, 1990.

Mi primer libro de formas, por Lydia Sharman, Editorial Molino, 1995.

Visita *The Learning Site* **para ideas adicionales y actividades.** www.harcourtschool.com

Éstos son **cuerpos geométricos**.

prisma rectangular   **esfera**   **cono**   **cilindro**   **cubo**   **pirámide**

Colorea los objetos que se parecen al cuerpo geométrico. Tacha los objetos que no se parecen.

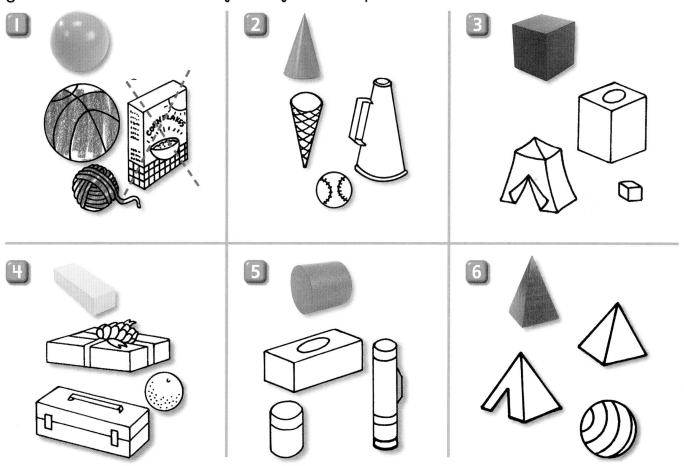

Explica lo que sabes ■ Razonamiento

¿Qué figuras pueden rodar si se colocan sobre una mesa? ¿Depende de la forma en que se coloquen sobre la mesa? Explica tu respuesta.

Práctica

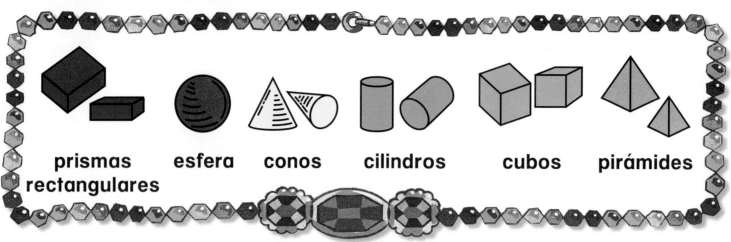

prismas rectangulares   esfera   conos   cilindros   cubos   pirámides

Colorea las figuras que tienen la misma forma.

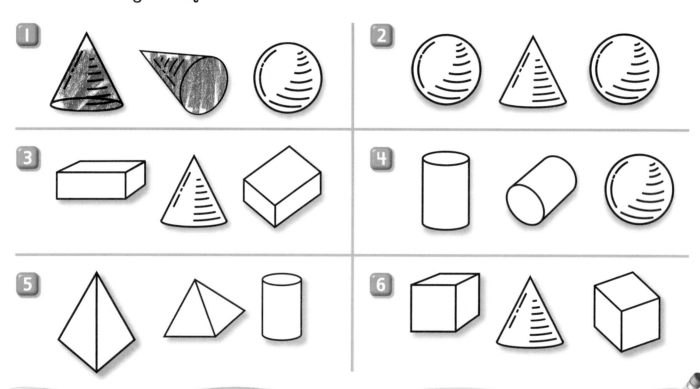

Resolver problemas ▪ Razonamiento

7 ¿Son todos los cubos también prismas rectangulares? ¿Son también cubos todos los prismas rectangulares? Dibuja ejemplos. Explica tu razonamiento.

ACTIVIDAD PARA LA CASA • Pida a su niño que señale objetos cuyas formas sean como los cuerpos geométricos que ha aprendido.

NORMAS DE CALIFORNIA ○╌ MG 2.0 Los estudiantes identifican y describen los atributos de figuras comunes en el plano y de objetos comunes en el espacio. *también* MR 2.1, MR 3.0, ○╌ MG 2.1

© Harcourt

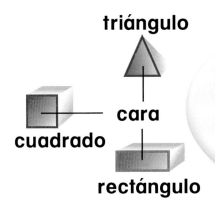
triángulo
cara
cuadrado
rectángulo

Las **caras** de algunos cuerpos geométricos son figuras planas. Una cara es una superficie plana de un cuerpo geométrico.

Usa figuras. Traza las caras. Encierra en un círculo la figura plana que puedas trazar en el cuerpo geométrico. Escribe el nombre de la figura plana.

      rectángulo

2   _____

3     _____

4    _____

5   _____

© Harcourt

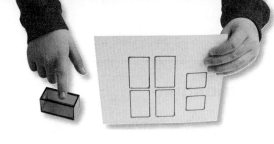

Práctica

Mira las caras de cada cuerpo geométrico. Encierra en un círculo el cuerpo geométrico que puedes usar para trazar las figuras.

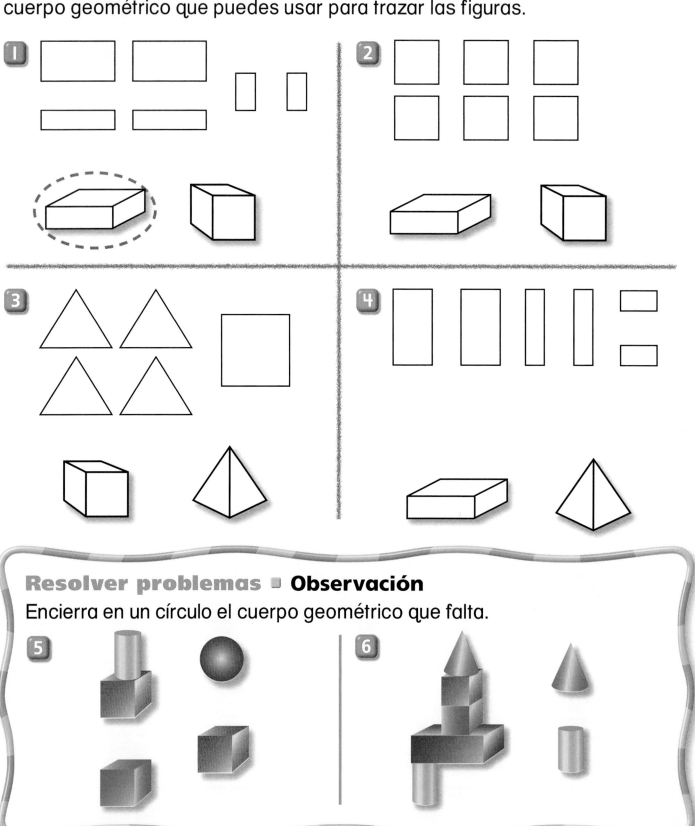

Resolver problemas ▪ Observación

Encierra en un círculo el cuerpo geométrico que falta.

ACTIVIDAD PARA LA CASA • Reúna objetos cuyas formas sean similares a los cuerpos geométricos que su niño conoce. Pídale que trace el contorno de las caras y nombre las figuras planas.

NORMAS DE CALIFORNIA ⚬━ MG 2.0 Los estudiantes identifican y describen los atributos de figuras comunes en el plano y de objetos comunes en el espacio. ⚬━ MG 2.1 Describir y clasificar figuras geométricas planas y sólidas (p.ej., círculo, triángulo, cuadrado, rectángulo, esfera, pirámide, cubo, prisma rectangular) según el número y la forma de las caras, las aristas y las esquinas.

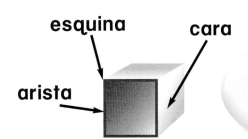

esquina   cara

arista

> Una cara es una superficie plana de un cuerpo geométrico. Una **arista** es donde se unen dos caras. Una esquina es donde se unen dos aristas.

Usa cuerpos geométricos.
Clasifícalos según el número de caras, aristas y esquinas. Colorea las figuras correctas.

1 0 caras, 0 aristas, 0 esquinas

2 6 caras, 12 aristas, 8 esquinas

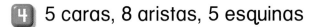

3 6 caras, 12 aristas, 8 esquinas

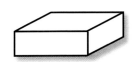

4 5 caras, 8 aristas, 5 esquinas

Explica lo que sabes ▪ Razonamiento

¿En qué se parecen el cubo y el prisma rectangular? ¿En qué se diferencian?

Completa la tabla. Escribe cuántos hay.

Cuerpo geométrico	Número de caras	Número de aristas	Número de esquinas
1 cubo	_6_ caras	_____ aristas	_____ esquinas
2 esfera	_____ caras	_____ aristas	_____ esquinas
3 pirámide	_____ caras	_____ aristas	_____ esquinas
4 prisma rectangular	_____ caras	_____ aristas	_____ esquinas

Resolver problemas ▪ **Razonamiento**

5 ¿Cuántas caras del cubo son cuadrados?

_____

6 ¿Cuántas caras de la pirámide son cuadrados?

_____

7 ¿Cuántas caras de la pirámide son triángulos?

_____

ACTIVIDAD PARA LA CASA • Reúna objetos de su casa cuyas formas sean cuerpos geométricos. Pida a su niño que tome cada objeto, nombre la figura y cuente cuántas caras, aristas y esquinas tiene.

NORMAS DE CALIFORNIA ⚬━ MG 2.1 Describir y clasificar figuras geométricas planas y sólidas (p.ej., círculo, triángulo, cuadrado, rectángulo, esfera, pirámide, cubo, prisma rectangular) según el número y la forma de las caras, las aristas y las esquinas. *también* MR 1.2, MG 2.1, ⚬━ MG 2.0

© Harcourt

Nombre _____

Comprende | Planea | Resuelve | Comprueba

Quieres hacer este modelo.
Aproximadamente, ¿cuántos crees
que necesitas?

Estima: aproximadamente _____ cubos

Construye el modelo. ¿Cuántos usaste?

Cuenta: __10__ cubos

Estima el número de . Después construye el
modelo. Escribe cuántos usaste.

1

Estima: aproximadamente ___ cubos

Cuenta: ___ cubos

2

Estima: aproximadamente ___ cubos

Cuenta: ___ cubos

3

Estima: aproximadamente ___ cubos

Cuenta: ___ cubos

4

Estima: aproximadamente ___ cubos

Cuenta: ___ cubos

Capítulo 18 • Cuerpos geométricos

Práctica

Estima el número de . Después construye el modelo. Escribe cuántos usaste.

1

Estima: aproximadamente ___ cubos

Cuenta: __12__ cubos

2

Estima: aproximadamente ___ cubos

Cuenta: ____ cubos

3

Estima: aproximadamente ___ cubos

Cuenta: ____ cubos

4

Estima: aproximadamente ___ cubos

Cuenta: ____ cubos

5

Estima: aproximadamente ___ cubos

Cuenta: ____ cubos

6

Estima: aproximadamente ___ cubos

Cuenta: ____ cubos

Por escrito

Observa el modelo del ejercicio 3. Explica cómo estimaste cuántos cubos necesitabas para construir el modelo.

ACTIVIDAD PARA LA CASA • Pida a su niño que haga un modelo con cubos interconectables o bloques. Pídale que estime y luego cuente el número de partes de cada modelo.

NORMAS DE CALIFORNIA MR 1.2 Usar herramientas, como objetos de manipuleo o bosquejos, para hacer modelos de problemas. *también* O—π MG 2.2

© Harcourt

Nombre _____

COMPROBAR ▪ Conceptos y destrezas

Colorea los objetos que se parecen al cuerpo geométrico.
Tacha los objetos que no se parecen.

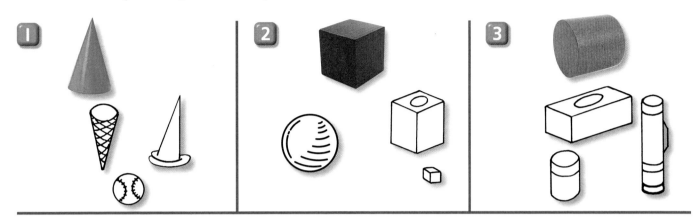

Encierra en un círculo la figura plana que puedas trazar en el cuerpo geométrico.

4

   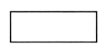

Usa cuerpos geométricos.
Clasifícalos según el número de caras, aristas y esquinas.
Colorea las figuras correctas.

5 0 caras, 0 aristas, 0 esquinas

6 5 caras, 8 aristas, 5 esquinas

 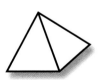

COMPROBAR ▪ Resolver problemas

7 Estima el número de ▪.
Después construye el modelo. Escribe cuántos ▪ usaste.

Estima:
aproximadamente ____ cubos

Cuenta: ____ cubos

Nombre _____

Elige la mejor respuesta.

1 ¿Cuál objeto se parece a la forma de este cuerpo geométrico?

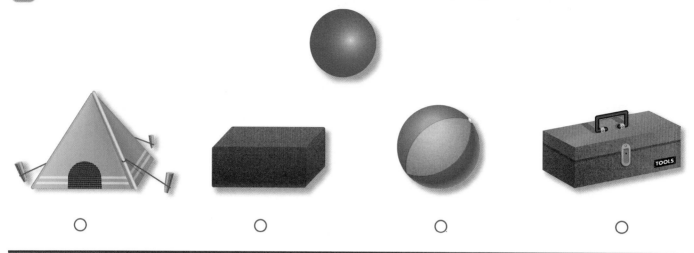

○   ○   ○   ○

2 ¿Cuál forma es una cara de este cuerpo geométrico?

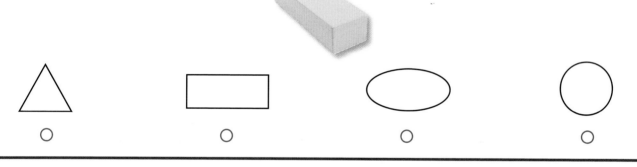

○   ○   ○   ○

3 ¿Cuál cuerpo geométrico tiene 2 caras, 0 aristas y 0 esquinas?

○   ○   ○   ○

4 ¿Cuántos 🎲 necesitas para hacer este modelo?

5   6   8   9
○   ○   ○   ○

5 ¿Cuál número es par?

3   5   7   12
○   ○   ○   ○

© Harcourt

Longitud

¿Cuánto miden de largo los dinosaurios de esta ilustración? Usa una cuerda y una regla para averiguarlo.

© Harcourt

LA ESCUELA Y LA CASA

Querida familia:

Hoy comenzamos el Capítulo 19. Estudiaremos maneras de medir la longitud. Aquí están el vocabulario nuevo y una actividad para hacer juntos en casa.

Con cariño,

_____

Mis palabras de matemáticas

pulgada
pie
centímetro
metro

Vocabulario

pulgada Unidad para medir objetos cortos. Un clip mide aproximadamente 1 pulgada de largo.

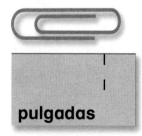

pulgadas

pie Unidad para medir objetos más largos. Una hoja de cuaderno mide aproximadamente 1 pie de largo.

centímetro Unidad para medir objetos cortos. Tu dedo mide aproximadamente 1 cm de ancho.

metro Unidad para medir objetos más largos. Tus brazos abiertos miden aproximadamente 1 metro de ancho.

 Visita The Learning Site para ideas adicionales y actividades. www.harcourtschool.com

ACTIVIDAD

Pida a su niño que practique medir longitudes hallando la altura de cada miembro de la familia. Primero, con una regla o cinta métrica mida la altura de su niño en pulgadas. Anote la medida. Después, ayude a su niño a medir a otros miembros de la familia, comenzando por usted, y las mascotas, y a anotar la altura.

Libros para compartir

Busque éstos u otros libros en la biblioteca local para leer con su niño acerca de medidas.

Measuring Penny, por Loreen Leedy, Henry Holt, 1998.

Los dinosaurios gigantes, por Erna Rowe, Scholastic, 1979.

 © Harcourt

Capítulo 19

Nombre _____

Mide el hueso con un clip grande.
Aproximadamente, ¿cuántos clips mide de largo?
Mídelo nuevamente con un clip pequeño.
Aproximadamente, ¿cuántos clips mide de largo?

1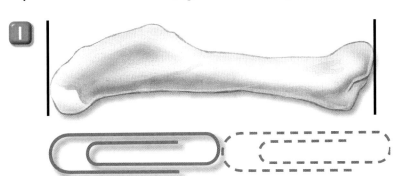

aproximadamente

__2__ clips grandes

aproximadamente

__3__ clips pequeños

2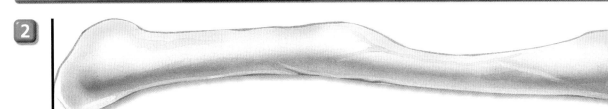

aproximadamente _____ clips grandes

aproximadamente _____ clips pequeños

3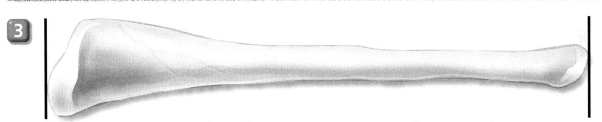

aproximadamente _____ clips grandes

aproximadamente _____ clips pequeños

4

aproximadamente _____ clips grandes

aproximadamente _____ clips pequeños

© Harcourt

Explica lo que sabes ▪ Razonamiento

¿Por qué el número es mayor cuando
mides con clips pequeños?

Aproximadamente, ¿cuántos clips pequeños mide de largo el hueso? Predice. Después mídelo con un clip pequeño para comprobar.

1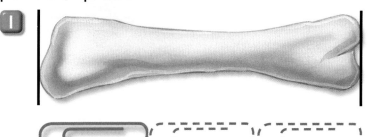

Predice: aproximadamente

_____ 3 _____ clips pequeños

Comprueba: aproximadamente

_____ 3 _____ clips pequeños

2

Predice: aproximadamente _____ clips pequeños

Comprueba: aproximadamente _____ clips pequeños

3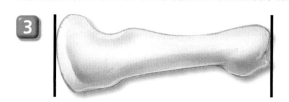

Predice: aproximadamente _____ clips pequeños

Comprueba: aproximadamente _____ clips pequeños

4

Predice: aproximadamente _____ clips pequeños

Comprueba: aproximadamente _____ clips pequeños

© Harcourt

🏠 **ACTIVIDAD PARA LA CASA •** Pida a su niño que use otros objetos pequeños similares para medir cada hueso de dinosaurio.

📏 **NORMAS DE CALIFORNIA** MG 1.1 Medir la longitud de objetos usando repetidamente unidades estándar u otros objetos. MG 1.2 Usar diferentes unidades para medir el mismo objeto y predecir si la medida será mayor o menor al usar una unidad diferente. *también* MR 1.2, MR 3.0, MG 1.0

Medir a la pulgada más próxima

pulgadas | 2 | 3

El lápiz mide un poquito menos de 3 pulgadas de largo. 3 es la **pulgada** más próxima.

aproximadamente __3__ pulgadas

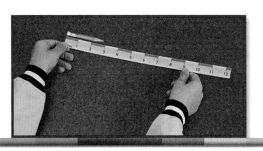

Coloca la regla correctamente. Usa una regla en pulgadas.
Escribe la longitud de la herramienta.

1

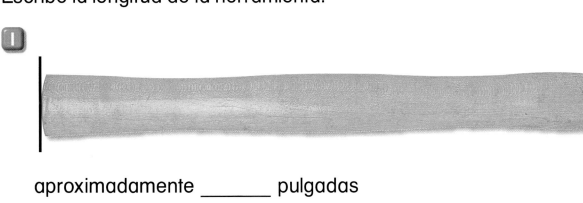

aproximadamente _____ pulgadas

2

aproximadamente

_____ pulgadas

3

aproximadamente

_____ pulgadas

4

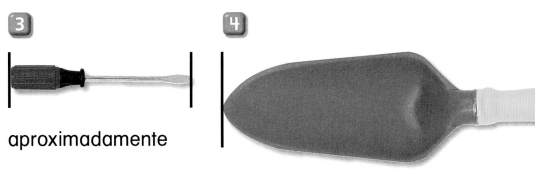

aproximadamente _____ pulgadas

Explica lo que sabes ▪ Razonamiento

¿Cómo sabes cuál es la pulgada más próxima?

© Harcourt

Práctica

Trabaja con un compañero.
Usa una regla en pulgadas para medir.

Mis medidas

1 dedo meñique

aproximadamente

_____ pulgadas

2 pulgar

aproximadamente

_____ pulgadas

3 oreja

aproximadamente

_____ pulgadas

4 mano

aproximadamente

_____ pulgadas

5 del talón a
la punta
del pie

aproximadamente

_____ pulgadas

6 del codo a la muñeca

aproximadamente

_____ pulgadas

Resolver problemas ▪ **Sentido numerico**

Halla dos objetos en el salón de clase que midan
aproximadamente 5 y 10 pulgadas. Dibuja los objetos.

7 aproximadamente 5 pulgadas

8 aproximadamente 10 pulgadas

 ACTIVIDAD PARA LA CASA • Pida a su niño que use una regla en pulgadas, para medir objetos
pequeños a la pulgada más próxima.

NORMAS DE CALIFORNIA ⊙⊓ **MG 1.3** Medir la longitud de un objeto a la pulgada y/o centímetro más
próximos. **MG 1.0** Los estudiantes comprenden que se mide identificando una unidad de medida, diciendo
(repitiendo) la unidad y comparándola con el objeto que se va a medir. *también* **MR 1.2**

© Harcourt

Mide objetos cortos en pulgadas.

Mide objetos más largos en **pies**.

Un clip pequeño mide aproximadamente 1 pulgada de largo.

Un martillo mide aproximadamente 1 pie de largo. 1 pie tiene 12 pulgadas.

Aproximadamente, ¿cuánto mide de largo o de alto el objeto real? Estima. Después mídelo con una regla en pulgadas.

objeto	estimación	medida
1	aproximadamente **2** pulgadas	aproximadamente **2** pulgadas
2	aproximadamente _____ pies	aproximadamente _____ pies
3	aproximadamente _____ pies	aproximadamente _____ pies
4	aproximadamente _____ pulgadas	aproximadamente _____ pulgadas

Explica lo que sabes ▪ Razonamiento

¿Cómo usas la regla en pulgadas para medir en pies? Explica tu respuesta.

© Harcourt

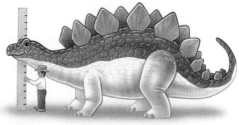

Práctica

Aproximadamente, ¿cuánto mide de largo o de alto el objeto real? Encierra en un círculo la estimación más próxima.

1
(aproximadamente 9 pulgadas)

aproximadamente 9 pies

2
aproximadamente 2 pulgadas

aproximadamente 2 pies

3
aproximadamente 1 pulgada

aproximadamente 1 pie

4
aproximadamente 4 pulgadas

aproximadamente 4 pies

5
aproximadamente 5 pulgadas

aproximadamente 5 pies

6
aproximadamente 4 pulgadas

aproximadamente 4 pies

7
aproximadamente 6 pulgadas

aproximadamente 6 pies

8
aproximadamente 6 pulgadas

aproximadamente 6 pies

Repaso mixto
Escribe la cantidad.

9

_____ ¢

© Harcourt

🏠 **ACTIVIDAD PARA LA CASA** • Pida a su niño que estime la longitud de distintos objetos de la casa.

📏 **NORMAS DE CALIFORNIA** NS 6.1 Reconocer cuando una estimación es razonable en una medición (p.ej. la pulgada más próxima). MG 1.0 Los estudiantes comprenden que se mide identificando una unidad de medida, diciendo (repitiendo) la unidad y comparándola con el objeto que se va a medir. *también* MR 1.0, MR 1.2, 0━┓ MG 1.3

Nombre _____

Mide objetos cortos en **centímetros**.

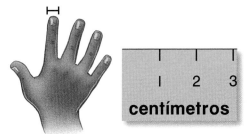

centímetros

Tu dedo mide aproximadamente
1 centímetro de ancho.

Mide objetos largos en **metros**.

Tus brazos abiertos miden
aproximadamente 1 metro de ancho.
1 metro tiene 100 centímetros.

Aproximadamente, ¿cuánto mide de largo o de
alto el objeto real? Estima. Después mídelo.

objeto	estimación	medida
1	aproximadamente _____ centímetros	aproximadamente _10_ centímetros
2	aproximadamente _____ metros	aproximadamente _____ metros
3	aproximadamente _____ centímetros	aproximadamente _____ centímetros

Explica lo que sabes ▪ Razonamiento

¿Cómo cambiarían tus medidas si usaras una regla
en pulgadas? Explica tu respuesta.

Práctica

¿Qué unidad usarías para medir el objeto?
Encierra en un círculo la mejor unidad de medida.

(centímetros)

metros

centímetros

metros

centímetros

metros

centímetros

metros

centímetros

metros

centímetros

metros

Resolver problemas ▪ Aplicaciones

Usa una regla en centímetros.
Dibuja una línea. Comienza la línea en el punto.

7 5 centímetros ●

8 10 centímetros ●

9 3 centímetros ●

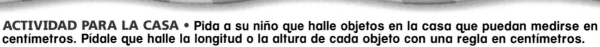

ACTIVIDAD PARA LA CASA • Pida a su niño que halle objetos en la casa que puedan medirse en centímetros. Pídale que halle la longitud o la altura de cada objeto con una regla en centímetros.

NORMAS DE CALIFORNIA MG 1.0 Los estudiantes comprenden que se mide identificando una unidad de medida, diciendo (repitiendo) la unidad y comparándola con el objeto que se va a medir. *también* MR 1.2, ⊶ MG 1.3

Usa una regla en centímetros para medir cada lado.
Escribe cuántos centímetros mide. Suma para
hallar el perímetro de la figura.

La suma de los lados
de una figura se llama
perimetro.

1

$$\underline{4} + \underline{2} + \underline{4} + \underline{2} = \underline{12} \text{ centímetros}$$

2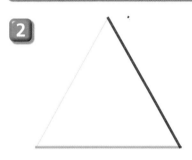

$$\underline{} + \underline{} + \underline{} = \underline{} \text{ centímetros}$$

3

$$\underline{} + \underline{} + \underline{} + \underline{} = \underline{} \text{ centímetros}$$

4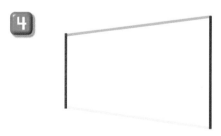

$$\underline{} + \underline{} + \underline{} + \underline{} = \underline{} \text{ centímetros}$$

Explica lo que sabes ▪ **Razonamiento**

¿Cómo es posible que dos figuras sean
diferentes y tengan el mismo perímetro?

Práctica

Mide cada lado.
Escribe cuántos centímetros tiene.
Suma para hallar el perímetro.

1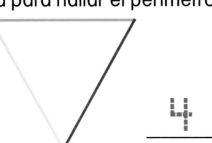

$$\underline{4} + \underline{4} + \underline{4} = \underline{12} \text{ centímetros}$$

2

$$\underline{} + \underline{} + \underline{} + \underline{} = \underline{} \text{ centímetros}$$

3

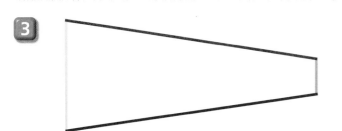

$$\underline{} + \underline{} + \underline{} + \underline{} = \underline{} \text{ centímetros}$$

Resolver problemas • Observación

4 Dibuja una figura diferente que tenga el mismo perimetro.

ACTIVIDAD PARA LA CASA • Pida a su niño que mida la longitud de cada lado de una mesa pequeña. Después pídale que sume las longitudes para hallar el perímetro.

NORMAS DE CALIFORNIA MG 1.0 Los estudiantes comprenden que se mide identificando una unidad de medida, diciendo (repitiendo) la unidad y comparándola con el objeto que se va a medir. MG 1.3 Medir la longitud de un objeto a la pulgada y/o centímetro más próximos. *también* MR 1.2, MR 2.2

Nombre _____

Comprende   Planea   Resuelve   Comprueba

Dee tiene un dinosaurio de juguete.
Aproximadamente, ¿cuánto mide de largo?
Encierra en un círculo la estimación más razonable.

Una estimación es razonable si tiene sentido.

Observa la longitud de una pulgada. Estima cuántas pulgadas cubrirían la longitud del dinosaurio.

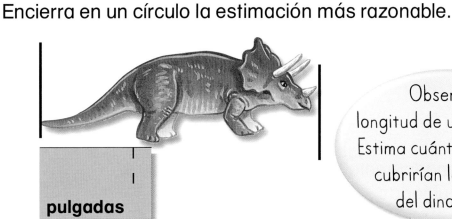

pulgadas

aproximadamente
3 pulgadas

aproximadamente
5 pulgadas

aproximadamente
7 pulgadas

Aproximadamente, ¿cuánto mide de largo el dinosaurio de juguete? Encierra en un círculo la estimación más razonable.

1

pulgadas

aproximadamente
2 pulgadas

aproximadamente
4 pulgadas

aproximadamente
6 pulgadas

 2

pulgadas

aproximadamente
2 pulgadas

aproximadamente
3 pulgadas

aproximadamente
5 pulgadas

© Harcourt

Práctica

Aproximadamente, ¿cuánto mide de largo el dinosaurio de juguete? Encierra en un círculo la estimación más razonable.

1

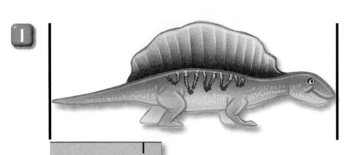

pulgadas

aproximadamente
(3 pulgadas)   aproximadamente
6 pulgadas   aproximadamente
10 pulgadas

2

pulgadas

aproximadamente
2 pulgadas   aproximadamente
6 pulgadas   aproximadamente
8 pulgadas

3

pulgadas

aproximadamente
2 pulgadas   aproximadamente
4 pulgadas   aproximadamente
7 pulgadas

 Diario

Por escrito

¿Cuándo podrías necesitar estimar la longitud?
Escribe un cuento sobre eso.

© Harcourt

 ACTIVIDAD PARA LA CASA • Pida a su niño que estime la longitud de distintos objetos de la casa. Sugiérale que sostenga un trozo de cuerda de una pulgada de largo en un extremo del objeto para hacer la estimación.

 NORMAS DE CALIFORNIA NS 6.1 Reconocer cuando una estimación es razonable en una medición (p.ej. la pulgada más próxima). *también* MG 1.0

Nombre _____

COMPROBAR ▪ Conceptos y destrezas

Aproximadamente, ¿cuántos clips mide de largo el hueso?

1

aproximadamente   aproximadamente

_____ clips grandes   _____ clips pequeños

Usa una regla en pulgadas. Escribe la longitud.

2

aproximadamente _____ pulgadas

3

aproximadamente _____ pulgadas

Encierra en un círculo la mejor unidad de medida.

4    centímetros

metros

5   centímetros

metros

Usa una regla en centímetros para medir cada lado.
Escribe cuántos centímetros tiene. Suma para hallar el perímetro.

6

_____ + _____ + _____ = _____ centímetros

COMPROBAR ▪ Resolver problemas

Aproximadamente, ¿cuánto mide de largo la cinta? Encierra en un círculo la estimación más razonable.

pulgadas

7 aproximadamente
3 pulgadas

aproximadamente
5 pulgadas

aproximadamente
9 pulgadas

© Harcourt

Nombre _____

Elige la mejor respuesta.

1 Aproximadamente, ¿cuántos clips mide de largo el cordón?

3	4	5	6
○	○	○	○

2 Aproximadamente, ¿cuánto mide de largo la oruga?

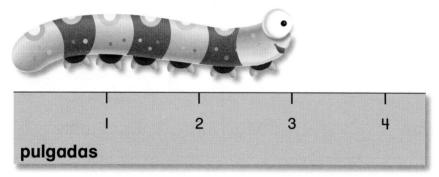

1 pulgada	2 pulgadas	3 pulgadas	4 pulgadas
○	○	○	○

3 ¿Qué objeto puede medir 7 pies de alto?

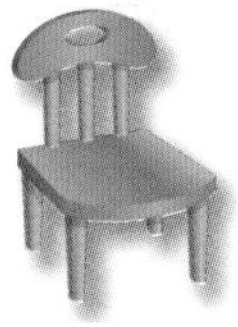

○	○	○	○

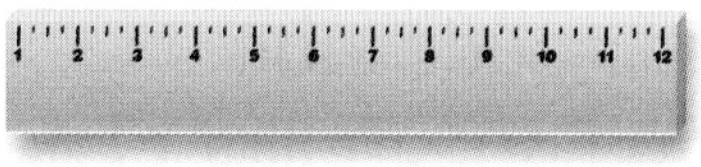

4 ¿Cuál es el perímetro de la figura?

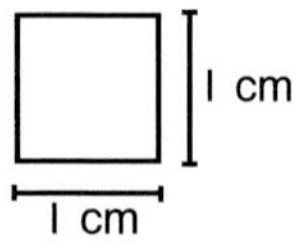

1 cm
1 cm

4 centímetros   1 centímetro
○   ○

4 pulgadas   1 pie
○   ○

5 ¿Qué número es menor que 31?

35   37
○   ○

53   30
○   ○

© Harcourt

Capacidad, peso y temperatura

CAPÍTULO 20

¿Qué instrumentos de medida ves?
¿Qué medirías con cada uno?

LA ESCUELA Y LA CASA

Querida familia:

Hoy comenzamos el Capítulo 20. Comenzaremos a medir cuánto contienen las cosas, cuánto pesan las cosas y qué tanto calor o frío hace. Aquí están el vocabulario nuevo y una actividad para hacer juntos en casa.

Con cariño,

_____

Mis palabras de matemáticas

taza
pinta
cuarto
litro
masa
peso

Vocabulario

Unidades que se usan para medir cuánto puede contener un recipiente:	
taza	1 pinta contiene 2 tazas
pinta	1 cuarto contiene 2 pintas
cuarto	1 cuarto contiene 4 tazas o 2 pintas
litro	1 litro es un poco más que un cuarto

masa — cantidad de materia que tiene un objeto

peso — medida de la fuerza de gravedad sobre un objeto

**Visita *The Learning Site* para ideas adicionales y actividades.
www.harcourtschool.com**

ACTIVIDAD

Busque en la tienda un artículo que pese 1 libra. Déselo a su niño para que lo sostenga y se forme una idea del peso. Después pídale que elija otros 10 artículos y estime su peso en libras. Compruebe sus estimaciones leyendo el peso en las etiquetas.

Libros para compartir

Busque éstos u otros libros en la biblioteca local para leer con su niño acerca de medidas.

How Big Were the Dinosaurs?, por Bernard Most, Harcourt, Brace & Company, 1994.

Miguel y el pastel, por Maribel Suárez, Editorial Grijalbo, 1992.

© Harcourt

I **taza**   I **pinta**   I **cuarto**

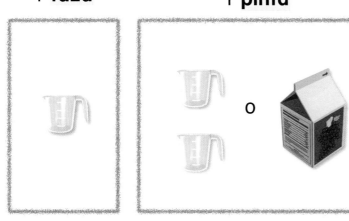

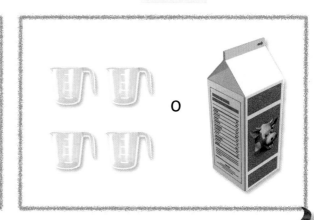

2 tazas = I pinta   4 tazas = I cuarto

¿Cuántas tazas llenarán el recipiente?
Mide con agua.

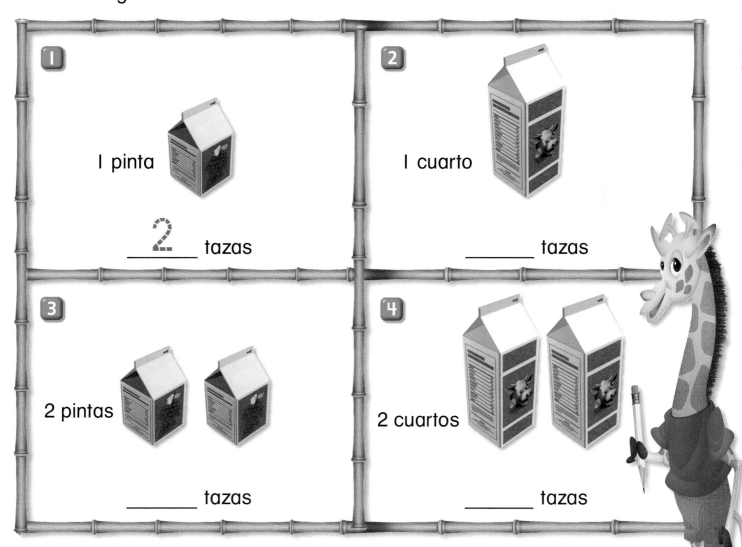

1   I pinta   _____2_____ tazas

2   I cuarto   _____ tazas

3   2 pintas   _____ tazas

4   2 cuartos   _____ tazas

Explica lo que sabes ▪ Razonamiento

¿Es I cuarto igual a 2 pintas? ¿Cómo lo sabes?

Aproximadamente, ¿cuánto contiene el recipiente? Encierra en un círculo la estimación razonable.

 taza   **pinta**   **cuarto**

1

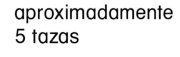 aproximadamente 8 cuartos

aproximadamente 50 cuartos

2

aproximadamente 2 pintas

aproximadamente 30 pintas

3

aproximadamente 5 tazas

aproximadamente 60 tazas

4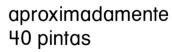

aproximadamente 5 cuartos

aproximadamente 80 cuartos

5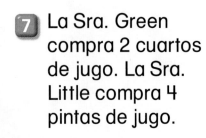

aproximadamente 3 cuartos

aproximadamente 13 cuartos

6

aproximadamente 4 pintas

aproximadamente 40 pintas

Resolver problemas ▪ Aplicaciones

Encierra en un círculo el enunciado correcto.

7 La Sra. Green compra 2 cuartos de jugo. La Sra. Little compra 4 pintas de jugo.

a. La Sra. Little tiene más jugo.

b. La Sra. Little y la Sra. Green tienen la misma cantidad.

 ACTIVIDAD PARA LA CASA • Pida a su niño que use una taza graduada para hallar recipientes que puedan contener la misma cantidad de agua.

NORMAS DE CALIFORNIA MG 1.2 Usar diferentes unidades para medir el mismo objeto y predecir si la medida será mayor o menor al usar una unidad diferente. MG 1.0 Los estudiantes comprenden que se mide identificando una unidad de medida, diciendo (repitiendo) la unidad y comparándola con el objeto que se va a medir. *también* MR 1.2

 Un **litro** es un poco más que un cuarto.

menos que 1 litro   **1 litro**   **más que 1 litro**

Aproximadamente, ¿cuánto contiene el recipiente?
Estima más que, menos que o igual que 1 litro.
Escribe más que, menos que o igual que.

1

_____
m̲á̲s̲ ̲q̲u̲e̲ 1 litro

2

_____
_____ 1 litro

3

_____
_____ 1 litro

4

_____
_____ 1 litro

Explica lo que sabes ▪ Razonamiento

¿Cómo puedes usar un recipiente de 1 litro y arena para averiguar si otro recipiente puede contener más o menos que 1 litro?

Aproximadamente, ¿cuánto contiene el recipiente?
Encierra en un círculo la estimación razonable.

1  (aproximadamente 2 litros)

aproximadamente 20 litros

2  aproximadamente 1 litro

aproximadamente 10 litros

3  aproximadamente 10 litros

aproximadamente 60 litros

4  aproximadamente 1 litro

aproximadamente 10 litros

5  aproximadamente 5 litros

aproximadamente 20 litros

6  aproximadamente 9 litros

aproximadamente 90 litros

Repaso mixto

7 Traza las líneas. Encierra en un círculo el nombre de las figuras que formaste.

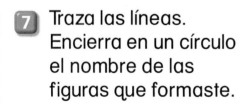

cuadrados

triángulos

rectángulos

ACTIVIDAD PARA LA CASA • Pida a su niño que halle recipientes que, según el niño estime, contengan más que 1 litro, menos que 1 litro y 1 litro. Después pídale que compruebe sus estimaciones llenando un recipiente de 1 litro con agua y vertiendo el agua en los demás recipientes.

NORMAS DE CALIFORNIA MG 1.0 Los estudiantes comprenden que se mide identificando una unidad de medida, diciendo (repitiendo) la unidad y comparándola con el objeto que se va a medir. *también* MR 1.2, MR 3.0, MG 1.2

© Harcourt

Nombre _____

aproximadamente
1 **onza**

aproximadamente
1 **libra**

Estima cuánto pesa el objeto real.

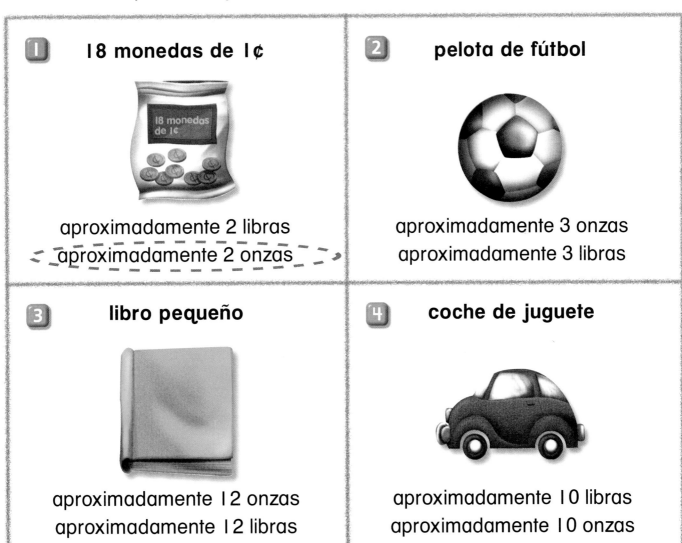

1 18 monedas de 1¢

aproximadamente 2 libras
aproximadamente 2 onzas

2 pelota de fútbol

aproximadamente 3 onzas
aproximadamente 3 libras

3 libro pequeño

aproximadamente 12 onzas
aproximadamente 12 libras

4 coche de juguete

aproximadamente 10 libras
aproximadamente 10 onzas

© Harcourt

Explica lo que sabes ▪ Razonamiento

¿Son siempre pesados los objetos grandes? Explica tu respuesta.

Capítulo 20 • Capacidad, peso y temperatura

doscientos ochenta y nueve **289**

Estima cuánto pesa el objeto real.

1

aproximadamente
50 libras

aproximadamente
5 onzas

2

aproximadamente
9 onzas

aproximadamente
9 libras

3

aproximadamente
10 libras

aproximadamente
10 onzas

4

aproximadamente
8 onzas

aproximadamente
8 libras

5

aproximadamente
1 libra

aproximadamente
1 onza

6

aproximadamente
2 onzas

aproximadamente
2 libras

Resolver problemas ▪ Cálculo mental

Resuelve.

7 Latrice tiene un perro que pesa
12 libras. El perro de su amiga
pesa 20 libras más. ¿Cuántas
libras pesan en total los dos
perros?

_____ libras

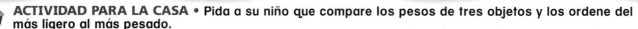

Nombre _____

l gramo

l kilogramo

¿Cuál es la masa del objeto real?
Estima. Después mide con una balanza.

objetos	estimación	medida
1  bolígrafo	aproximadamente **5** _____ gramos	aproximadamente ___ gramos
2  mochila	aproximadamente ___ kilogramos	aproximadamente ___ kilogramos
3  moneda de 25¢	aproximadamente ___ gramos	aproximadamente ___ gramos
4  bloques de madera	aproximadamente ___ kilogramos	aproximadamente ___ kilogramos

© Harcourt

Explica lo que sabes ▪ Razonamiento

Aproximadamente, ¿cuántos clips tendrían una masa de l kilogramo?
Explica tu respuesta.

Práctica

¿Qué unidad usarías para medir la masa?
Encierra en un círculo esa unidad de medida.

1

(gramos)

litros

centímetros

2

centímetros

kilogramos

gramos

3

litros

metros

gramos

4

centímetros

gramos

kilogramos

5

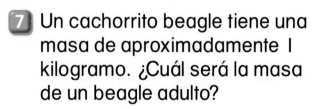

gramos

kilogramos

metros

6

gramos

metros

litros

Resolver problemas ▪ Razonamiento

Encierra en un círculo la respuesta razonable:

7 Un cachorrito beagle tiene una masa de aproximadamente 1 kilogramo. ¿Cuál será la masa de un beagle adulto?

100 kilogramos   20 kilogramos

8 Un pichón petirrojo tiene una masa de aproximadamente 7 gramos. ¿Cuál será la masa de un petirrojo adulto?

20 gramos   800 gramos

© Harcourt

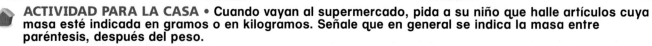

ACTIVIDAD PARA LA CASA • Cuando vayan al supermercado, pida a su niño que halle artículos cuya masa esté indicada en gramos o en kilogramos. Señale que en general se indica la masa entre paréntesis, después del peso.

NORMAS DE CALIFORNIA MG 1.0 Los estudiantes comprenden que se mide identificando una unidad de medida, diciendo (repitiendo) la unidad y comparándola con el objeto que se va a medir. *también* MR 1.1, MR 1.2, MG 1.2

Nombre _____

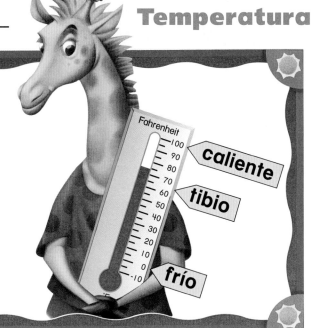

Usamos un termómetro para medir la **temperatura**.

Decimos 75 grados Fahrenheit.

Escribimos 75°F.

Lee el termómetro.
Escribe la temperatura.

1 **invierno**

__30__ °F

2 **primavera**
 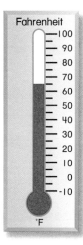

_____ °F

3 **verano**

_____ °F

4 **otoño**

_____ °F

Explica lo que sabes ▪ Razonamiento

¿Qué temperatura crees que muestra hoy un termómetro que está afuera?

Lee la temperatura.
Usa un creyón rojo para colorear el termómetro y mostrar la temperatura.

1 80°F

2 25°F

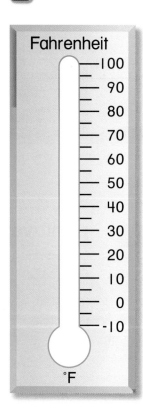

3 40°F

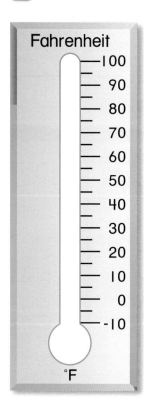

4 95°F

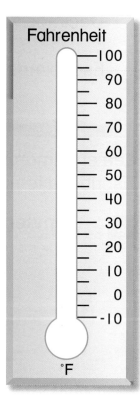

Resolver problemas ▪ Observación

Un termómetro es como una recta numérica. Usa creyones para encerrar en un círculo las temperaturas en la recta numérica.

5 más caliente

6 más frío

7 temperatura exterior favorita

8 temperatura interior favorita

0   10   20   30   40   50   60   70   80   90   100

ACTIVIDAD PARA LA CASA • Pida a su niño que lea un termómetro y le diga la temperatura.

NORMAS DE CALIFORNIA MR 3.0 Los estudiantes perciben la conexión entre un problema y otro.
también MR 1.2, MG 1.0

294 doscientos noventa y cuatro

Capítulo 20

© Harcourt

Nombre _____

Comprende · Planea · Resuelve · Comprueba

¡Puedo usar una regla!

¡Puedo usar una taza!

¡Puedo usar un termómetro!

¡Puedo usar una balanza!

Escribe el nombre del instrumento que usarías para:

1 hallar cuánto mide de largo un trozo de cuerda.		regla
2 hallar cuánta agua hay en una botella. 		
3 hallar la temperatura de un día soleado. 		
4 hallar cuánta leche hay en una jarra. 		
5 hallar cuánto pesa una roca. 		

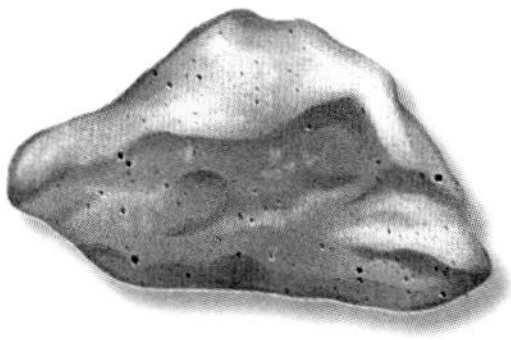

© Harcourt

Capítulo 20 · Capacidad, peso y temperatura

Práctica

balanza **taza** **regla** **termómetro**

Escribe el nombre del instrumento que usarías para:

1 hallar cuánto pesa tu mascota.		b a l a n z a
2 hallar cuánto jugo hay en un vaso.		
3 hallar cuánto mide de largo un trozo de cinta.		
4 hallar la temperatura del salón de clase.		

 Diario

Por escrito

Escribe una oración sobre cada instrumento.
Di qué mide.

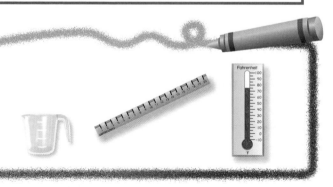

ACTIVIDAD PARA LA CASA • Invente cuentos en los que se necesita un instrumento de medida. Pida a su niño que le diga qué instrumento usaría y por qué.

NORMAS DE CALIFORNIA MG 1.0 Los estudiantes comprenden que se mide identificando una unidad de medida, diciendo (repitiendo) la unidad y comparándola con el objeto que se va a medir. *también* MR 1.1

Capítulo 20

Nombre _____

COMPROBAR ▪ Conceptos y destrezas

Aproximadamente, ¿cuánto contiene el recipiente?
Encierra en un círculo la estimación razonable.

1    aproximadamente
1 pinta

aproximadamente
10 pintas

2   aproximadamente
1 cuarto

aproximadamente
10 cuartos

Aproximadamente, ¿cuánto contiene
el recipiente? Encierra en un círculo la
estimación razonable.

3    2 litros

12 litros

Estima cuánto pesa el objeto real.

4    aproximadamente
3 onzas

aproximadamente
3 libras

¿Qué unidad usarías para medir la
masa? Encierra en un círculo esa
unidad de medida.

5    gramos

kilogramos

Lee el termómetro.
Escribe la temperatura.

6 _____ °F

COMPROBAR ▪ Resolver problemas

balanza   **regla**   **taza**   **termómetro**

7 Escribe el nombre del instrumento
que usarías para hallar cuánta leche
hay en una botella.

_____
- - - - - - - - - -
_____

Elige la mejor respuesta.

1  ¿Cuánta sopa contiene el tazón?

aproximadamente 2 pintas	aproximadamente 2 cuartos	aproximadamente 2 tazas	aproximadamente 2 galones
○	○	○	○

2  ¿Qué unidad usarías para medir la masa de una bolsa pequeña de palomitas de maíz?

gramos	kilogramos	litros	metros
○	○	○	○

3  ¿Qué temperatura muestra el termómetro?

64°	65°	74°	95°
○	○	○	○

4  ¿Qué usarías para hallar cuánto mide de largo el lápiz?

regla de 1 yarda	balanza	termómetro	regla
○	○	○	○

5

$$\begin{array}{r} 18 \\ + 13 \\ \hline \end{array}$$

5	31	33	30
○	○	○	○

© Harcourt

La colcha de la Sra. Quigley

por Lucy Floyd

Ilustrado por Christine Mau

Este libro me ayudará a repasar figuras planas.

Este libro pertenece a _____.

A

El invierno era muy frío. La Sra. Quigley
decidió hacer una bonita colcha para mantener
abrigados a sus cochinitos. Primero, cortó
muchos cuadrados de tela. Luego, puso algunos
cuadrados sobre la mesa.

"Hay demasiados cuadrados", dijo la Sra. Quigley. "Necesito algunas figuras diferentes". Puso algunos cuadrados juntos para hacer rectángulos para la colcha.

¿Cuántos rectángulos hizo?

_____

c

"¡Qué bonito!", dijo la Sra. Quigley. "Voy a añadir algunas figuras delgadas". Cortó algunos cuadrados por la mitad para hacer rectángulos delgados para la colcha.

¿Cuantos rectángulos tendrá en total?

_____

"¡Muy bonito!", dijo la Sra. Quigley. "Necesito una figura más". Recortó algunos cuadrados por la mitad para hacer triángulos para la colcha. Luego cosió las figuras.

¿Cuántos triángulos tiene?

_____

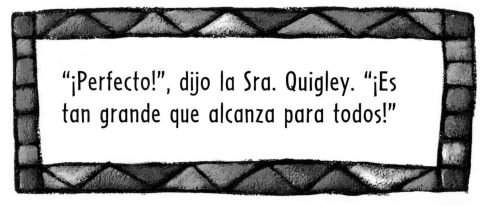

"¡Perfecto!", dijo la Sra. Quigley. "¡Es tan grande que alcanza para todos!"

F

Detective matemático

Formas bonitas

Observa los diseños y escribe cuántas figuras ves.

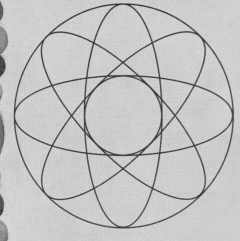

¿Cuántos óvalos? ☐

¿Cuántos círculos? ☐

¿Cuántos triángulos? ☐

¿Cuántos cuadrados? ☐

¿Cuántos rectángulos? ☐

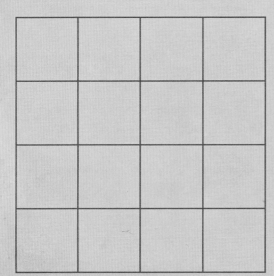

Amplía tu conocimiento ☐ Crea un diseño a partir de una figura plana. Pide a un compañero que te diga cuántas veces usaste la misma figura.

Nombre _____

Materiales:
9 ▢, 3 ▇, 3 ▇, 1 bolsa.

1 Coloca todos los ▢, ▇, y ▇ y las fichas cuadradas en la bolsa. Saca 1 ficha. Haz una marca de conteo para mostrar qué color sacaste.

2 Regresa la ficha a la bolsa. Sacude la bolsa.

3 Repite 9 veces.

4 Si haces esto 10 veces más, ¿qué color crees que sacarás más veces?

Escribe tu predicción.

Color	Marcas de conteo
amarillo	
azul	
rojo	

_____

_____

5 Repite 10 veces más. Haz una marca de conteo cada vez.

6 ¿Qué color sacaste más veces?

_____

7 ¿Por qué te parece que ocurrió esto?

_____

_____

_____

_____

© Harcourt

Nombre _____

Destrezas y conceptos

1 Dibuja un cuadrado.

2 Dibuja la figura.

3 lados   3 esquinas

---

3 Dibuja un eje de simetría.

4 Dibuja líneas para dividir la forma en 4 triángulos.

---

5 Encierra en un círculo giro o inversión para decir cómo se movió la figura.

giro   inversión

6 Encierra en un círculo las figuras de la misma forma.

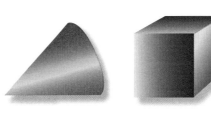

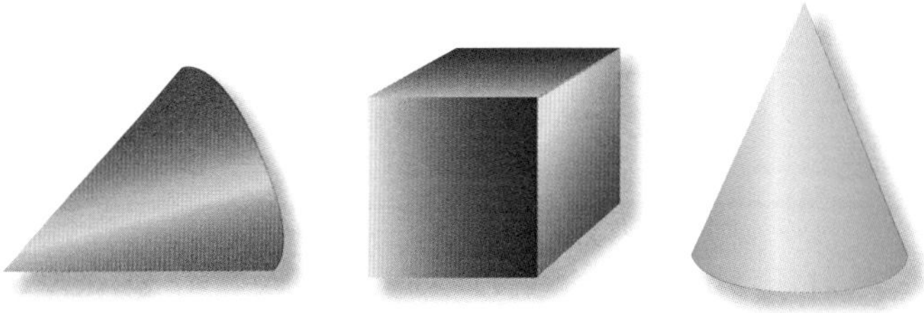

---

7 Encierra en un círculo el cuerpo geométrico que puedes usar para trazar la figura.

8 Escribe cuántas hay.

_____ caras   _____ aristas

_____ esquinas

---

9 Usa ⊂══⊃. Escribe la longitud.

_____ clips

Guía de estudio y repaso · Unidad 4   trescientos uno **301**

© Harcourt

10 Escribe cuántos centímetros mide. Después escribe el perímetro.

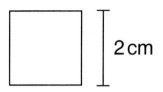

2 cm

_____ + _____ + _____ + _____ = _____

Encierra en un círculo las estimaciones razonables.

11

aproximadamente
2 litros

aproximadamente
20 litros

12

aproximadamente
30 cuartos

aproximadamente
3 cuartos

13

aproximadamente
1 onza

aproximadamente
1 libra

¿Qué unidad usarías para medir el objeto?
Encierra en un círculo la mejor unidad de medida.

14

gramos   kilogramos   litros

15

centímetros   metros

Resolver problemas

16 Aproximadamente, ¿cuánto mide de largo el objeto? Encierra en un círculo la estimación más razonable.

aproximadamente 6 pulgadas   aproximadamente 1 pulgada

aproximadamente 3 pulgadas

© Harcourt

Haz un árbol de secoya

En el Parque Nacional Sequoia hay bosques de árboles llamados secoyas gigantes. Las secoyas gigantes son algunos de los árboles más altos del mundo.

Materiales

creyones

pegamento

cartulina

papel de seda

tijeras

regla

Haz una secoya que diga cómo eres tú.

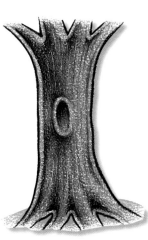

Tronco

6 PULGADAS

"Me gustan los árboles cortos".

12 PULGADAS

"Me gustan los árboles altos".

Copa

REDONDA

"Fui al Parque Nacional Sequoia".

PUNTIAGUDA

"No fui al Parque Nacional Sequoia".

Hojas

VERDE CLARO

"Mi edad es un número par".

VERDE OSCURO

"Mi edad es un número impar".

Ramas

6 CENTÍMETROS

"Soy un niño".

9 CENTÍMETROS

"Soy una niña".

Piñas

Haz una para cada letra de tu nombre.

Nombre _____

Haz un comedero de pájaros.

La secoya, aunque es uno de los árboles más grandes, crece de una de las semillas más pequeñas. Las semillas de la secoya gigante son del tamaño de un grano de avena. Haz un comedero de pájaros.

Materiales:
1 taza de semillas para pájaros
1 recipiente

Cómo se hace:

1 Mide una taza de alpiste.

2 Pon el alpiste en el recipiente. ¡Pesa el comedero todos los días para ver cuánto comen los pájaros!

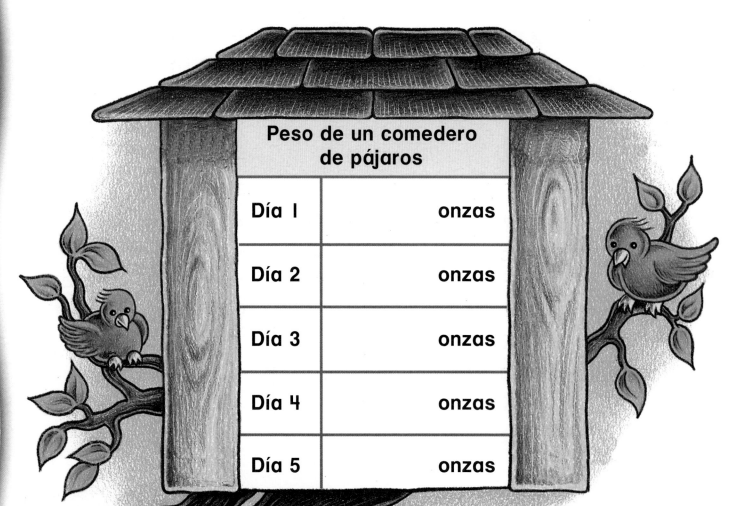

Peso de un comedero de pájaros

Día 1	onzas
Día 2	onzas
Día 3	onzas
Día 4	onzas
Día 5	onzas

© Harcourt

Números hasta 1,000

CONTEO DE ANIMALES

Animales	¿Cuántos hay?
antílopes	475
búfalos	100
flamencos	250
cebras	325

Haz una pregunta sobre los números de la tabla.

LA ESCUELA Y LA CASA

Querida familia:

Hoy comenzamos el Capítulo 21. Leeremos, escribiremos y usaremos números hasta 1,000. Aquí están el vocabulario nuevo y una actividad para hacer juntos en casa.

Con cariño,

_____

Mis palabras de matemáticas
centenas
decenas
unidades
mil

Vocabulario

centenas, decenas y unidades
El valor de los dígitos en los números de 3 dígitos.

247

centenas	decenas	unidades
2	4	7

200   40   7

mil

1,000 unidades
100 decenas
10 centenas

ACTIVIDAD

Pida a su niño que cuente objetos pequeños, como clips, en grupos de 10. Pídale que forme centenas colocando diez grupos de 10 en bolsas para emparedados. Cuando no queden suficientes grupos de 10 para formar otra centena, pídale que ponga las decenas sobrantes y los clips sueltos en un tercer grupo. Pregúntele cuántas centenas, decenas y unidades hay, y pídale que escriba el número.

Libros para compartir

Busque éstos u otros libros en la biblioteca local para leer con su niño acerca de los números.

Números importantes,
por Jr. Giganti,
Scholastic, 1995.

Visita *The Learning Site* para ideas adicionales y actividades.
www.harcourtschool.com

Puedes mostrar 100 como **centenas**, decenas o unidades.

1 centena   =   10 decenas   =   100 unidades

Escribe cuántas centenas, decenas y unidades hay.

1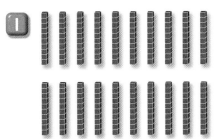

_____**2** centenas

_____**20** decenas

200 unidades

2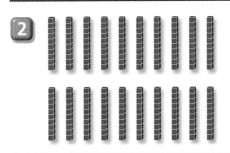

_____ centenas

_____ decenas

_____ unidades

3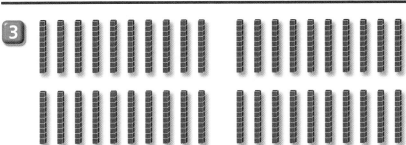

_____ centenas

_____ decenas

_____ unidades

4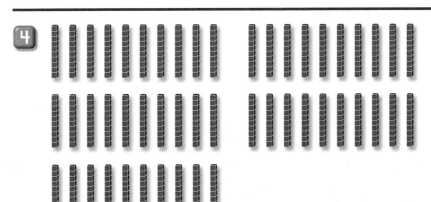

_____ centenas

_____ decenas

_____ unidades

Explica lo que sabes ▪ **Razonamiento**

¿Qué número es igual que 10 centenas? ¿Cómo sabes?

10 centenas

Capítulo 21 • Números hasta 1,000

trescientos siete **307**

Práctica

Escribe cuántas centenas, decenas y unidades hay.

1

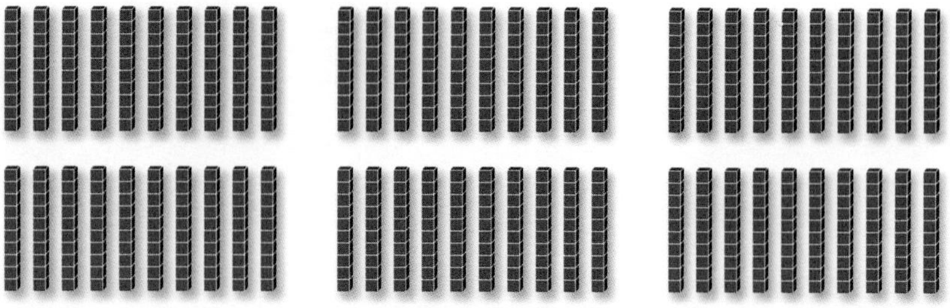

_____ 6 centenas

_____ 60 decenas

_____ 600 unidades

2

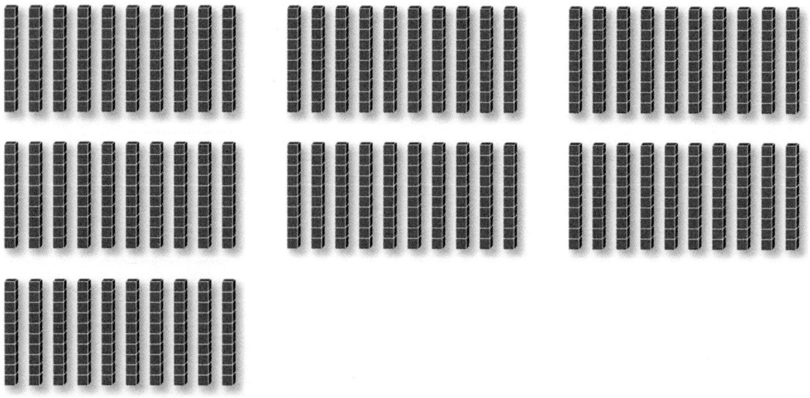

_____ centenas

_____ decenas

_____ unidades

3

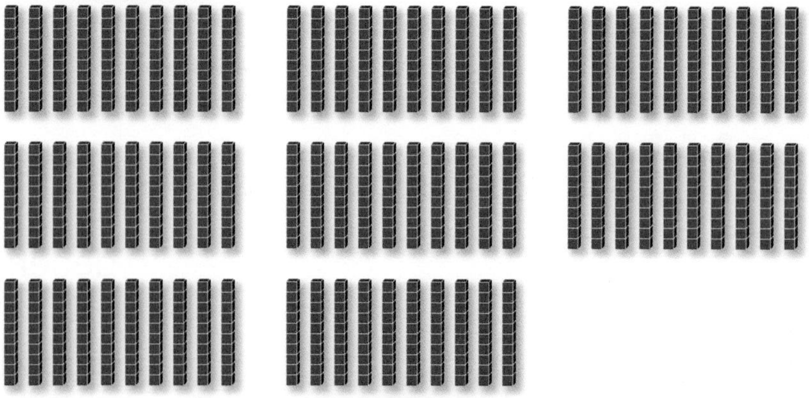

_____ centenas

_____ decenas

_____ unidades

4

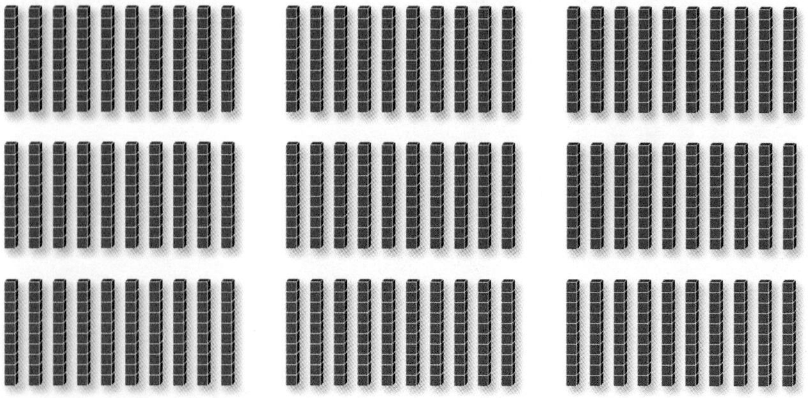

_____ centenas

_____ decenas

_____ unidades

ACTIVIDAD PARA LA CASA • Pida a su niño que cuente de diez en diez hasta 100, y después de cien en cien hasta 1,000.

NORMAS DE CALIFORNIA NS 1.0 Los estudiantes entienden la relación que existe entre los números, las cantidades y el valor posicional en números enteros hasta 1,000 **O–n NS 1.1** Contar, leer y escribir números enteros hasta 1,000 e identificar el valor posicional de cada dígito. *también* **MR 3.0**

308 trescientos ocho

Capítulo 21

© Harcourt

Nombre _____

Escribe cuántas centenas, decenas y unidades hay.
Después escribe el número

1

centenas	decenas	unidades
3	0	5

305

2

centenas	decenas	unidades

_____

3
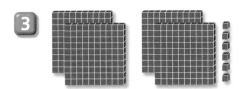

centenas	decenas	unidades

_____

4

centenas	decenas	unidades

_____

5

centenas	decenas	unidades

_____

Explica lo que sabes ■ Razonamiento

¿Por qué el 0 tiene otro significado en estos números?

Capítulo 21 · Números hasta 1,000

Práctica

Escribe cuántas centenas, decenas y unidades hay.
Después escribe el número.

1

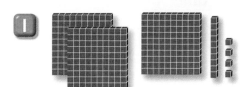

centenas	decenas	unidades
3	1	4

314

2

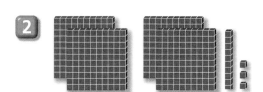

centenas	decenas	unidades

_____

3

centenas	decenas	unidades

_____

4

centenas	decenas	unidades

_____

Resolver problemas ▪ Sentido numérico

5 Forma 999 usando bloques de base diez.
Suma 1. ¿Qué número sigue? _____

¿Cuántas centenas se necesitan
para formar 1,000? _____

© Harcourt

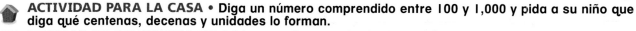

¿Cuál es el valor de cada dígito en 258?

centenas	decenas	unidades

2	5	8

2 centenas   5 decenas   8 unidades
200   50   8

Encierra en un círculo el valor del dígito azul.

1   6̲34

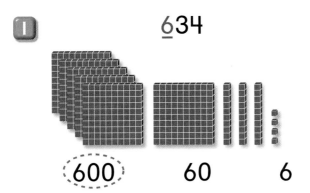

〔600〕   60   6

2   903̲

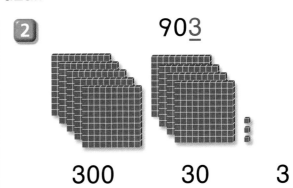

300   30   3

3   42̲7

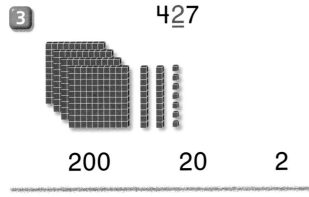

200   20   2

4   5̲55

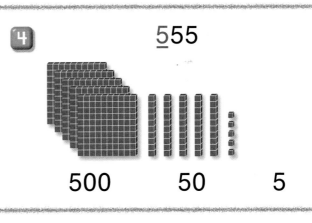

500   50   5

5   26̲6

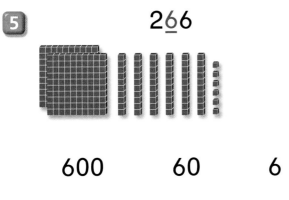

600   60   6

6   878̲

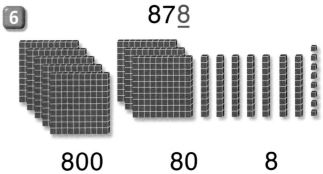

800   80   8

Explica lo que sabes ▪ Razonamiento

Ralph dice que 598 es mayor que 621 porque tiene dígitos más grandes. ¿Qué piensas tú?

Práctica

Encierra en un círculo el valor del dígito azul.

centenas	decenas	unidades
1	4	7

1 1<u>4</u>7

400 (40) 4

2 <u>9</u>40

900 90 9

3 31<u>8</u>

800 80 8

4 46<u>2</u>

200 20 2

5 <u>5</u>23

500 50 5

6 64<u>6</u>

600 60 6

7 7<u>5</u>4

500 50 5

8 2<u>9</u>5

900 90 9

9 <u>8</u>39

800 80 8

10 <u>2</u>86

200 20 2

11 9<u>8</u>8

800 80 8

12 37<u>9</u>

900 90 9

Resolver problemas ▪ Estimación

Encierra en un círculo la estimación razonable.

13 Hay _____ niños en mi clase.

200 (20) 2

14 Andy tiene _____ hermanas.

300 30 3

15 El directorio telefónico tiene _____ páginas.

500 50 5

16 Wing anotó _____ jonrones en el juego de béisbol.

400 40 4

 ACTIVIDAD PARA LA CASA • Usando un libro grande, como el directorio telefónico, elija una página cualquiera y señale su número. Pida a su niño que diga el valor de los dígitos de las centenas, las decenas y las unidades.

NORMAS DE CALIFORNIA NS 1.0 Los estudiantes entienden la relación que existe entre los números, las cantidades y el valor posicional en números enteros hasta 1,000. ○┓ NS 1.1 Contar, leer y escribir números enteros hasta 1,000 e identificar el valor posicional de cada dígito. *también* MR 3.0

Nombre _____

Leer y escribir números

centenas	decenas	unidades
2	4	3

Los números pueden escribirse de diferentes maneras.

doscientos cuarenta y tres

$$200 + 40 + 3$$

$$243$$

Lee el número. Escríbelo de diferentes maneras.

1 ciento ochenta y cinco

centenas	decenas	unidades

_____ + _____ + _____

_____

2 quinientos nueve

centenas	decenas	unidades

_____ + _____ + _____

_____

3 trescientos sesenta y siete

centenas	decenas	unidades

_____ + _____ + _____

_____

4 ochocientos cuarenta y seis

centenas	decenas	unidades

_____ + _____ + _____

_____

Explica lo que sabes ▪ Razonamiento

¿Cómo sabes que 400 + 20 + 3 es igual que 423?
Demuéstralo.

Capítulo 21 · Números hasta 1,000

trescientos trece **313**

Práctica

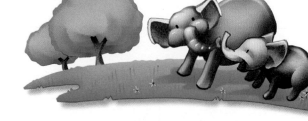

Lee el número.
Escríbelo de diferentes maneras.

1 trescientos cincuenta y uno

centenas	decenas	unidades
3	5	1

$$300 + 50 + 1$$

$$351$$

2 seiscientos ochenta

centenas	decenas	unidades

_____ + _____ + _____

_____

3 cuatrocientos treinta y nueve

centenas	decenas	unidades

_____ + _____ + _____

_____

4 setecientos doce

centenas	decenas	unidades

_____ + _____ + _____

_____

Resolver problemas ▪ Aplicaciones

Escribe el número para resolver.

5 Pat tiene 6 bolsas con 100 canicas en cada una. Tiene también 4 canicas sueltas. ¿Cuántas canicas tiene en total? Escribe un enunciado de suma para mostrar el número.

_____ + _____ + _____ = _____

© Harcourt

ACTIVIDAD PARA LA CASA • Diga un número cualquiera hasta 1,000, como seiscientos cincuenta y ocho. Pida a su niño que escriba ese número con centenas, decenas y unidades (6 centenas, 5 decenas, 8 unidades) en forma desarrollada (600+50+8) y en forma estándar (658).

NORMAS DE CALIFORNIA NS 1.2 Usar palabras, modelos y la forma desarrollada (p.ej., 45 = 4 decenas + 5 unidades) para representar números (hasta 1,000). **NS 1.1** Contar, leer y escribir números enteros hasta 1,000 e identificar el valor posicional de cada dígito. *también* **MR 1.0, MR 2.0**

Nombre _____

 Comprende   Planea Resuelve Comprueba

Resolver problemas
Usar una tabla

Esta tabla indica el peso de algunos animales del zoológico.

Animal	Peso
cebra	765 libras
oso	972 libras
foca	217 libras
tigre	455 libras
chimpancé	81 libras

Usa la tabla para contestar las preguntas.

1 ¿Qué animal pesa 7 centenas, 6 decenas y 5 unidades?

cebra

2 ¿Cuánto pesa el oso?

3 ¿Qué animal pesa cuatrocientos cincuenta y cinco libras?

4 ¿Cuánto pesa el chimpancé?

5 ¿Qué animal pesa 200 + 10 + 7 libras?

6 Nombra dos animales que pesen cerca de 1,000 libras entre los dos.

© Harcourt

Capítulo 21 • Números hasta 1,000

Práctica

Esta tabla indica cuántas clases de animales y plantas están en peligro en el mundo.

273

Grupo	Número de especies en peligro
mamíferos	333
aves	273
reptiles	115
peces	122
plantas	719

Usa la tabla para contestar las preguntas.

1 ¿Qué grupo tiene 3 centenas, 3 decenas y 3 unidades?

mamíferos

2 ¿Cuántas clases de peces están en peligro?

3 ¿Qué grupo tiene ciento quince especies en peligro?

4 ¿Cuántas clases de plantas están en peligro?

5 ¿Qué grupo tiene $200 + 70 + 3$ especies en peligro?

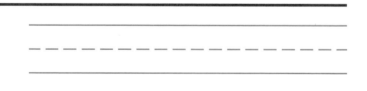

Diario

Por escrito

Escribe algunos problemas usando la información de la tabla. Pide a un compañero que los resuelva.

© Harcourt

 ACTIVIDAD PARA LA CASA • Con su niño, busque tablas en el periódico o en revistas. Hablen sobre la información que presentan las tablas.

 NORMAS DE CALIFORNIA SDAP 1.4 Preguntar y contestar preguntas sencillas relacionadas con representaciones de datos. *también* MR 2.2, O﹁ NS 1.1

Nombre _____

COMPROBAR ▪ Conceptos y destrezas

Escribe cuántas centenas, decenas y unidades hay.
Después escribe el número.

1

centenas	decenas	unidades

_____

Encierra en un círculo el valor del dígito azul.

2 2<u>4</u>8

400   40   4

3 <u>8</u>86

800   80   8

4 50<u>7</u>

700   70   7

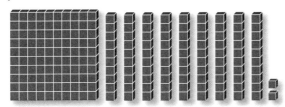

Lee el número. Escríbelo de diferentes maneras.

5 doscientos treinta y siete

centenas	decenas	unidades

_____ + _____ + _____

_____

6 novecientos seis

centenas	decenas	unidades

_____ + _____ + _____

_____

COMPROBAR ▪
Resolver problemas

Usa la tabla para contestar las preguntas.

7 ¿Qué día había cuatrocientos setenta y cinco personas viendo el espectáculo?

_____

_____

8 ¿Qué dos días juntos tenían aproximadamente el mismo número de personas que el otro día?

Día de la semana	Personas en el espectáculo
viernes	199
sábado	475
domingo	268

_____

_____

_____

© Harcourt

Nombre _____

Elige la mejor respuesta.

1 ¿Cuál muestra el modelo?

4 centenas   40 decenas   4 unidades   4 decenas
   ○   ○   ○   ○

2 ¿Cuál número nos dice cuántos hay?

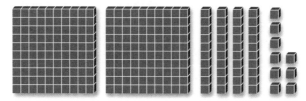

   47   349   347   249
   ○   ○   ○   ○

3 ¿Qué instrumento usarías para medir tu zapato?

   ○   ○   ○   ○

4 ¿Cuál nos dice el valor de 1 en este número?

123

1,000   10   1   100
   ○   ○   ○   ○

5 La tabla indica el número de niños que hay en kindergarten, primero y segundo grado de la escuela Waveside. ¿Qué grupo tiene doscientos cuarenta y cinco estudiantes?

Número de niños	
Kindergarten	210
Primer grado	156
Segundo grado	245

Kindergarten   Primer grado   Segundo grado   Tercer grado
   ○   ○   ○   ○

© Harcourt

Querida familia:

Hoy comenzamos el Capítulo 22. Compararemos y ordenaremos números hasta 1,000.

Aquí están el vocabulario nuevo y una actividad para hacer juntos en casa.

Con cariño,

_____

Mis palabras de matemáticas

mayor que
menor que
igual a

Vocabulario

mayor que (>), **menor que** (<), e **igual a** (=) Símbolos que se usan para comparar números.

765 > 756
765 es mayor que 756.

249 < 250
249 es menor que 250.

542 = 542
542 es igual a 542.

ACTIVIDAD

Escriba los números del 0 al 9 en tiras de papel, haciendo dos "tarjetas" para cada número. Baraje las tarjetas y reparta tres a su niño y tres a usted, con el número hacia arriba. Cada uno debe formar el número de 3 dígitos más grande que pueda. El que forme el mayor número se queda con las seis tarjetas. Sigan jugando hasta que se acaben las tarjetas.

Libros para compartir

Busque éstos u otros libros en la biblioteca local para leer con su niño acerca de los números.

The King's Chessboard,
por David Birch,
Penguin, 1993.

© Harcourt

El enano saltarín,
por los Hermanos Grimm,
Dutton Children's Books, 1992.

Visita *The Learning Site* para ideas adicionales y actividades.
www.harcourtschool.com

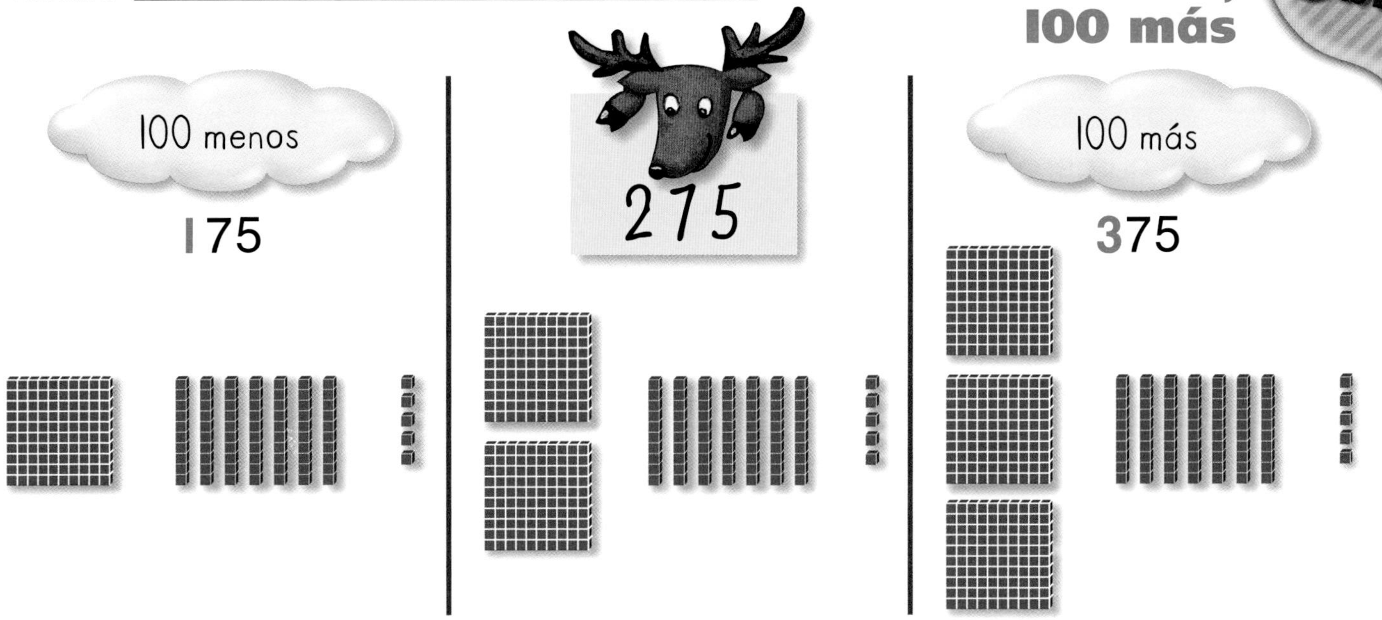

100 menos

175

275

100 más

375

Usa ▦ ▬ ▪ para comparar.
Escribe los números que son 100 menos y 100 más.

100 menos	Número	100 más
1 574	674	774
2 ___	838	___
3 ___	313	___
4 ___	206	___
5 ___	154	___
6 ___	709	___

© Harcourt

Explica lo que sabes ▪ Razonamiento

¿Cómo escribirías un número que
es 200 más que 125? ¿Por qué?

Usa ▦ ▦▦▦▦ ▪ para comparar.

Escribe los números que son 100 menos y 100 más.

100 menos	Número	100 más
1 <u>306</u>	406	<u>506</u>
2 _____	222	_____
3 _____	705	_____
4 _____	391	_____
5 _____	608	_____
6 _____	838	_____
7 _____	150	_____

Resolver problemas ▪ **Sentido numérico**

Cuenta hacia adelante de 100 en 100. Escribe los números.

8 75, 175, 275, _____, _____, _____, _____, _____

9 202, 302, 402, _____, _____, _____, _____, _____

© Harcourt

ACTIVIDAD PARA LA CASA • Diga cualquier número comprendido entre 100 y 900. Pida a su niño que diga el número que sea 100 más y 100 menos que ese número. Repita el ejercicio.

NORMAS DE CALIFORNIA SDAP 2.2 Resolver problemas con patrones numéricos sencillos.
también MR 2.1, NS 1.0

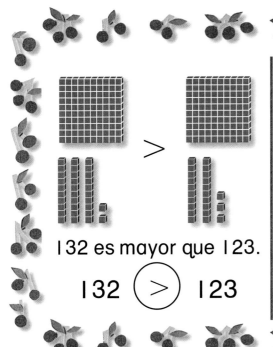 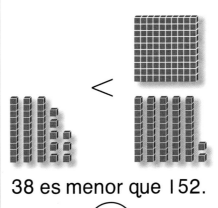 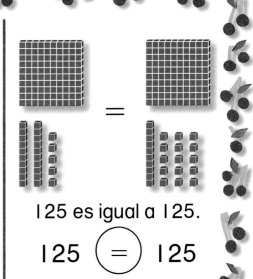

132 es mayor que 123.

132 (>) 123

38 es menor que 152.

38 (<) 152

125 es igual a 125.

125 (=) 125

Escribe mayor que, menor que o igual a.
Después escribe >, < ó =.

1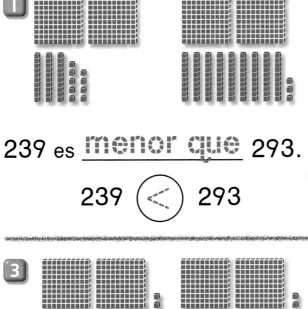

239 es _menor que_ 293.

239 (<) 293

2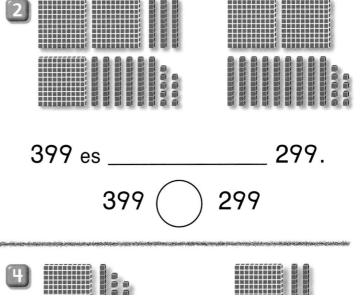

399 es _____ 299.

399 ( ) 299

3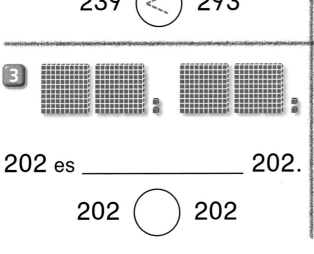

202 es _____ 202.

202 ( ) 202

4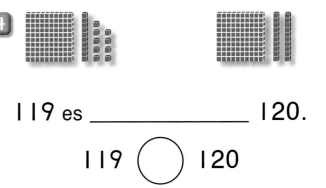

119 es _____ 120.

119 ( ) 120

Explica lo que sabes ■ Razonamiento

¿En qué se parecen comparar números y buscar
palabras en un diccionario? ¿En qué se diferencian?

Práctica

Escribe mayor que, menor que o igual a.
Después escribe >,< ó =.

1 570 es ___mayor que___ 57.

$$570 \;\bigcirc\!\!> \; 57$$

2 256 es _____ 265.

$$256 \;\bigcirc\; 265$$

3 606 es _____ 660.

$$606 \;\bigcirc\; 660$$

4 100 es _____ 100.

$$100 \;\bigcirc\; 100$$

5 840 es _____ 840.

$$840 \;\bigcirc\; 840$$

6 799 es _____ 800.

$$799 \;\bigcirc\; 800$$

7 36 es _____ 360.

$$36 \;\bigcirc\; 360$$

8 699 es _____ 599.

$$699 \;\bigcirc\; 599$$

Resolver problemas ▪ Cálculo mental

Escribe el número.

9 Ralph Raccoon invita a 300 amigos a un picnic. Su amigo Edie no puede venir. ¿Cuántos amigos de Ralph Raccoon vienen al picnic?

_____ amigos

10 Ralph Raccoon cuenta 139 vasos para su picnic. Le queda 1 vaso más por contar. ¿Cuántas vasos tiene en total?

_____ vasos

© Harcourt

ACTIVIDAD PARA LA CASA • Muestre a su niño dos números de 3 dígitos y pídale que le diga cuál es menor.

NORMAS DE CALIFORNIA ⊶ NS 1.3 Ordenar y comparar números enteros hasta 1,000 usando los símbolos >, < ó =. *también* MR 2.0, MR 3.0, NS 1.0

Nombre _____

Ordenar números:
Antes, después, entre

El número que está justo antes de 540 es 539.

El número que está entre 539 y 541 es 540.

El número que está justo después de 540 es 541.

Escribe el número que está justo antes, entre o justo después.

antes	entre	después
1 _299_, 300	299, _300_, 301	234, _235_
2 ____, 825	519, ____, 521	100, ____
3 ____, 601	333, ____, 335	969, ____
4 ____, 150	698, ____, 700	609, ____
5 ____, 777	997, ____, 999	499, ____
6 ____, 568	448, ____, 450	327, ____

Explica lo que sabes ■ Razonamiento

¿Por qué hallar números que están antes, después o entre otros números se parece a contar? ¿Qué número está justo después de 999?

Capítulo 22 • Comparar y ordenar números hasta 1,000

trescientos veinticinco **325**

Práctica

Escribe el número que está justo antes, entre o justo después.

1. __788__, 789

2. 449, _____, 451

3. 299, _____

4. _____, 501

5. 99, _____, 101

6. 698, _____

7. 89, _____

8. _____, 350

9. _____, 400

10. 209, _____, 211

11. 767, _____

12. _____, 888

13. 329, _____

14. 89, _____, 91

Resolver problemas ▪ Razonamiento

Resuelve este problema a tu manera.

15. Emma tiene 537 adhesivos. Juan tiene 538. Chen tiene 539. ¿Qué número está más próximo de 639?

_____

ACTIVIDAD PARA LA CASA • Diga cualquier número de 3 dígitos y pida a su niño que le diga qué número está justo antes y justo después.

NORMAS DE CALIFORNIA SDAP 2.1 Reconocer, describir y extender patrones, y determinar el próximo término en patrones lineales (p.ej., 4, 8, 12...; el número de orejas en 1 caballo, 2 caballos, 3 caballos, 4 caballos). SDAP 2.2 Resolver problemas con patrones numéricos sencillos. *también* MR 1.1, MR 3.0, ⚬━ NS 1.0, ⚬━ NS 1.3, ⚬━ SDAP 2.0

© Harcourt

Ordenar números en una recta numérica

Ordena los números de menor a mayor. La recta numérica te ayudará a hallar el orden.

Para ordenar de menor a mayor, vas de izquierda a derecha.

| 311 | 301 | 308 |

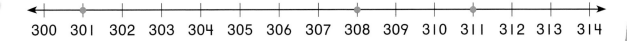

300 301 302 303 304 305 306 307 308 309 310 311 312 313 314

301, 308, 311

Escribe los números en orden de menor a mayor.
Usa la recta numérica.

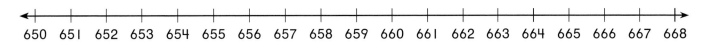

650 651 652 653 654 655 656 657 658 659 660 661 662 663 664 665 666 667 668

1 | 657 651 661 | _____, _____, _____

2 | 656 665 663 | _____, _____, _____

3 | 659 650 654 | _____, _____, _____

4 | 658 655 667 | _____, _____, _____

Explica lo que sabes ▪ Razonamiento

¿Cómo puedes usar los símbolos $>$ ó $<$ en estos problemas?

© Harcourt

Práctica

Escribe los números en orden de menor a mayor.
Usa la recta numérica.

420 421 422 423 424 425 426 427 428 429 430 431 432 433 434 435 436 437 438

1 | 427 422 435 431 | 422 , 427 , 431 , 435

2 | 427 422 435 431 | ____ , ____ , ____ , ____

3 | 420 423 430 432 | ____ , ____ , ____ , ____

4 | 436 421 424 430 | ____ , ____ , ____ , ____

5 | 425 433 437 429 | ____ , ____ , ____ , ____

6 | 431 426 438 422 | ____ , ____ , ____ , ____

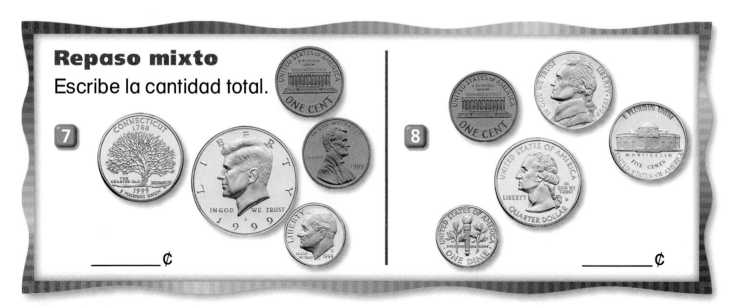

Repaso mixto
Escribe la cantidad total.

7 ____ ¢

8 ____ ¢

ACTIVIDAD PARA LA CASA • Diga tres números que no excedan de 999. Pida a su niño que los escriba y que los ordene de menor a mayor. Repita el ejercicio con tres números diferentes.

NORMAS DE CALIFORNIA NS 1.0 Los estudiantes entienden la relación que existe entre los números, las cantidades y el valor posicional en números enteros hasta 1,000. ⊶ NS 1.3 Ordenar y comparar números enteros hasta 1,000 usando los símbolos <, =, > *también* MR 1.2, MR 2.0

© Harcourt

Nombre _____

Pedro ve un patrón en los números 345, 445, 545.
Va a escribir los próximos cuatro números.
¿Puedes adivinar la regla que sigue Pedro? ¿Qué números escribirá?

La regla
podría ser contar ___hacia adelante de 100 en 100___.

345, 445, 545, __645__, __745__, __845__, __945__

| 345 | 445 | 545 | ? |

Halla el patrón. Escribe la regla.
Continúa el patrón.

1 Ann ve un patrón en los números 813, 823, 833.

La regla podría ser contar _____.

813, 823, 833, _____, _____, _____, _____

2 Meg ve un patrón en los números 224, 222, 220.

La regla podría ser contar _____.

224, 222, 220, _____, _____, _____, _____

3 Alvin ve un patrón en los números 705, 605, 505.

La regla podría ser contar _____.

705, 605, 505, _____, _____, _____, _____

Halla el patrón. Escribe la regla.
Continúa el patrón.

1 Steffie ve un patrón en los números 364, 354, 344.

La regla
podría ser contar ___hacia atrás de 10 en 10___.

364, 354, 344, __334__, __324__, __314__, __304__

---

2 Ramesh ve un patrón en los números 441, 444, 447.

La regla podría ser contar _____.

441, 444, 447, _____, _____, _____, _____

---

3 Linda ve un patrón en los números 525, 530, 535.

La regla podría ser contar _____.

525, 530, 535, _____, _____, _____, _____

---

4 Bob ve un patrón en los números 973, 975, 977.

La regla podría ser contar _____.

973, 975, 977, _____, _____, _____, _____

Por escrito

Alex tenía $2.25 pero quería ganar más dinero.
Su mamá le dijo que le pagaría por cepillar al gato todos los días.
Alex tenía $2.35 el lunes, $2.45 el martes y $2.55 el miércoles.
¿Cuánto le paga su mamá cada día?

© Harcourt

ACTIVIDAD PARA LA CASA • Repase con su niño los ejercicios de esta lección. Pídale que le explique cómo decidió la regla para cada patrón.

NORMAS DE CALIFORNIA ⊶ SDAP 2.0 Los estudiantes demuestran entender los patrones y la forma en que aumentan, y los describen de manera general. **SDAP 2.1** Reconocer, describir y extender patrones, y determinar el próximo término en patrones lineales (p.ej., 4, 8, 12...; el número de orejas en 1 caballo, 2 caballos, 3 caballos, 4 caballos). *también* **MR 2.0, MR 2.1, NS 1.0**

Nombre _____

COMPROBAR ■ Conceptos y destrezas

	100 menos	Número	100 más
1	_____	272	_____
2	_____	105	_____

Escribe mayor que, menor que o igual a.
Después escribe $>$, $<$ ó $=$.

3 303 es _____ 330

303 ◯ 330

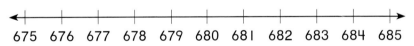

4 789 es _____ 789

789 ◯ 789

Escribe el número que está justo
antes, entre o justo después.

5 659, _____, 661 | **6** _____, 423 | **7** 800, _____

Escribe los números en orden de menor a mayor.

675 676 677 678 679 680 681 682 683 684 685

8 675 685 682 680

_____, _____, _____, _____

COMPROBAR ■ Resolver problemas

Halla el patrón. Escribe la regla.
Continúa el patrón.

9 Ed ve un patrón en los números 333, 331, 329.

La regla podría ser contar _____.

333, 331, 329, _____, _____, _____, _____

© Harcourt

Nombre _____

Elige la mejor respuesta.

1 ¿Qué número es 100 menos que 478?

378	488	578	587
○	○	○	○

2 ¿Qué número es 100 más que 263?

273	363	163	336
○	○	○	○

3

68 ◯ 56

<	>	=	+
○	○	○	○

4 ¿Qué número está justo después de 246?

245	240	247	250
○	○	○	○

5

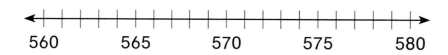

560   565   570   575   580

¿Cuál muestra los números en orden de menor a mayor?

○ 579, 574, 565, 562   ○ 562, 574, 565, 579
○ 574, 562, 565, 579   ○ 562, 565, 574, 579

6 ¿Qué grupo de números muestra la regla **contar de 10 en 10**?

○ 625, 642, 679, 689   ○ 645, 655, 665, 675
○ 602, 622, 642, 652   ○ 645, 655, 660, 670

7 ¿Cuál es el valor del dígito 8 en este número?

485

80	800	8	8,000
○	○	○	○

© Harcourt

Partes de un entero

Colorea una parte de cada bandera. Di qué fracción es la parte que coloreaste.

LA ESCUELA Y LA CASA

Querida familia:

Hoy comenzamos el Capítulo 23. Estudiaremos fracciones y aprenderemos a hallar partes iguales de un entero. Aquí están el vocabulario nuevo y una actividad para hacer juntos en casa.

Con cariño,

_____

Mis palabras de matemáticas

un medio
tres cuartos

Vocabulario

un medio	tres cuartos

 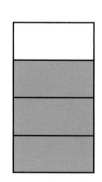

2 partes iguales   4 partes iguales

$\dfrac{1}{2}$ es azul $\dfrac{3}{4}$ son azules

Visita *The Learning Site* para ideas adicionales y actividades. www.harcourtschool.com

ACTIVIDAD

Ayude a su niño a aprender sobre las fracciones a la hora de comer. Por ejemplo, corte un emparedado en 2, 3 ó 4 partes iguales. Cuando el niño haya comido cada trozo, pídale que diga qué fracción del emparedado se comió y qué fracción queda.

Libros para compartir

Busque éstos u otros libros en la biblioteca local para leer con su niño acerca de fracciones.

A Birthday Cake for Little Bear, por Max Velthuijs, North-South Books Inc., 1988.

¡A comer fracciones!, por Bruce McMillan, Scholastic, 1995.

© Harcourt

Necesitas **partes iguales** para mostrar una **fracción**.

Hay 3 partes iguales.

Igual significa que las partes son exactamente del mismo tamaño.

Escribe el número de partes.
¿Son iguales? Encierra en un círculo sí o no.

1	sí
___4___ partes	no

2	sí
_____ partes	no

3	sí
_____ partes	no

4	sí
_____ partes	no

5	sí
_____ partes	no

6	sí
_____ partes	no

7	sí
_____ partes	no

8	sí
_____ partes	no

Explica lo que sabes ▪ **Razonamiento**
¿Cómo puedes decir si las partes son iguales?

© Harcourt

Capítulo 23 • Partes de un entero

Escribe el número de partes.
¿Son iguales? Encierra en un círculo sí o no.

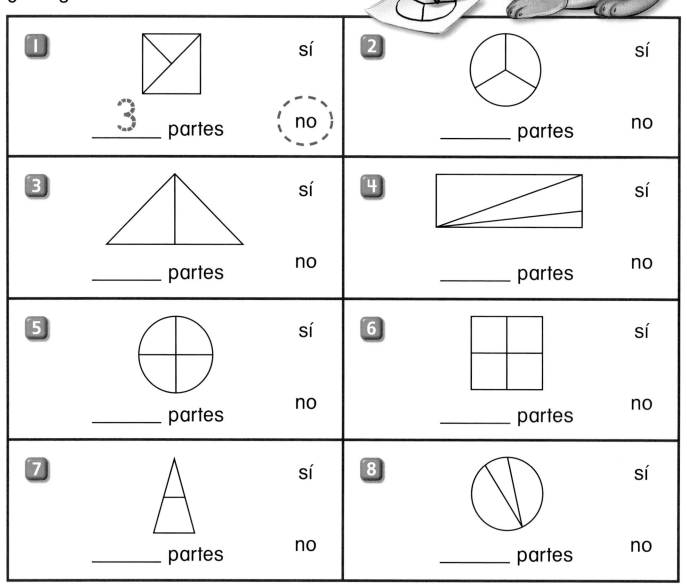

1 ___3___ partes	sí *(no)*	
2 _____ partes	sí no	
3 _____ partes	sí no	
4 _____ partes	sí no	
5 _____ partes	sí no	
6 _____ partes	sí no	
7 _____ partes	sí no	
8 _____ partes	sí no	

Resolver problemas ▪ Observación

9 Susan tiene 2 manzanas. Quiere repartirlas en partes iguales entre 8 amigos. ¿En cuántas partes debe cortar cada manzana?

_____ partes iguales

ACTIVIDAD PARA LA CASA • Con su niño, doble una hoja de papel en partes iguales. Pida a su niño que diga si las partes son iguales y que cuente el número de partes. Recuérdeles que las partes deben ser exactamente del mismo tamaño.

NORMAS DE CALIFORNIA ⊙━ NS 4.1 Reconocer, nombrar y comparar fracciones unitarias desde $\frac{1}{12}$ hasta $\frac{1}{2}$. *también* MR 2.0, ⊙━ NS 4.2

Nombre _____

Fracciones unitarias

1 de 2 partes iguales.
Un medio es rojo.

$\dfrac{1}{2}$ 1 parte roja
2 partes iguales

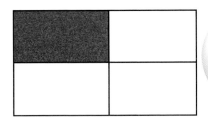

1 de 4 partes iguales.
Un cuarto es rojo.

$\dfrac{1}{4}$ 1 parte roja
4 partes iguales

El número de arriba te dice de cuántas partes estás hablando.

El número de abajo te dice cuántas partes iguales hay en el entero.

Colorea una parte en rojo.
Encierra en un círculo qué fracción es la parte roja.

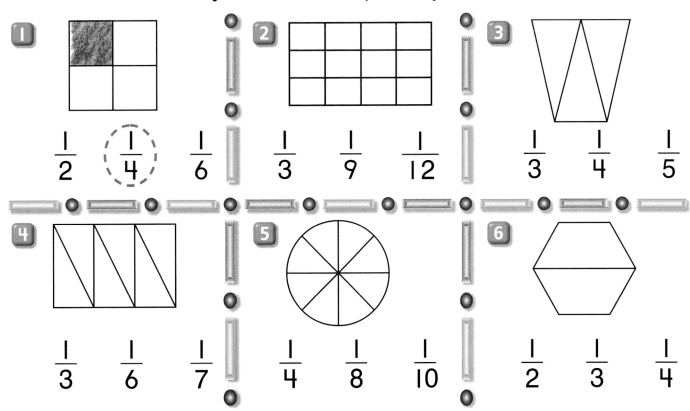

1. $\dfrac{1}{2}$ $\dfrac{1}{4}$ $\dfrac{1}{6}$

2. $\dfrac{1}{3}$ $\dfrac{1}{9}$ $\dfrac{1}{12}$

3. $\dfrac{1}{3}$ $\dfrac{1}{4}$ $\dfrac{1}{5}$

4. $\dfrac{1}{3}$ $\dfrac{1}{6}$ $\dfrac{1}{7}$

5. $\dfrac{1}{4}$ $\dfrac{1}{8}$ $\dfrac{1}{10}$

6. $\dfrac{1}{2}$ $\dfrac{1}{3}$ $\dfrac{1}{4}$

Explica lo que sabes ▪ Razonamiento

Larinda tiene 1 / 2 de una manzana roja.
Sarah tiene 1 / 2 de una manzana verde.
Larinda dice que tiene más que Sarah.
¿Es cierto? Explica tu respuesta.

Capítulo 23 · Partes de un entero

© Harcourt

trescientos treinta y siete **337**

Práctica

Colorea una parte en rojo.
Escribe qué fracción es la parte roja.

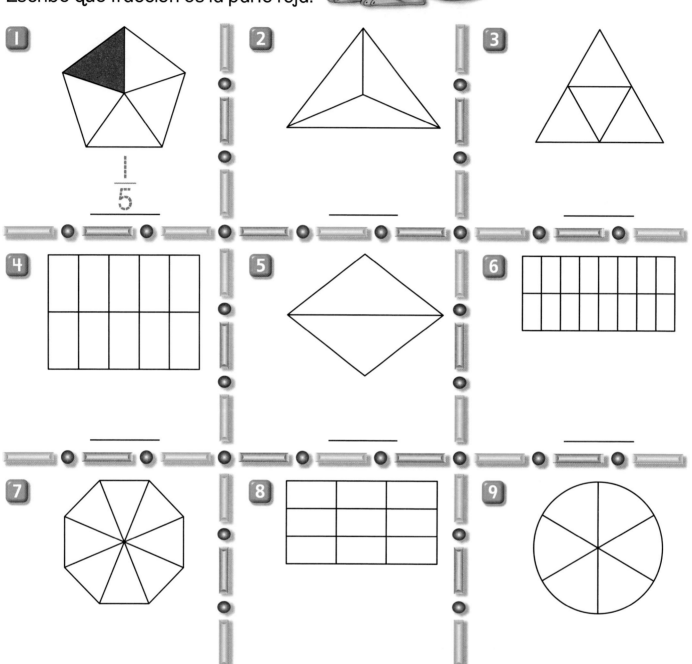

1 $\dfrac{1}{5}$ _____

2 _____

3 _____

4 _____

5 _____

6 _____

7 _____

8 _____

9 _____

Resolver problemas ▪ Observación

Encierra en un círculo la ilustración correcta.

10 ¿A cuál pizza le falta $\dfrac{1}{10}$?

© Harcourt

🔺 **ACTIVIDAD PARA LA CASA** • Con su niño, dibuje formas y divídalas en partes iguales. Pídale que coloree una parte y que le diga qué fracción es.

📐 **NORMAS DE CALIFORNIA** ⊙ NS 4.1 Reconocer, nombrar y comparar fracciones unitarias desde $\dfrac{1}{12}$ hasta $\dfrac{1}{2}$.
también MR 2.0, ⊙ NS 4.2

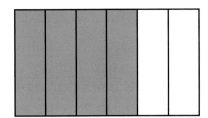

4 de 6 partes iguales.
Cuatro sextos son verdes.

$\frac{4}{6}$ 4 partes verdes
6 partes iguales

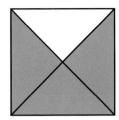

3 de 4 partes iguales.
Tres cuartos son verdes.

$\frac{3}{4}$ 3 partes verdes
4 partes iguales

El número de arriba te dice de cuántas partes estás hablando.
El número de abajo te dice cuántas partes iguales hay en el entero.

Colorea para mostrar la fracción.

 1 $\frac{3}{4}$

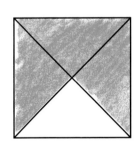

 2 $\frac{7}{8}$

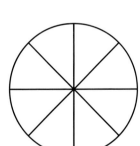

3 $\frac{4}{5}$

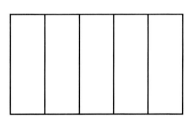

 4 $\frac{4}{6}$

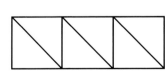

 5 $\frac{2}{3}$

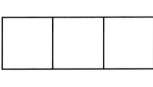

6 $\frac{6}{10}$

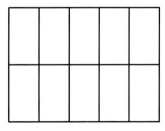

Explica lo que sabes ▪ Razonamiento

Observa los problemas 4 y 5.

¿Es mejor tener $\frac{4}{6}$ ó $\frac{2}{3}$?
Explica tu respuesta.

© Harcourt

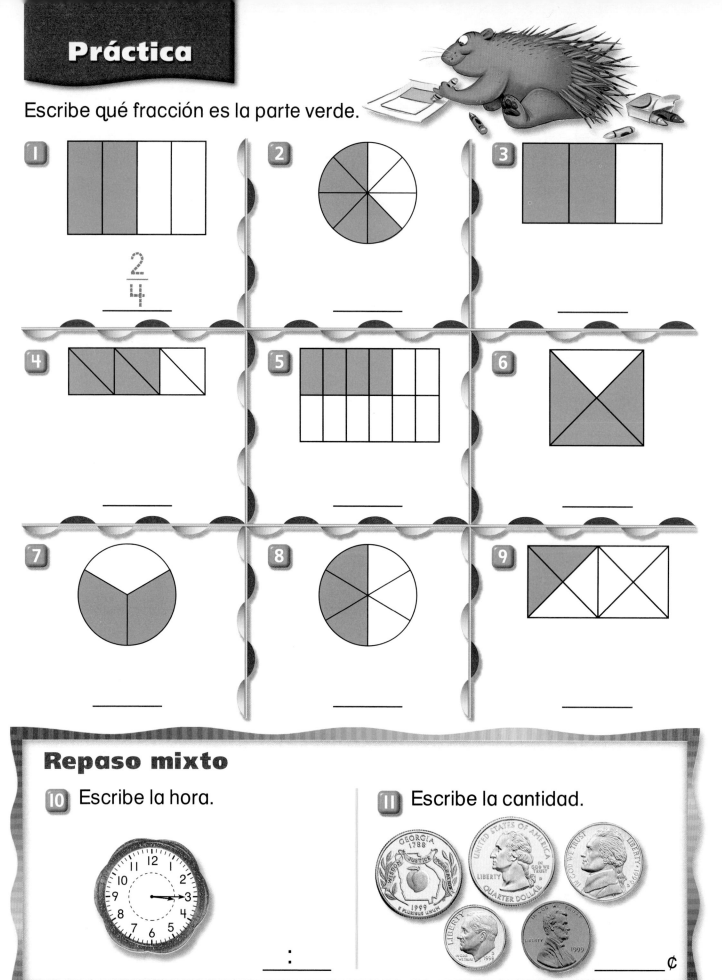

Escribe qué fracción es la parte verde.

1. $\frac{2}{4}$

2. ___

3. ___

4. ___

5. ___

6. ___

7. ___

8. ___

9. ___

Repaso mixto

10. Escribe la hora.

    _____ : _____

11. Escribe la cantidad.

    _____ ¢

ACTIVIDAD PARA LA CASA • Anime a su niño a dividir alimentos en tercios, cuartos y sextos, y a decir qué fracción es una de las partes y más de una parte.
NORMAS DE CALIFORNIA NS 4.2 Reconocer fracciones de un entero y partes de un grupo (p.ej., 1/4 de una tarta, 2/3 de 15 pelotas). NS 4.0 Los estudiantes comprenden que las fracciones y los decimales pueden referirse a partes de un conjunto y a partes de un entero. *también* MR 3.0, 0–¬ NS 4.1, NS 4.3, NS 5.0, MG 1.4

Nombre _____

Comparar fracciones unitarias

¿Qué fracción es mayor: $\frac{1}{3}$ ó $\frac{1}{5}$?

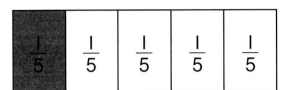

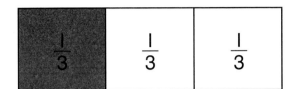

$\frac{1}{3}$ es mayor que $\frac{1}{5}$.

Puedes comparar usando barras de fracciones.

Colorea una parte de cada entero.
Encierra en un círculo la fracción mayor.

1

$\frac{1}{2}$ $\qquad$ $\frac{1}{4}$

2
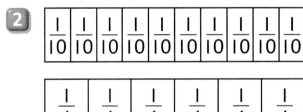

$\frac{1}{10}$ $\qquad$ $\frac{1}{6}$

3
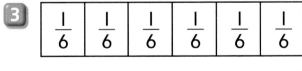

$\frac{1}{6}$ $\qquad$ $\frac{1}{3}$

4
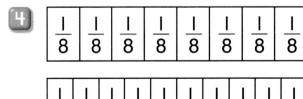

$\frac{1}{8}$ $\qquad$ $\frac{1}{10}$

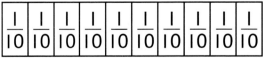

Explica lo que sabes ■ Razonamiento

¿Qué pasa con el tamaño de las secciones de la barra de fracciones cuando hay más partes iguales del entero?

Capítulo 23 · Partes de un entero

trescientos cuarenta y uno **341**

Práctica

Colorea una parte de cada entero.
Encierra en un círculo la fracción menor.

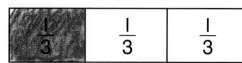

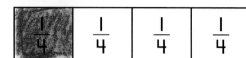

$$\frac{1}{3} \qquad \left(\frac{1}{4}\right)$$

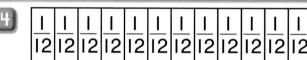

$$\frac{1}{12} \qquad \frac{1}{6}$$

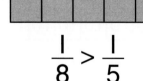

$$\frac{1}{6} \qquad \frac{1}{8}$$

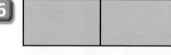

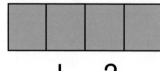

$$\frac{1}{12} \qquad \frac{1}{10}$$

Resolver problemas ▪ Razonamiento

Encierra en un círculo verdadero o falso.
Explica por qué.

5	6	7
$\dfrac{1}{8} > \dfrac{1}{5}$	$\dfrac{1}{2} = \dfrac{2}{4}$	$\dfrac{1}{3} > \dfrac{1}{4}$
verdadero falso	verdadero falso	verdadero falso

 ACTIVIDAD PARA LA CASA • Corte el mismo alimento (p.ej., una rebanada de pan) en diferentes números de partes iguales. Pida a su niño que nombre cada fracción y diga cuál es mayor y cuál es menor.

NORMAS DE CALIFORNIA ⟊ **NS 4.1** Reconocer, nombrar y comparar fracciones unitarias desde 1/12 hasta 1/2. **NS 4.0** Los estudiantes comprenden que las fracciones y los decimales pueden referirse a partes de un conjunto y a partes de un entero. *también* **MR 3.0,** ⟊ **NS 4.2**

Fracciones iguales a 1

Cada parte es $\frac{1}{4}$ del entero.

¿Qué fracción es el entero?

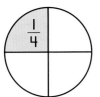 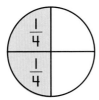

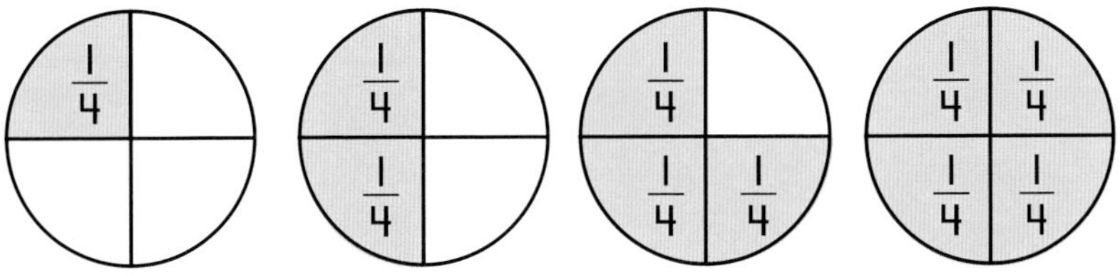

Cuenta.

$\frac{1}{4}$ $\frac{2}{4}$ $\frac{3}{4}$ $\frac{4}{4}$

Recuerda: El número de abajo te dice cuántas partes iguales hay en el entero.

$\frac{4}{4}$

_____ = 1 entero

La fracción que muestra el entero siempre es igual a 1.

Cuenta las partes. Escribe cada fracción.
Escribe qué fracción es el entero.

1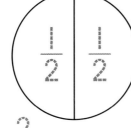

$\frac{2}{2}$

_____ = 1 entero

2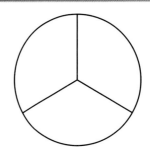

_____ = 1 entero

3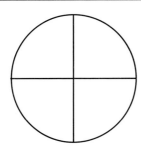

_____ = 1 entero

4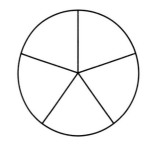

_____ = 1 entero

Explica lo que sabes ▪ Razonamiento

Si $\frac{2}{2}$ es igual a 1 entero, ¿a qué es igual $\frac{4}{2}$?

Práctica

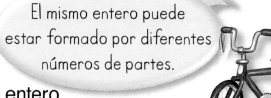

El mismo entero puede estar formado por diferentes números de partes.

Cuenta las partes. Escribe cada fracción. Escribe qué fracción es el entero.

1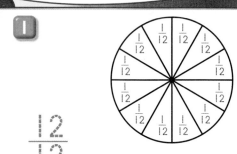

$\frac{12}{12}$

_____ = 1 entero

2

_____ = 1 entero

3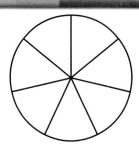

_____ = 1 entero

4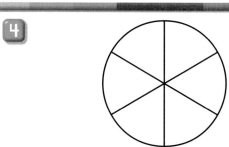

_____ = 1 entero

5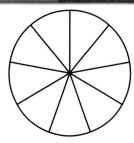

_____ = 1 entero

6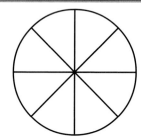

_____ = 1 entero

Resolver problemas ▪ Aplicaciones

Muestra cómo resolver este problema.

7 Hay 12 niños en una fiesta. A cada niño le toca $\frac{1}{6}$ de pizza. ¿Cuántas pizzas comen en total? _____ pizzas

⬟ **ACTIVIDAD PARA LA CASA** • Corte en porciones un emparedado o una pizza y pida a su niño que diga qué fracción es el entero.

 NORMAS DE CALIFORNIA ⚬━ NS 4.3 Saber que cuando se incluyen todas las partes fraccionarias, como cuatro cuartos, el resultado es un entero, siempre igual a 1. **NS 4.0** Los estudiantes comprenden que las fracciones y los decimales pueden referirse a partes de un conjunto y a partes de un entero. *también* MR 1.2, MR 3.0, ⚬━ NS 4.1, ⚬━ NS 4.2

© Harcourt

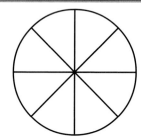

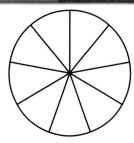

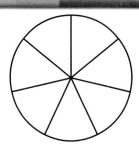

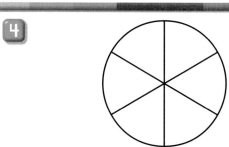

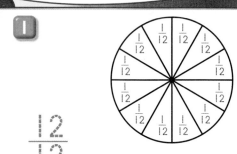

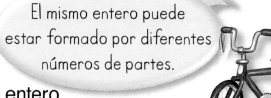

Capítulo 23

Nombre _____

COMPROBAR ▪ Conceptos y destrezas

Escribe el número de partes.
¿Son iguales? Encierra en un círculo sí o no.

sí

no

_____ partes

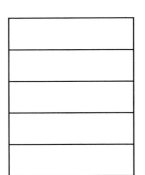

sí

no

_____ partes

Colorea una parte de rojo.
Escribe qué fracción es la parte roja.

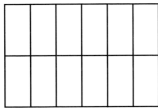

_____

Escribe qué fracción es la parte verde.

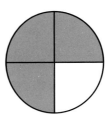

_____

Colorea una parte de cada entero.
Encierra en un círculo la fracción mayor.

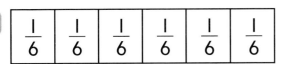

$\dfrac{1}{4}$ $\dfrac{1}{6}$

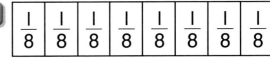

$\dfrac{1}{8}$ $\dfrac{1}{10}$

Cuenta las partes. Escribe cada fracción.
Escribe qué fracción es el entero.

_____ = 1 entero

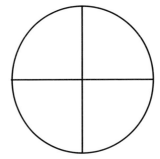

© Harcourt

Nombre ________________________________

Repaso acumulativo
Capítulos 1–23

Elige la mejor respuesta.

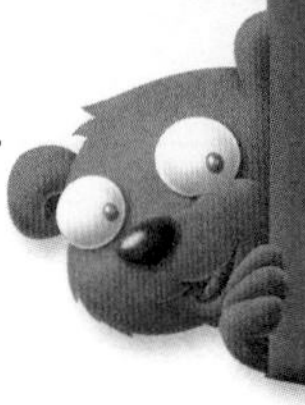

1 ¿Qué ilustración muestra 3 partes iguales?

 ○ ○ ○ ○

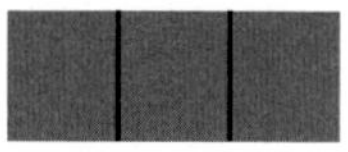

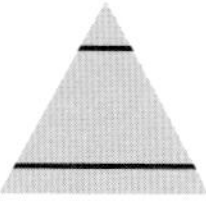

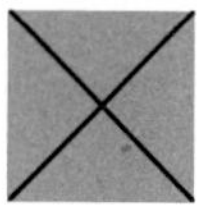

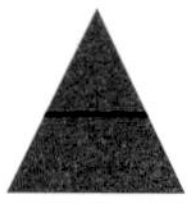

2 ¿Qué fracción dice qué parte está coloreada?

$\frac{1}{2}$ ○ $\frac{1}{3}$ ○ $\frac{1}{4}$ ○ $\frac{1}{5}$ ○

3 ¿Qué fracción dice qué parte está coloreada?

$\frac{1}{5}$ ○ $\frac{1}{4}$ ○ $\frac{5}{4}$ ○ $\frac{4}{5}$ ○

4 ¿Qué fracción nombra a todo el círculo?

$\frac{1}{4}$ ○ $\frac{2}{4}$ ○ $\frac{3}{4}$ ○ $\frac{4}{4}$ ○

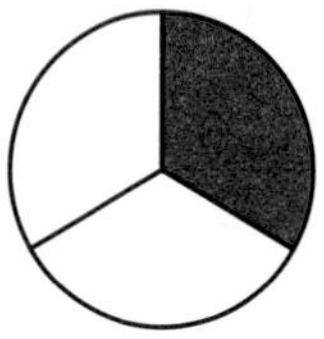

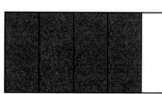

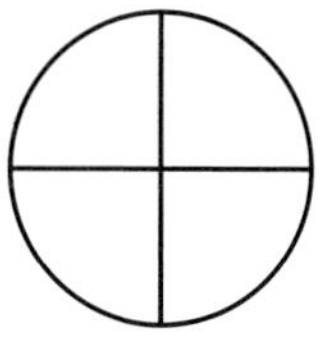

Partes de un grupo

La niña recogió
8 manzanas.
¿Qué fracción
dice qué parte del
grupo es verde?

LA ESCUELA Y LA CASA

Querida familia:

Hoy comenzamos el Capítulo 24. Estudiaremos fracciones y aprenderemos maneras de hallar partes iguales de un grupo. Aquí están el vocabulario nuevo y una actividad para hacer juntos en casa.

Con cariño,

_____

Mis palabras de matemáticas
un medio
tres cuartos

Vocabulario

un medio Una de dos partes iguales.

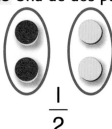

$\frac{1}{2}$

tres cuartos Tres de cuatro partes iguales.

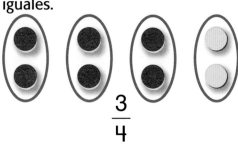

$\frac{3}{4}$

Visita *The Learning Site* para ideas adicionales y actividades. www.harcourtschool.com

ACTIVIDAD

Ayude a su niño a aprender sobre las fracciones a la hora de la merienda. Por ejemplo, puede tomar 6 galletas, untar mantequilla de cacahuate en 2 galletas y queso en 4. Pida a su niño que haga un dibujo y escriba las dos fracciones.

Libros para compartir

Busque éstos u otros libros en la biblioteca local para leer con su niño acerca de fracciones.

Eating Fractions, por Bruce McMillan, Scholastic, 1991.

Una torta de cumpleaños para Osito por Max Velthuijs, Ediciones Norte-Sur, 1996.

© Harcourt

Nombre _____

Nombre _____

Usa . Escribe qué fracción es la parte amarilla.

Una fracción nombra una parte del grupo.

Hay 4 partes iguales.

La parte amarilla es $\frac{1}{4}$.

Hay 4 partes iguales.

La parte amarilla es $\frac{1}{4}$.

Usa .
Escribe qué fracción es la parte amarilla.

1 3 partes iguales

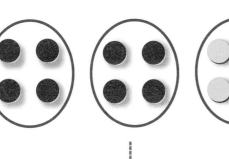

$$\frac{1}{3}$$

2 2 partes iguales

_____

3 4 partes iguales

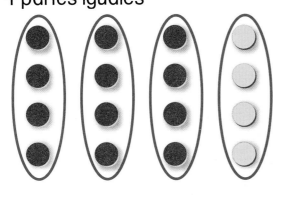

_____

4 3 partes iguales

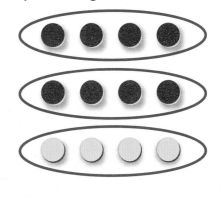

_____

Explica lo que sabes ▪ Razonamiento

¿Cómo puedes decir si las partes de un grupo son iguales?

© Harcourt

Práctica

Escribe qué fracción es la parte amarilla.

1 3 partes iguales

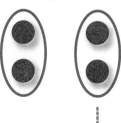

$$\frac{1}{3}$$

2 2 partes iguales

_____

3 2 partes iguales

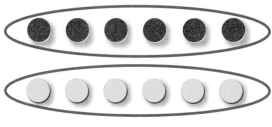

_____

4 4 partes iguales

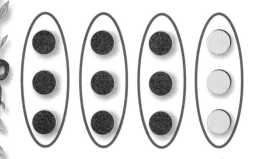

_____

5 3 partes iguales

_____

6 2 partes iguales

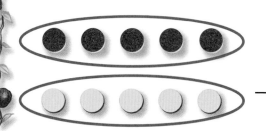

_____

Resolver problemas ▪ Observación

¿Son iguales las partes? Encierra en un círculo **sí** o **no**.

7

sí   no

8

sí   no

ACTIVIDAD PARA LA CASA • Con su niño, use monedas de 1¢ para formar grupos con partes iguales. Pida a su niño que diga si las partes son iguales y que cuente el número de partes.

NORMAS DE CALIFORNIA NS 4.0 Los estudiantes comprenden que las fracciones y los decimales pueden referirse a partes de un conjunto y a partes de un entero. O— NS 4.2 Reconocer fracciones de un entero y partes de un grupo (p.ej., 1/4 de una tarta, 2/3 de 15 pelotas). *también* MR 2.0, MR 2.1

© Harcourt

Fracciones unitarias

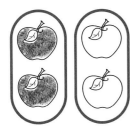

El número de arriba te dice de cuántas partes estás hablando. El número de abajo te dice cuántas partes iguales hay en el grupo.

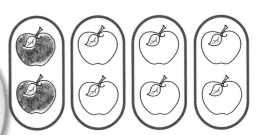

1 de 2 partes iguales.
Un medio es rojo.

1 de 4 partes iguales.
Un cuarto es rojo.

$\dfrac{1}{2}$ 1 parte roja
2 partes iguales

$\dfrac{1}{4}$ 1 parte roja
4 partes iguales

Encierra en un círculo las partes iguales.
Colorea para mostrar la fracción.

1 $\dfrac{1}{3}$

2 $\dfrac{1}{12}$

3 $\dfrac{1}{4}$

4 $\dfrac{1}{2}$

5 $\dfrac{1}{6}$

6 $\dfrac{1}{5}$

Explica lo que sabes ■ Razonamiento

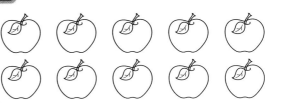

Observa el problema 4. Encierra en un círculo manzanas para mostrar más de 2 grupos iguales. ¿Qué fracción es? Explica tu respuesta.

Práctica

Encierra en un círculo las partes iguales.
Colorea para mostrar la fracción.

1 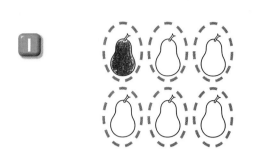 $\dfrac{1}{6}$

2  $\dfrac{1}{3}$

3  $\dfrac{1}{4}$

4  $\dfrac{1}{5}$

5  $\dfrac{1}{2}$

6 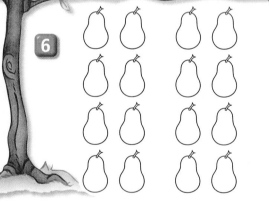 $\dfrac{1}{8}$

Repaso mixto

Escribe cuántos lados y esquinas hay.

7  ___ lados

___ esquinas

8 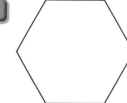 ___ lados

___ esquinas

 ACTIVIDAD PARA LA CASA • Anime a su niño a dividir un grupo de objetos en mitades, tercios o cuartos.

 NORMAS DE CALIFORNIA ⚬━ **NS 4.2** Reconocer fracciones de un entero y partes de un grupo (p.ej., 1/4 de una tarta, 2/3 de 15 pelotas). *también* **MR 2.0, MR 2.1, NS 4.0,** ⚬━ **NS 4.1**

© Harcourt

2 de 3 partes iguales.
Dos tercios son azules.

$\dfrac{2}{3}$ 2 partes azules
3 partes iguales

El número de arriba te dice de cuántas partes estás hablando.
El número de abajo te dice cuántas partes iguales hay en el grupo.

3 de 4 partes iguales.
Tres cuartos son azules.

$\dfrac{3}{4}$ 3 partes azules
4 partes iguales

Escribe qué fracción es la parte azul.

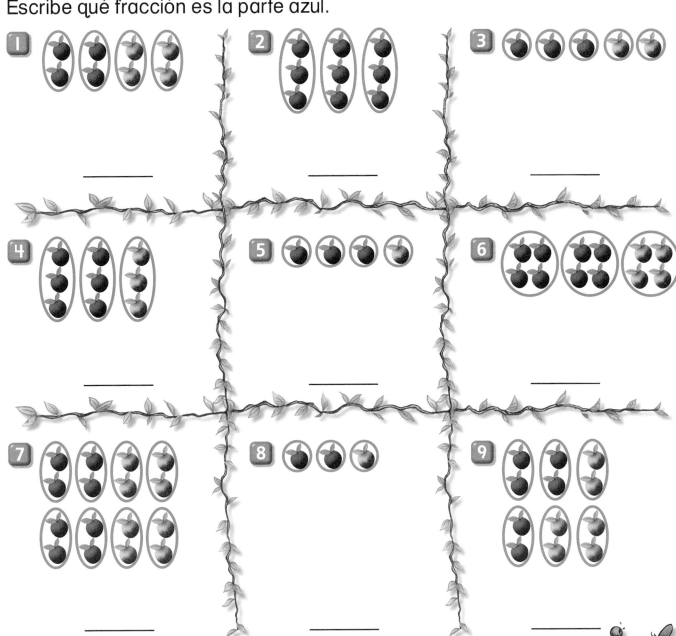

1 _____   2 _____   3 _____

4 _____   5 _____   6 _____

7 _____   8 _____   9 _____

Explica lo que sabes ▪ **Razonamiento**

Larry tiene 2 canicas azules y 2 canicas rojas. ¿Cuáles son las dos fracciones que muestran cuántas partes del grupo son azules?

© Harcourt

Tira 3 ⚫.
Colorea estas fichas para mostrar cómo cayeron. Escribe la fracción para cada color. Repite.

 1

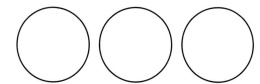

$\frac{1}{3}$ rojo $\frac{2}{3}$ amarillo

2
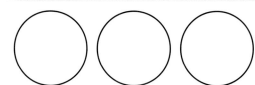

___ rojo   ___ amarillo

3
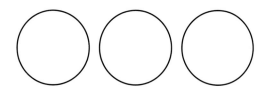

___ rojo   ___ amarillo

4

___ rojo   ___ amarillo

5

___ rojo   ___ amarillo

6

___ rojo   ___ amarillo

Resolver problemas ▪ Aplicaciones

Escribe una fracción para resolver.

7 Dan tiene 3 galletas de avena y 3 galletas de pasas de uva. ¿Qué fracción de las galletas son de avena?

_____ galletas de avena

 ACTIVIDAD PARA LA CASA • Con su niño, use monedas de 1¢ para mostrar grupos con partes iguales. Coloque de tal manera las monedas que algunas queden con la cara hacia arriba. Pida a su niño que diga qué fracción del grupo son caras.

NORMAS DE CALIFORNIA ⚬━ NS 4.2 Reconocer fracciones de un entero y partes de un grupo (p.ej., 1/4 de una tarta, 2/3 de 15 pelotas). **NS 4.0** Los estudiantes comprenden que las fracciones y los decimales pueden referirse a partes de un conjunto y a partes de un entero. *también* MR 1.2, MR 2.1, ⚬━ NS 4.1

Nombre _____

Compara partes de un grupo. Observa los signos
> ó <. Encierra en un círculo verdadero o falso.

 $\dfrac{1}{3}$

 $\dfrac{2}{3}$

$\dfrac{1}{3} < \dfrac{2}{3}$

(verdadero)   falso

 $\dfrac{1}{4}$

 $\dfrac{2}{4}$

$\dfrac{2}{4} < \dfrac{1}{4}$

verdadero   (falso)

1  $\dfrac{2}{4}$

 $\dfrac{3}{4}$

$\dfrac{2}{4} > \dfrac{3}{4}$

verdadero   falso

2  $\dfrac{1}{5}$

 $\dfrac{4}{5}$

$\dfrac{1}{5} < \dfrac{4}{5}$

verdadero   falso

3 $\dfrac{4}{6}$

 $\dfrac{3}{6}$

$\dfrac{4}{6} > \dfrac{3}{6}$

verdadero   falso

4 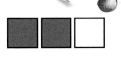 $\dfrac{2}{3}$

 $\dfrac{3}{3}$

$\dfrac{2}{3} < \dfrac{3}{3}$

verdadero   falso

Explica lo que sabes ▪ Razonamiento

¿Cómo sabes que $\dfrac{1}{3}$ de un grupo de 6 es menor que $\dfrac{2}{3}$ de un grupo de 6?

Capítulo 24 • Partes de un grupo   trescientos cincuenta y cinco **355**

© Harcourt

Práctica

Compara las partes rojas. Escribe > ó <.

 $\dfrac{1}{3}$

 $\dfrac{2}{3}$

 $\dfrac{1}{4}$

 $\dfrac{2}{4}$

$\dfrac{1}{3}$ es menor que $\dfrac{2}{3}$.

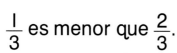

$\dfrac{2}{4}$ es mayor que $\dfrac{1}{4}$.

Compara las partes rojas.
Escribe > ó <.

  $\dfrac{4}{6}$

$\dfrac{1}{6}$

  $\dfrac{2}{4}$

$\dfrac{3}{4}$

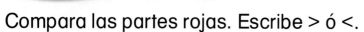

Resolver problemas ▪ Razonamiento

Encierra en un círculo verdadero o falso. Explica por qué.

 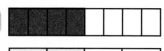

$\dfrac{4}{8} = \dfrac{2}{4}$

verdadero   falso

 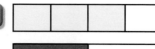

$\dfrac{3}{4} < \dfrac{1}{2}$

verdadero   falso

 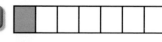

$\dfrac{1}{7} < \dfrac{1}{9}$

verdadero   falso

ACTIVIDAD PARA LA CASA • A la hora de la comida, forme un grupo de 5 alverjas, trozos de pollo u otros alimentos. Coma 1 parte e invite a su niño a comer 2 partes. Pida a su niño que nombre la fracción que representa cada parte que comieron y que diga quién comió la mayor parte.

NORMAS DE CALIFORNIA ⚬━ NS 4.2 Reconocer fracciones de un entero y partes de un grupo (p.ej., 1/4 de una tarta, 2/3 de 15 pelotas). NS 4.0 Los estudiantes comprenden que las fracciones y los decimales pueden referirse a partes de un conjunto y a partes de un entero. *también* MR 3.0, ⚬━ NS 4.1

© Harcourt

356 trescientos cincuenta y seis

Capítulo 24

Nombre _____

 Comprende Planea Resuelve Comprueba

Cheryl se comió $\frac{1}{3}$ de una pizza pequeña.

Mike se comió $\frac{1}{8}$ de la misma pizza.

¿Quién comió más pizza?

_____

 Comprende

Necesitas hallar quién comió más pizza.

Planea

Elige una manera de resolver el problema.

 **Resuelve**

Haz un modelo.

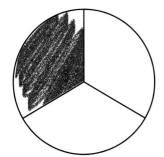   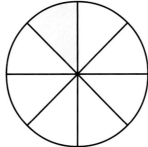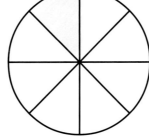

Pizza de Cheryl   Pizza de Mike

 **Comprueba**

¿Cómo te ayudó tu modelo a saber quién comió más pizza? Explica tu respuesta.

Haz un modelo para resolver estos problemas.

1 Caryn se comió $\frac{1}{4}$ de toronja.

Beth se comió $\frac{1}{2}$ toronja.

¿Quién comió más toronja? _____

2 Kevin cortó una manzana en 6 pedazos iguales.
Se comió 2 pedazos.
¿Qué parte se comió Kevin? _____

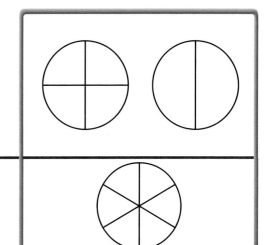

© Harcourt

Capítulo 24 · Partes de un grupo

Práctica

Usa 12 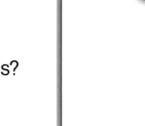. Haz y dibuja un modelo para resolver.

1 Tim tiene 3 manzanas. $\frac{1}{3}$ de las manzanas son verdes.

$\frac{2}{3}$ de las manzanas son rojas.

¿Hay más manzanas rojas o verdes?

rojas

2 Frank tiene 4 canicas. 3 canicas son azules y 1 es roja. ¿Qué fracción de las canicas son azules?

_____

3 Sasha tiene 6 naranjas. Le regala $\frac{2}{6}$ a Roy. Se queda con $\frac{4}{6}$ ¿Quién tiene más naranjas?

_____

4 Toni tiene 2 panecillos dulces de maíz y 3 panecillos dulces de salvado. ¿Qué fracción de los panecillos dulces son de salvado?

_____

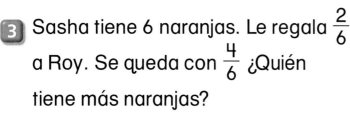

 Por escrito

Escribe un cuento sobre dos amigos que comparten lo que comen. Usa fracciones para decir cuánto come cada uno.

 ACTIVIDAD PARA LA CASA • Plantee problemas similares a los de esta página. Pida a su niño que use objetos para hacer modelos y resolverlos.

NORMAS DE CALIFORNIA MR 1.2 Usar herramientas, como objetos de manipuleo o bosquejos, para hacer modelos de problemas. O─ NS 4.2 Reconocer fracciones de un entero y partes de un grupo (p.ej., 1/4 de una tarta, 2/3 de 15 pelotas). *también* MR 1.0, NS 4.0, O─ NS 4.1, O─ NS 4.3

Nombre _____

COMPROBAR ▪ Conceptos y destrezas

Escribe qué fracción es la parte amarilla.

    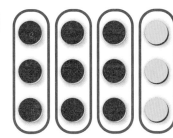

_____   _____   _____

Escribe qué fracción es la parte azul.

_____   _____   _____

Compara las partes azules. Observa los signos > ó <. Encierra en un círculo verdadero o falso.

  $\dfrac{2}{4}$  $\dfrac{4}{5}$

 $\dfrac{3}{4}$  $\dfrac{2}{5}$

$\dfrac{2}{4} < \dfrac{3}{4}$ 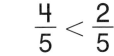 $\dfrac{4}{5} < \dfrac{2}{5}$

verdadero   falso   verdadero   falso

COMPROBAR ▪ Resolver problemas

Usa 4 ⬭. Haz y dibuja un modelo para resolver.

9 Art tiene 4 manzanas. $\dfrac{1}{4}$ de las manzanas son

verdes. $\dfrac{3}{4}$ son rojas. ¿Hay más manzanas rojas

o verdes?

_____

_ _ _ _ _ _ _ _

© Harcourt

Nombre _____

Elige la mejor respuesta.

1 ¿Qué fracción te dice qué parte del grupo es amarilla?

$\frac{1}{2}$ $\frac{1}{8}$ $\frac{1}{3}$ $\frac{1}{4}$
○   ○   ○   ○

---

2 ¿Cuál muestra la fracción $\frac{1}{4}$?

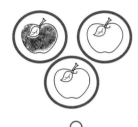 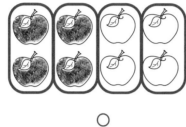 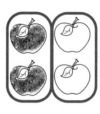 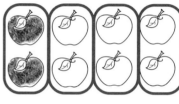

○   ○   ○   ○

---

3 ¿Cuál es verdadero?

$\frac{4}{5}$

$\frac{2}{5}$

$\frac{4}{5} < \frac{2}{5}$
○

$\frac{4}{5} = \frac{2}{5}$
○

$\frac{4}{5} > \frac{2}{5}$
○

$\frac{2}{5} > \frac{4}{5}$
○

---

4 Jonathan tiene 3 collares azules y 2 collares amarillos. ¿Qué parte del grupo de collares es amarillo?

$\frac{1}{5}$ $\frac{5}{5}$ $\frac{3}{5}$ $\frac{2}{5}$
○   ○   ○   ○

5
$$\begin{array}{r} 91 \\ +\ 40 \\ \hline \end{array}$$

50   51   120   131
○   ○   ○   ○

6
$$\begin{array}{r} 21 \\ -\ 18 \\ \hline \end{array}$$

3   4   17   39
○   ○   ○   ○

La cocina de Hannah

Por Linda Cave Ilustrado por Lisa Campbell Ernst

Este libro me ayudará a repasar fracciones.

Este libro pertenece a _____.

A

A Hannah le gusta cocinar.
Hizo un pan de maíz.

"¡Qué rico huele!", dijo Danny.
"¿Puedo probarlo?"

"¡Claro! ¡Me encanta compartir!

Puedes comer _____, Danny.

Y yo puedo comer _____.
Y nos acabamos el pan de maíz".

**Traza una línea para mostrar cómo va
a cortar Hannah el pan de maíz.**

"¡Qué rico huele!", dijo Danny.

"¡Riquísimo!", dijo Cassie.
"¿Puedo probarlo?"

© Harcourt

D

"¡Claro! ¡Me encanta compartir!

Tú puedes comer _____, Danny.

Tú puedes comer _____, Cassie.

Y yo puedo comer _____.
Y nos acabamos el pan de maíz".

**Traza líneas para mostrar cómo va a cortar
Hannah el pan de maíz.**

E

"¡Qué rico huele!", dijeron Danny y Cassie.
"¡Riquísimo!", dijo Paulie.
"¿Puedo probarlo?"

"¡Claro! ¡Me encanta compartir!", dijo Hannah.

"Cada uno de nosotros podemos comer _____.
Y nos acabamos el pan de maíz".

**Traza líneas para mostrar cómo va a cortar Hannah el
pan de maíz.**

F

"¡Qué rico huele!", dijeron Danny y Cassie.

"¡Riquísimo!", dijo Paulie.

"¡Hmm! ¡Qué bueno!", dijeron Gary y Kathy.

"¿Podemos probarlo?"

"¡Claro! ¡Me encanta compartir!", dijo Hannah.

"Cada uno de nosotros podemos comer _____.

Y nos acabamos el pan de maíz".

Traza líneas para mostrar cómo va a cortar Hannah el pan de maíz.

"¡Qué rico huele!", dijeron Danny y Cassie.
"¡Riquísimo!", dijo Paulie.
"¡Hmm! ¡Qué bueno!", dijeron Gary y Kathy.
"¡Delicioso!", dijeron Sally y Martin.
"¿Podemos probarlo?"

"¡Claro! ¡Me encanta compartir!", dijo Hannah.

"Cada uno de nosotros podemos comer _____.
Y nos acabamos el pan de maíz".

**Traza líneas para mostrar cómo va a cortar Hannah el
pan de maíz.**

H

"¡Oh, no!", dijo Danny.

"¡Vienen Harry y Cora!"

"Si les damos pan de maíz, tendremos _____
cada uno", dijo Hannah.

"¡Es muy poco!", dijeron los animales.

"No queremos una parte.

¡Cada uno de nosotros quiere el pan entero!"

"¿Alguien tiene hambre?"

Nombre _____

Mensaje misterioso

Colorea las partes fraccionarias de las palabras para descifrar el mensaje misterioso. Usa tus destrezas de razonamiento para resolver el mensaje. ¡Buena suerte!

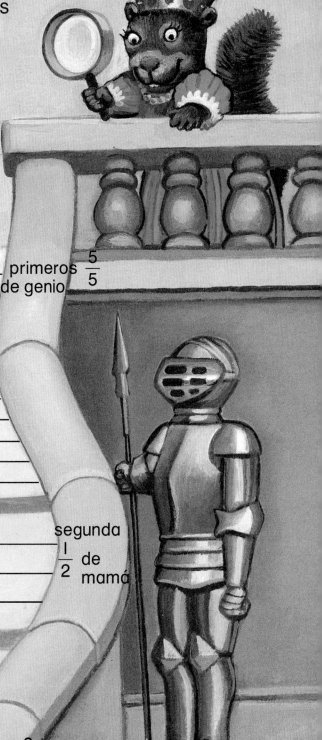

g
e
n
i
o

primeros $\frac{5}{5}$ de genio

m
a
t
e
r
a

primeros $\frac{4}{6}$ de matera

m
a
m
á

segunda $\frac{1}{2}$ de mamá

t
i

$\frac{2}{2}$ de ti

c
o
n

primeros $\frac{2}{3}$ de con

Amplía tu conocimiento ▫ Da instrucciones usando partes fraccionarias de palabras para escribir tu nombre.

Nombre _____

1 ¿Cuántos sextos deben colorearse para mostrar la misma cantidad que $\frac{1}{3}$?

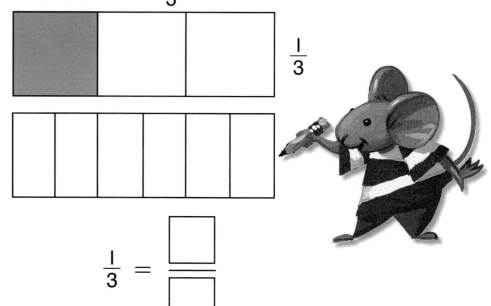

$\frac{1}{3}$

$\frac{1}{3} = \frac{\square}{\square}$

2 ¿Cuántos cuartos deben colorearse para mostrar la misma cantidad que $\frac{1}{2}$?

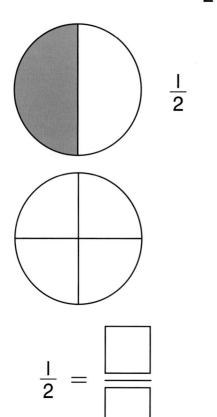

$\frac{1}{2}$

$\frac{1}{2} = \frac{\square}{\square}$

3 ¿Cuántos octavos deben colorearse para mostrar la misma cantidad que $\frac{1}{4}$?

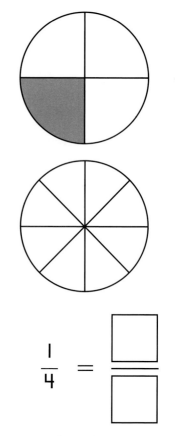

$\frac{1}{4}$

$\frac{1}{4} = \frac{\square}{\square}$

© Harcourt

Nombre _____

Destrezas y conceptos

1 Escribe cuántas centenas, decenas y unidades hay.

Después escribe el número.

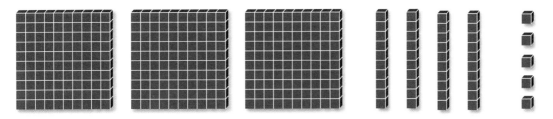

_____ centenas _____ decenas _____ unidades _____

2 Escribe el número de diferentes maneras.

doscientos treinta y cinco

centenas	decenas	unidades

_____ + _____ + _____

_____

3 Escribe los números que son 100 menos y 100 más que 421.

100 menos _____

100 más _____

4 Escribe mayor que, menor que o igual a.

Escribe >, < ó =

91
40
___

123 es _____ 45

123 ◯ 45

5 Escribe los números en orden de menor a mayor.

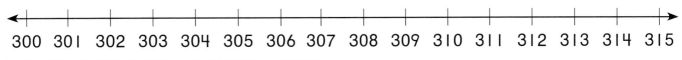
300 301 302 303 304 305 306 307 308 309 310 311 312 313 314 315

| 306 | 301 | 314 | 310 |

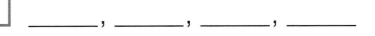
_____, _____, _____, _____

6 Escribe el número de partes. ¿Son las partes iguales? Encierra en un círculo sí o no.

sí

no

_____ partes

---

7 Escribe qué fracción es la parte coloreada.

_____

---

8 Escribe qué fracción es cada parte. Cuenta. Escribe qué fracción es el entero.

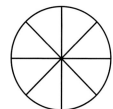

_____

9 Encierra en un círculo las partes iguales. Colorea para mostrar la fracción.

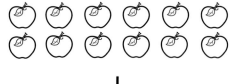

$\dfrac{1}{6}$

---

10 Compara las partes coloreadas. Encierra en un círculo verdadero o falso

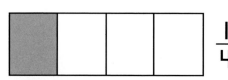

$\dfrac{1}{4}$

$\dfrac{3}{4}$

$\dfrac{1}{4} > \dfrac{3}{4}$

verdadero   falso

Resolver problemas

11 Halla el patrón. Escribe la regla. Continúa el patrón.
Dion ve un patrón en los números 235, 239, 243, 247.

La regla podría ser contar _____.

235, 239, 243, 247, _____, _____, _____, _____

© Harcourt

Edificios altos

El edificio más alto de Los Angeles es
Library Tower. ¡Mide 1,018 pies de altura!

Edificio	Pies de altura
Library Tower	1,018
Two California Plaza	750
Bank of America Tower	699
Wells Fargo Tower	723
Edificio de AT&T	620
777 Tower	725
First Interstate Bank	858
Atlantic Richfield Tower	699

Ordena los edificios por altura de mayor a menor.

Edificio	Pies de altura
Library Tower	1,018

Nombre _____

Los Angeles Tower

Usa la lista para contestar las preguntas.

1 ¿Cuál es el segundo edificio más alto? _____

2 ¿Qué edificios miden 699 pies de altura? _____

_____

3 ¿Cuál es el edificio más bajo? _____

4 ¿Cuánto mide el Wells Fargo Tower? _____

5 ¿Cuál es más alto, Two California Plaza o 777 Tower?

_____

© Harcourt

Sumar números de 3 dígitos

125 LIBROS DE JUEGOS

220 LIBROS DE JUEGOS

100 LIBROS DE ROMPECABEZAS

200 LIBROS DE ROMPECABEZAS

219 LIBROS DE DEPORTES

126 LIBROS DE DEPORTES

Escribe todos los problemas de suma que puedas, usando los números de la ilustración.

© Harcourt

LA ESCUELA Y LA CASA

Querida familia:

Hoy comenzamos el Capítulo 25. Estudiaremos maneras de sumar números de 3 dígitos. Aquí están el vocabulario nuevo y una actividad para hacer juntos en casa.

Con cariño,

_____

Mis palabras de matemáticas
punto decimal
signo de dólar

Vocabulario

punto decimal Punto en una cantidad de dinero que separa los dólares de los centavos.

signo de dólar Símbolo que se pone al principio de una cantidad de dinero para indicar que son dólares.

punto decimal

signo de dólar ——➤ $ 4.80

Visita *The Learning Site* para ideas adicionales y actividades. www.harcourtschool.com

ACTIVIDAD

Con su niño, revise anuncios en el periódico para encontrar dos artículos cuyo precio esté comprendido entre $1.00 y $4.99. Pida a su niño que use, si es posible, dinero verdadero para hallar cuánto costaría comprar los dos artículos. Repita el ejercicio con otros precios.

Libros para compartir

Busque éstos u otros libros en la biblioteca local para leer con su niño acerca de números de 3 dígitos.

The 329th Friend, por Marjorie Weinman Sharmat, Simon & Schuster, 1992.

101 Dalmatas: Libro para contar, por Fran Manushkin, Disney Press, 1994.

© Harcourt

Nombre _____

¿Cuánto es 300 + 100?

3 + 1 = **4**

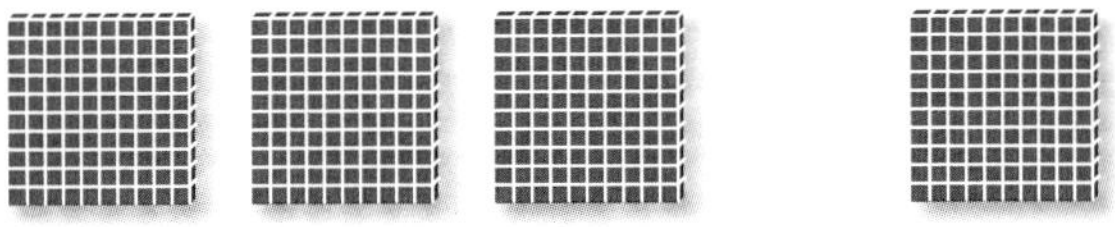

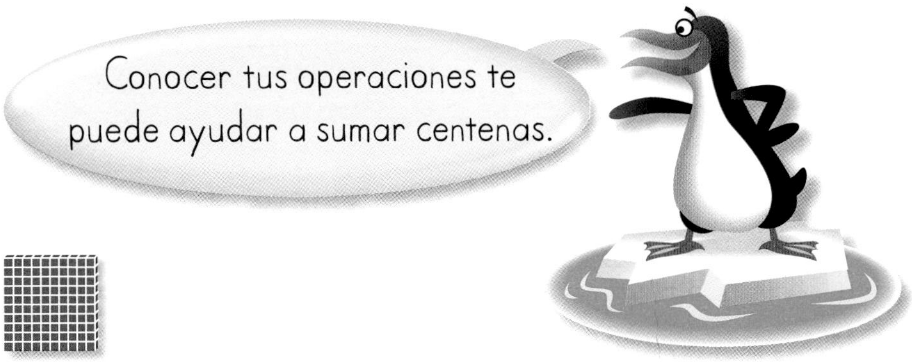

3 centenas + 1 centena = **4** centenas   300 + 100 = **400**

Conocer tus operaciones te puede ayudar a sumar centenas.

Suma.

1 5 + 4 = _____

5 centenas + 4 centenas = _____ centenas

500 + 400 = _____

2 3 + 5 = _____

3 centenas + 5 centenas = _____ centenas

300 + 500 = _____

3 6 + 0 = _____

6 centenas + 0 centenas = _____ centenas

600 + 0 = _____

4 5 + 2 = _____

5 centenas + 2 centenas = _____ centenas

500 + 200 = _____

Explica lo que sabes ▢ Razonamiento

¿Cómo el conocer la suma de 4 + 3 te ayuda a sumar 400 + 300?

© Harcourt

Suma.

1
2	2 centenas	200
+4	+4 centenas	+400
6	6 centenas	600

2
4	4 centenas	400
+5	+5 centenas	+500
	centenas	

3
1	1 centena	100
+7	+7 centenas	+700
	centenas	

4
2	2 centenas	200
+2	+2 centenas	+200
	centenas	

5
3	3 centenas	300
+4	+4 centenas	+400
	centenas	

6
5	5 centenas	500
+0	+0 centenas	+ 0
	centenas	

7
6	6 centenas	600
+3	+3 centenas	+300
	centenas	

8
3	3 centenas	300
+2	+2 centenas	+200
	centenas	

Álgebra

Usa el patrón para sumar.

9
4	40	400
+3	+30	+300

10
8	80	800
+1	+10	+100

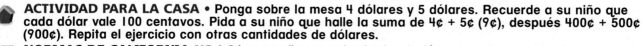

ACTIVIDAD PARA LA CASA • Ponga sobre la mesa 4 dólares y 5 dólares. Recuerde a su niño que cada dólar vale 100 centavos. Pida a su niño que halle la suma de 4¢ + 5¢ (9¢), después 400¢ + 500¢ (900¢). Repita el ejercicio con otras cantidades de dólares.

NORMAS DE CALIFORNIA NS 1.0 Los estudiantes entienden la relación que existe entre los números, las cantidades y el valor posicional en números enteros hasta 1,000. *también* MR 3.0, O→ NS 2.2, AF 1.0

Nombre _____

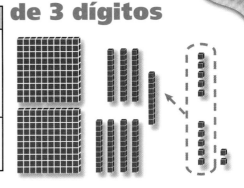

Hacer un modelo de suma de números de 3 dígitos

135 + 147 = _____

Paso 1

Suma las unidades. Reagrupa 12 unidades para formar 1 decena y 2 unidades. Escribe 1 en la columna de las decenas.

centenas	decenas	unidades
	1	
1	3	5
+ 1	4	7
		2

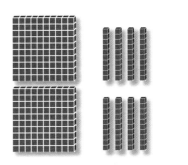

Paso 2

Suma las decenas. Escribe el número de decenas.

centenas	decenas	unidades
	1	
1	3	5
+ 1	4	7
	8	2

Paso 3

Suma las centenas. Escribe el número de centenas.

centenas	decenas	unidades
	1	
1	3	5
+ 1	4	7
2	8	2

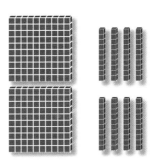

Usa ▦ ▭ ▪. Suma. Reagrupa si es necesario.

1

centenas	decenas	unidades
	☐	
6	4	5
+ 1	3	5

2

centenas	decenas	unidades
	☐	
3	3	6
+ 2	2	7

3

centenas	decenas	unidades
	☐	
4	6	1
+ 5	1	8

Explica lo que sabes ▪ Razonamiento

¿Qué pasaría si sumas primero las centenas, después las decenas y al final las unidades?

© Harcourt

Capítulo 25 • Sumar números de 3 dígitos

Práctica

Usa ▪️. Suma. Reagrupa si es necesario.

1

centenas	decenas	unidades
	[1]	
2	1	9
+2	5	4
4	7	3

2

centenas	decenas	unidades
	☐	
3	5	8
+1	1	2

3

centenas	decenas	unidades
	☐	
1	6	5
+4	2	9

4

centenas	decenas	unidades
	☐	
2	8	4
+5	0	7

5

centenas	decenas	unidades
	☐	
7	0	5
+1	3	4

6

centenas	decenas	unidades
	☐	
3	6	8
+	1	6

7

centenas	decenas	unidades
	☐	
2	4	9
+1	2	3

8

centenas	decenas	unidades
	☐	
6	3	9
+1	5	6

9

centenas	decenas	unidades
	☐	
4	4	7
+3	4	3

Resolver problemas ▪ Estimación

Estima. Encierra en un círculo **mayor que 500** ó **menor que 500**.

10 309 + 43

mayor que 500
menor que 500

11 232 + 693

mayor que 500
menor que 500

 ACTIVIDAD PARA LA CASA • Pida a su niño que le diga cómo sabe cuándo tiene que reagrupar. Use uno de los problemas de esta página.

NORMAS DE CALIFORNIA ⊶ **NS 2.2** Hallar la suma o la diferencia de dos números enteros con un máximo de tres dígitos cada uno. **NS 2.0** Los estudiantes estiman, calculan y resuelven problemas de suma y resta de números de dos y tres dígitos. *también* **MR 1.2**

Nombre _____

142 + 185 = _____

Paso 1

Suma las unidades.
Escribe el número de
unidades.

centenas	decenas	unidades
☐	☐	
1	4	2
+1	8	5
		7

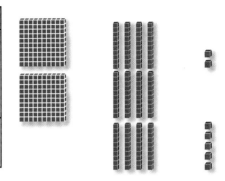

Paso 2

Suma las decenas.
Reagrupa 12 decenas
como 1 centena y
2 decenas. Escribe el
número de decenas.

centenas	decenas	unidades
☐	☐	
1	4	2
+1	8	5
	2	7

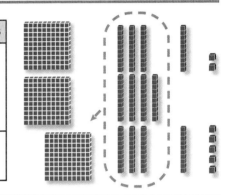

Paso 3

Suma las centenas.
Escribe el número de
centenas.

centenas	decenas	unidades
1	☐	
1	4	2
+1	8	5
3	2	7

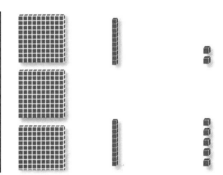

Suma.

1

centenas	decenas	unidades
☐	☐	
5	6	8
+2	5	0

2

centenas	decenas	unidades
☐	☐	
6	7	7
+2	0	3

3

centenas	decenas	unidades
☐	☐	
4	7	7
+1	4	2

© Harcourt

Explica lo que sabes ▪ Razonamiento

Ann obtuvo 7118 como resultado del problema 1. ¿Qué hizo mal?

Práctica

Suma.

1

centenas	decenas	unidades
1	☐	☐
5	9	3
+2	8	6
8	7	9

2

centenas	decenas	unidades
☐	☐	
3	2	9
+3	4	2

3

centenas	decenas	unidades
☐	☐	
6	7	3
+2	3	4

4
$$\begin{array}{r} 153 \\ +354 \\ \hline 507 \end{array}$$

5
$$\begin{array}{r} 132 \\ +622 \\ \hline \end{array}$$

6
$$\begin{array}{r} 408 \\ +356 \\ \hline \end{array}$$

7
$$\begin{array}{r} 710 \\ +197 \\ \hline \end{array}$$

8
$$\begin{array}{r} 238 \\ +559 \\ \hline \end{array}$$

9
$$\begin{array}{r} 463 \\ +374 \\ \hline \end{array}$$

10
$$\begin{array}{r} 953 \\ +\ 27 \\ \hline \end{array}$$

11
$$\begin{array}{r} 690 \\ +309 \\ \hline \end{array}$$

12
$$\begin{array}{r} 418 \\ +479 \\ \hline \end{array}$$

13
$$\begin{array}{r} 184 \\ +713 \\ \hline \end{array}$$

14
$$\begin{array}{r} 537 \\ +248 \\ \hline \end{array}$$

15
$$\begin{array}{r} 835 \\ +\ 94 \\ \hline \end{array}$$

Resolver problemas ▪ Aplicaciones

16 Hay 365 días en un año. ¿Cuántos días hay en dos años?

_____ días

ACTIVIDAD PARA LA CASA • Plantee a su niño problemas con números de 3 dígitos para que los resuelva.

NORMAS DE CALIFORNIA ⚬━ **NS 2.2** Hallar la suma o la diferencia de dos números enteros con un máximo de tres dígitos cada uno. **NS 2.0** Los estudiantes estiman, calculan y resuelven problemas de suma y resta de números de dos y tres dígitos. *también* **MR 2.2**

© Harcourt

Hay 365 libros sobre osos polares y 208 libros sobre pingüinos. ¿Cuántos libros hay en total?

Paso 1

Suma las unidades. Reagrupa si es necesario. Escribe el número de unidades.

```
  ¹
  365
+ 208
    3
```

Paso 2

Suma las decenas. Reagrupa si es necesario. Escribe el número de decenas.

```
  ¹
  365
+ 208
   73
```

Paso 3

Suma las centenas. Escribe el número de centenas.

```
  ¹
  365
+ 208
  573
```

Hay __573__ libros en total.

Suma.

1
```
  ¹
  522
+ 185
  707
```

2
```
  907
+  30
```

3
```
  226
+ 457
```

4
```
  544
+ 315
```

5
```
  248
+ 537
```

6
```
  653
+  37
```

7
```
  193
+ 284
```

8
```
   25
+ 492
```

9
```
  709
+ 259
```

10
```
  888
+   9
```

11
```
  282
+ 254
```

12
```
  303
+ 353
```

Explica lo que sabes ▪ Razonamiento

¿Por qué reagrupas las unidades si la suma es diez o más?

Suma.

1
```
  853
+  72
```
925

2
```
  690
+ 309
```

3
```
  418
+ 479
```

4
```
  184
+ 713
```

5
```
  537
+ 248
```

6
```
  435
+  94
```

7
```
   66
+ 682
```

8
```
  373
+ 107
```

9
```
  255
+ 219
```

10
```
  363
+ 561
```

11
```
  978
+   6
```

12
```
  230
+ 435
```

13
```
  772
+  47
```

14
```
  431
+ 322
```

15
```
   83
+ 385
```

16
```
  151
+ 444
```

Repaso mixto

Suma o resta.

17
```
  45        65        94       73¢       82        24
+ 35      - 16      - 53     - 29¢     +  4      + 58
```

 ACTIVIDAD PARA LA CASA • Tome un libro de menos de 500 páginas. Elija dos páginas y señale los números de página. Pida a su niño que los sume en una hoja de papel. Repita el ejercicio con otros números.

 NORMAS DE CALIFORNIA ⚬━ **NS 2.2** Hallar la suma o la diferencia de dos números enteros con un máximo de tres dígitos cada uno. **NS 2.0** Los estudiantes estiman, calculan y resuelven problemas de suma y resta de números de dos y tres dígitos. *también* **MR 2.2**

© Harcourt

Nombre _____

Sumar dinero

Sara compró una jaula por $4.80
y un columpio por $3.65.
¿Cuánto gastó en total?

$4.80
+$3.65
$8.45

Suma cantidades de
dinero de la misma manera
en que sumas otros
números. Pon el signo de
dólar y el punto decimal
en el resultado.

punto decimal ————————┐
                       ↓
signo de dólar ⟶ $4.80
               +$3.65

Gastó ___$8.45___ en total.

Suma.

1
$1.22
+$5.58
$6.80

2
$5.71
+$4.13

3
$6.18
+$1.43

4
$4.18
+$0.90

5
$3.33
+$2.49

6
$7.30
+$0.41

7
$2.09
+$3.87

8
$1.95
+$1.50

9
$1.22
+$5.58

10
$7.30
+$0.41

11
$2.09
+$3.87

12
$1.95
+$1.50

Explica lo que sabes ▪ Razonamiento

Tony tiene 2 billetes de 1 dólar y 3 monedas de 25¢ en su cartera. Sarah
tiene 275 monedas de 1¢ en su alcancía. Cada uno piensa que tiene más
dinero que el otro. ¿Qué crees tú?

© Harcourt

Capítulo 25 • Sumar números de 3 dígitos

trescientos setenta y siete **377**

Suma.

1
$2.62
+$3.84
$6.46

2
$5.25
+$3.90

3
$0.55
+$6.29

4
$2.44
+$7.37

5
$1.31
+$3.64

6
$1.50
+$4.99

7
$3.08
+$3.56

8
$0.29
+$4.50

9
$3.33
+$5.53

10
$3.57
+$1.28

11
$2.16
+$3.45

12
$7.30
+$0.41

13
$4.00
+$5.25

14
$7.40
+$0.99

15
$0.09
+$6.48

16
$2.25
+$2.83

Resolver problemas ▪ Estimación

Estima.

17 Quieres comprar una pecera por $4.99 y un pez por $1.75. ¿Cuánto dinero vas a gastar en total?

aproximadamente _____

ACTIVIDAD PARA LA CASA • Busque los anuncios de ofertas en el periódico. Pida a su niño que elija dos precios inferiores a $5.00 y los sume en una hoja de papel. Repita el ejercicio varias veces.

NORMAS DE CALIFORNIA O━┓ **NS 5. I** Resolver problemas empleando combinaciones de monedas y billetes. *también* O━┓ **NS 5.2,** O━┓ **NS 2.2**

© Harcourt

Suma.

1
```
  482
+  26
─────
  508
```

2
```
  430
+306
─────
```

3
```
 $0.25
+$5.47
──────
```

4
```
  264
+735
─────
```

5
```
  547
+117
─────
```

6
```
   85
+483
─────
```

7
```
  562
+  47
─────
```

8
```
  291
+143
─────
```

9
```
  208
+275
─────
```

10
```
 $0.75
+$3.90
──────
```

11
```
  240
+   3
─────
```

12
```
 $7.67
+$1.91
──────
```

13
```
  347
+  41
─────
```

14
```
  261
+582
─────
```

15
```
   21
+398
─────
```

16
```
  312
+404
─────
```

17
```
  472
+407
─────
```

18
```
   39
+220
─────
```

19
```
 $1.45
+$6.47
──────
```

20
```
  251
+483
─────
```

Explica lo que sabes ▪ Razonamiento

¿Crees que puedes sumar números de 4 ó 5 dígitos de la misma manera que sumas números de 1, 2 ó 3 dígitos? ¿Por qué sí o por qué no?

Práctica

Vuelve a escribir los números en cada problema. Después suma.

1 275 + 392

```
  1
 275
+392
 667
```

2 547 + 392

3 27 + 608

4 236 + 639

5 151 + 393

6 175 + 263

Resolver problemas ▪ Cálculo mental

Suma.

7

Suma 100.	
108	208
256	
696	
847	

8

Suma 300.	
45	345
177	
284	
678	

9

Suma 500.	
89	589
205	
386	
440	

 ACTIVIDAD PARA LA CASA • Pida a su niño que le muestre cómo suma números de 3 dígitos. Juntos planteen problemas de suma usando los dígitos de su número telefónico. Las sumas no deben exceder de 999.

NORMAS DE CALIFORNIA ⌒ **NS 2.2** Hallar la suma o la diferencia de dos números enteros con un máximo de tres dígitos cada uno. ⌒ **NS 5.1** Resolver problemas empleando combinaciones de monedas y billetes. *también* **MR 2.0**

© Harcourt

Nombre _____

COMPROBAR ▪ Conceptos y destrezas

Suma.

1	1 centena	100
+7	+7 centenas	+700
	centenas	

3	3 centenas	300
+3	+3 centenas	+300
	centenas	

Usa .
Suma. Reagrupa si es necesario.

3

centenas	decenas	unidades
☐	☐	
6	1	8
+2	7	4

4

centenas	decenas	unidades
☐	☐	
1	2	0
+3	3	8

5

centenas	decenas	unidades
☐	☐	
3	8	3
+4	4	6

Suma.

6

centenas	decenas	unidades
☐	☐	
8	1	9
+	7	6

7

centenas	decenas	unidades
☐	☐	
1	3	7
+6	0	0

8

centenas	decenas	unidades
☐	☐	
4	5	2
+4	9	0

9
$8.08
+$1.70

10
859
+ 28

11
$2.17
+$3.45

12
55
+574

Nombre ____________________

Repaso acumulativo
Capítulos 1–25

Elige la mejor respuesta.

1

$$\begin{array}{r} 200 \\ +\ 700 \\ \hline \end{array}$$

○ 9 ○ 90 ○ 99 ○ 900

2

$$\begin{array}{r} 434 \\ +\ 512 \\ \hline \end{array}$$

○ 922 ○ 940 ○ 946 ○ 948

3

$$\begin{array}{r} \$1.85 \\ +\ \$5.12 \\ \hline \end{array}$$

○ $4.73 ○ $6.73 ○ $6.97 ○ $7.97

4

$$\begin{array}{r} 703 \\ +\ 105 \\ \hline \end{array}$$

○ 602 ○ 608 ○ 802 ○ 808

5

$$\begin{array}{r} \$4.56 \\ +\ \$3.22 \\ \hline \end{array}$$

○ $7.78 ○ $7.84 ○ $8.84 ○ $17.84

6 Michael tiene 2 tarjetas de fútbol y 4 de béisbol. ¿Qué parte del grupo son las tarjetas de béisbol?

○ $\frac{2}{4}$ ○ $\frac{2}{6}$ ○ $\frac{4}{6}$ ○ $\frac{6}{6}$

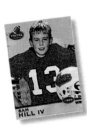

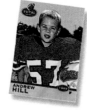

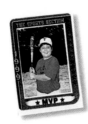

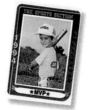

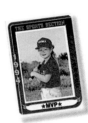

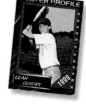

CAPÍTULO 26
Restar números de 3 dígitos

Pista de bicicletas	120 millas
Sendero natural	280 millas
Campamento	150 millas

Monte Snow	365 millas
Monte Sunny	320 millas

Escribe todos los problemas de resta que puedas usando los números de la ilustración.

LA ESCUELA Y LA CASA

Querida familia:

Hoy comenzamos el Capítulo 26. Estudiaremos diferentes maneras de restar números de 3 dígitos. Aquí están el vocabulario nuevo y una actividad para hacer juntos en casa.

Con cariño,

_____

Mis palabras de matemáticas
reagrupar

Vocabulario

reagrupar Desarmar 1 centena en 10 decenas o desarmar 1 decena en 10 unidades.

$$
\begin{array}{r}
^{7\ 14} \\
\cancel{8}\cancel{4}5 \\
-\ 375 \\
\hline
470
\end{array}
$$

Reagrupa 1 centena en 10 unidades. Tendrás 7 centenas y 14 decenas.

ACTIVIDAD

Antes de iniciar un viaje, comente el número total de millas que van a recorrer. Durante el viaje, observen los avisos que indican las distancias en millas que faltan para llegar a su destino. Pida a su niño que reste esa distancia del total de millas para hallar cuántas millas han recorrido hasta ese momento.

Libros para compartir

Busque éstos u otros libros en la biblioteca local para leer con su niño acerca de la resta de números de 3 dígitos.

The King's Commissioners, por Aileen Friedman, Scholastic, 1995.

The Philharmonic Gets Dressed, por Karla Kuskin, HarperCollins, 1986.

Yo tenía diez perritos, por Miguel Salas, Ciclo Editorial, 1989.

Visita *The Learning Site* para ideas adicionales y actividades. www.harcourtschool.com

Nombre _____

¿Cuánto es 500 − 300?

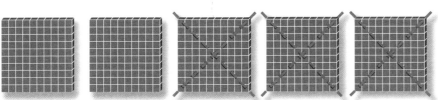

5 − 3 = _2_

> Conocer las operaciones de resta te ayuda a restar centenas.

5 centenas − 3 centenas = _2_ centenas

500 − 300 = _200_

Resta.

1 9 − 5 = _____

9 centenas − 5 centenas = _____ centenas

900 − 500 = _____

---

2 7 − 6 = _____

7 centenas − 6 centenas = _____ centenas

700 − 600 = _____

---

3 8 − 5 = _____

8 centenas − 5 centenas = _____ centenas

800 − 500 = _____

Explica lo que sabes ▪ **Razonamiento**

¿Cómo el saber la diferencia de 6 − 3 te ayuda a hallar 600 − 300? Explica tu razonamiento.

Capítulo 26 · Restar números de 3 dígitos

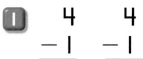

Práctica

Resta.

1
4	4 centenas	400
−1	−1 centena	−100
3	3 centenas	300

2
7	7 centenas	700
−3	−3 centenas	−300
	centenas	

3
9	9 centenas	900
−7	−7 centenas	−700
	centenas	

4
8	8 centenas	800
−4	−4 centenas	−400
	centenas	

5
5	5 centenas	500
−4	−4 centenas	−400
	centena	

6
8	8 centenas	800
−6	−6 centenas	−600
	centena	

7
4	4 centenas	400
−4	−4 centenas	−400
	centenas	

8
9	9 centenas	900
−6	−6 centenas	−600
	centenas	

Álgebra

Usa la suma para restar.

9 $500 + 300 = 800$, entonces $800 -$ _____ $= 500$

10 $200 + 700 = 900$, entonces $900 -$ _____ $= 200$

11 $400 + 300 = 700$, entonces $700 -$ _____ $= 400$

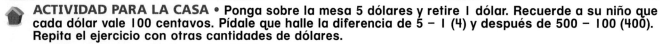

ACTIVIDAD PARA LA CASA • Ponga sobre la mesa 5 dólares y retire 1 dólar. Recuerde a su niño que cada dólar vale 100 centavos. Pídale que halle la diferencia de 5 − 1 (4) y después de 500 − 100 (400). Repita el ejercicio con otras cantidades de dólares.

NORMAS DE CALIFORNIA ⊙━ **NS 2.2** Hallar la suma o la diferencia de dos números enteros con un máximo de tres dígitos cada uno. **NS 1.0** Los estudiantes entienden la relación que existe entre los números, las cantidades y el valor posicional en números enteros hasta 1,000. *también* **MR 3.0, AF 1.0**

© Harcourt

Nombre _____

$236 - 129 = $ _____

Paso 1

Forma 236.
Observa las unidades.
¿Debes reagrupar?

(**Sí**)   No

centenas	decenas	unidades
2	3 ☐	6 ☐
− 1	2	9

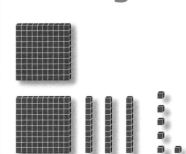

Paso 2

Reagrupa 1 decena
como 10 unidades.
Tienes ahora 16
unidades.
Resta 9 de 16.
Escribe cuántas
unidades quedan.

centenas	decenas	unidades
2	3̶ 2	6̶ 16
− 1	2	9
		7

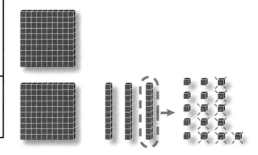

Paso 3

Resta las decenas.
Resta las centenas.
Escribe cuántas decenas
y centenas quedan.

centenas	decenas	unidades
2	3̶ 2	6̶ 16
− 1	2	9
1	0	7

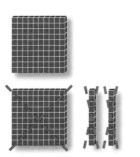

Usa  . Resta.

1

centenas	decenas	unidades
9	6 ☐	3 ☐
− 7	5	7

2

centenas	decenas	unidades
7	8 ☐	7 ☐
− 2	4	5

3

centenas	decenas	unidades
6	4 ☐	1 ☐
− 3	2	5

Explica lo que sabes ▪ Razonamiento

¿Por qué es más fácil restar primero las unidades?

© Harcourt

Práctica

Usa . Resta.

1

centenas	decenas	unidades
	4	10
8	5	0
−6	1	3
2	3	7

2

centenas	decenas	unidades
	☐	☐
9	8	2
−9	1	9

3

centenas	decenas	unidades
	☐	☐
5	9	0
−2	3	8

4

centenas	decenas	unidades
	☐	☐
4	2	8
−1	1	3

5

centenas	decenas	unidades
	☐	☐
7	9	4
−2	5	7

6

centenas	decenas	unidades
	☐	☐
6	4	8
−	3	9

7

centenas	decenas	unidades
	☐	☐
3	9	1
−1	0	6

8

centenas	decenas	unidades
	☐	☐
8	6	5
−	3	8

9

centenas	decenas	unidades
	☐	☐
7	7	5
−6	0	7

Resolver problemas ▪ Cálculo mental

Cuenta hacia adelante para sumar. Cuenta hacia atrás para restar.

10 $428 + 30 =$ _____

11 $157 + 300 =$ _____

12 $563 − 100 =$ _____

13 $296 − 20 =$ _____

 ACTIVIDAD PARA LA CASA • Pida a su niño que elija un problema de resta de esta página y le diga qué pasos siguió para resolverlo.

NORMAS DE CALIFORNIA ⚬─ NS 2.2 Hallar la suma o la diferencia de dos números enteros con un máximo de tres dígitos cada uno. **NS 2.0** Los estudiantes estiman, calculan y resuelven problemas de suma y resta de números de dos y tres dígitos. *también* **MR 1.2**

© Harcourt

Nombre _____

Restar números de 3 dígitos

329 − 197 = _____

Paso 1
Forma 329. Resta las unidades. Escribe cuántas unidades quedan.

centenas	decenas	unidades
3	2	9
− 1	9	7
		2

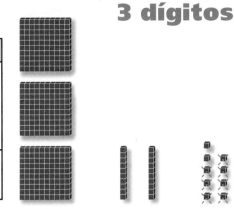

Paso 2
¿Puedes restar 9 decenas? Si no puedes, reagrupa 1 centena como 10 decenas. Tienes ahora 12 decenas. Resta. Escribe cuántas decenas quedan.

centenas	decenas	unidades
2̶3̶	12̶2̶	9
− 1	9	7
	3	2

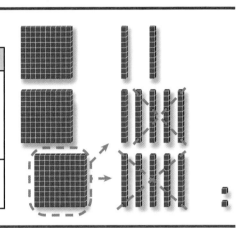

Paso 3
Resta las centenas. Escribe cuántas centenas quedan.

centenas	decenas	unidades
2̶3̶	12̶2̶	9
− 1	9	7
1	3	2

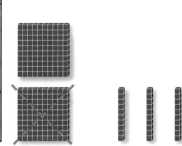

Resta.

1

centenas	decenas	unidades
8	4	8
− 4	7	5

2

centenas	decenas	unidades
9	2	4
− 6	5	3

3

centenas	decenas	unidades
7	5	9
− 1	9	5

Explica lo que sabes ■ Razonamiento
¿Qué pasa si restas primero las centenas al restar números de 3 dígitos?

Capítulo 26 • Restar números de 3 dígitos   trescientos ochenta y nueve **389**

Práctica

Resta.

1

centenas	decenas	unidades
6̶ 7	1̶0̶ 0	7
−1	6	3
5	4	4

2

centenas	decenas	unidades
☐ 9	☐ 4	6
−5	8	3

3

centenas	decenas	unidades
3	☐ 8	☐ 1
−	4	4

4

centenas	decenas	unidades
☐ 8	☐ 2	8
−6	7	4

5

centenas	decenas	unidades
☐ 5	☐ 2	7
−2	4	5

6

centenas	decenas	unidades
8	☐ 4	☐ 2
−3	2	6

7

centenas	decenas	unidades
☐ 6	☐ 0	4
−3	1	0

8

centenas	decenas	unidades
9	☐ 8	☐ 7
−1	6	9

9

centenas	decenas	unidades
7	☐ 3	☐ 6
−7	1	7

Repaso mixto

Halla el patrón. Escribe la regla. Continúa el patrón.

10 Edie ve un patrón en los números 819, 719, 619.

La regla podría ser _____.

819, 719, 619, ____, ____, ____, ____, ____

🏠 **ACTIVIDAD PARA LA CASA** • Dé a su niño dos números de 3 dígitos y pídale que los reste.

NORMAS DE CALIFORNIA ⚷ **NS 2.2** Hallar la suma o la diferencia de dos números enteros con un máximo de tres dígitos cada uno. **NS 2.0** Los estudiantes estiman, calculan y resuelven problemas de suma y resta de números de dos y tres dígitos. *también* **MR 2.2**

Nombre _____

Hay 340 personas en la playa. 137 se meten al mar. ¿Cuántas personas no se meten al mar?

Paso 1
No hay suficientes unidades para restar sin reagrupar. Reagrupa 1 decena como 10 unidades.

$$\begin{array}{r} \overset{3\ 10}{3\cancel{4}\cancel{0}} \\ -137 \\ \hline \end{array}$$

Paso 2
Resta las unidades. Resta las decenas.

$$\begin{array}{r} \overset{3\ 10}{3\cancel{4}\cancel{0}} \\ -137 \\ \hline 03 \end{array}$$

Paso 3
Resta las centenas.

$$\begin{array}{r} \overset{3\ 10}{3\cancel{4}\cancel{0}} \\ -137 \\ \hline 203 \end{array}$$

203 personas no se meten al mar.

Resta.

1
$$\begin{array}{r} \overset{8\ 12}{\cancel{9}\cancel{2}6} \\ -\ \ 45 \\ \hline 881 \end{array}$$

2
$$\begin{array}{r} 739 \\ -284 \\ \hline \end{array}$$

3
$$\begin{array}{r} 409 \\ -206 \\ \hline \end{array}$$

4
$$\begin{array}{r} 198 \\ -\ \ 48 \\ \hline \end{array}$$

5
$$\begin{array}{r} 542 \\ -226 \\ \hline \end{array}$$

6
$$\begin{array}{r} 673 \\ -\ \ 37 \\ \hline \end{array}$$

7
$$\begin{array}{r} 603 \\ -353 \\ \hline \end{array}$$

8
$$\begin{array}{r} 258 \\ -142 \\ \hline \end{array}$$

9
$$\begin{array}{r} 709 \\ -259 \\ \hline \end{array}$$

10
$$\begin{array}{r} 888 \\ -\ \ 9 \\ \hline \end{array}$$

11
$$\begin{array}{r} 532 \\ -250 \\ \hline \end{array}$$

12
$$\begin{array}{r} 190 \\ -\ \ 84 \\ \hline \end{array}$$

Explica lo que sabes ▪ Razonamiento
¿Cómo sabes si necesitas reagrupar? Explica tu respuesta con ejemplos.

Práctica

Resta.

1
```
   410
   506
 - 452
   54
```

2
```
   675
 -  94
```

3
```
   864
 - 123
```

4
```
   458
 -  29
```

5
```
   903
 - 250
```

6
```
   784
 -   7
```

7
```
   965
 - 781
```

8
```
   175
 -  57
```

9
```
   688
 - 347
```

10
```
   393
 -  78
```

11
```
   950
 - 370
```

12
```
   566
 - 425
```

13
```
   837
 - 263
```

14
```
   698
 -  68
```

15
```
   759
 - 555
```

16
```
   390
 - 147
```

Resolver problemas ▪ Razonamiento

Escribe los dos números que forman cada diferencia.
Usa los números en la casilla.

897	653
543	252

17 Diferencia entre 645 _____ y _____

18 Diferencia entre 110 _____ y _____

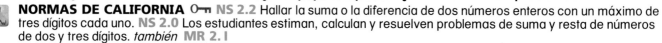

ACTIVIDAD PARA LA CASA • Plantee un problema de resta usando dos números de 3 dígitos. Pida a su niño que halle la diferencia en una hoja de papel. Repita el ejercicio con otros problemas.

NORMAS DE CALIFORNIA ○━┐ **NS 2.2** Hallar la suma o la diferencia de dos números enteros con un máximo de tres dígitos cada uno. **NS 2.0** Los estudiantes estiman, calculan y resuelven problemas de suma y resta de números de dos y tres dígitos. *también* **MR 2.1**

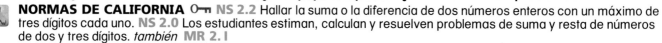

© Harcourt

Nombre ______________________________

Comprende · Planea · Resuelve · Comprueba

Resolver problemas
Demasiada información

Tacha la oración que no se necesita.
Después resuelve.

1 En un viaje, la familia Rodríguez ve 156 camiones y 138 camionetas. ~~Ven 65 furgonetas.~~ ¿Cuántos más camiones que camionetas ven?

__18__ camiones más.

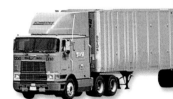

$$\begin{array}{r} {}^{4\,16} \\ 1\not5\not6 \\ -\ 138 \\ \hline 18 \end{array}$$

2 Manejan 507 millas el lunes. Manejan 245 millas el martes. Manejan 428 millas el miércoles. ¿Cuántas millas más que el lunes manejan el martes?

_______ millas más.

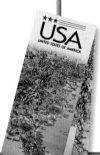

3 El Sr. Rodríguez compra jugo por \$2.25. Juan compra bocadillos por \$1.49. Juan compra "Trail Mix". ¿Cuánto dinero gastan en total?

____

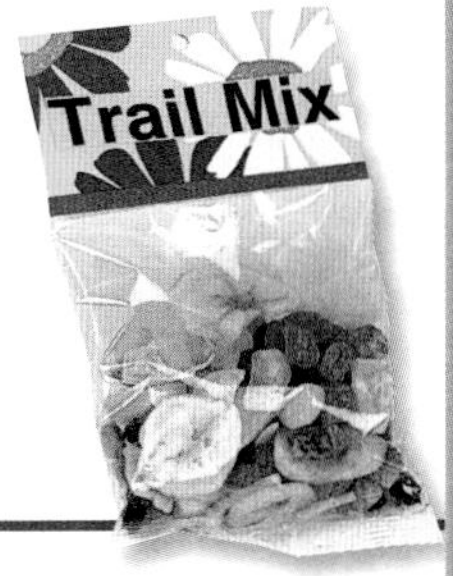

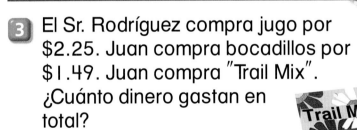

4 Susie tiene 140 postales. Las postales cuestan 18¢ cada una. Envía 32. ¿Cuántas postales le quedan?

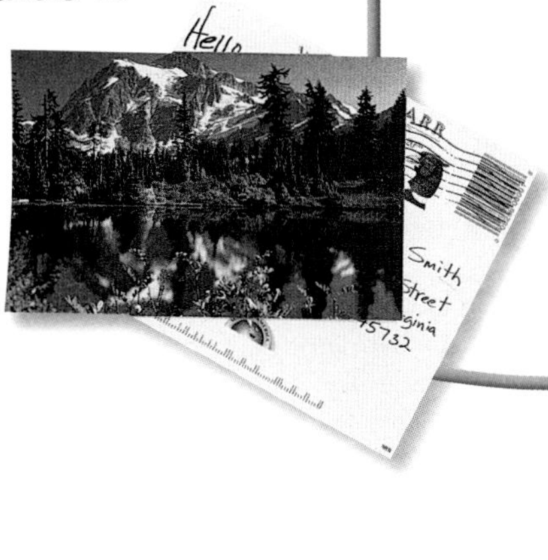

_______ postales

Tacha la oración que no se necesita.
Después resuelve.

1 El Sr. Rodríguez maneja 335 millas.
~~Paran 1 hora para comer.~~ Después
maneja 238 millas más. ¿Cuántas
millas manejó en total?

__573__ millas

$$\begin{array}{r} 335 \\ +238 \\ \hline 573 \end{array}$$

2 Juan cuenta 235 carros. Susie cuenta
247 carros. La Sra. Rodríguez cuenta
303 carros. ¿Cuántos carros menos
que Susie cuenta Juan?

_____ carros
menos.

3 La cascada Nevada Falls mide 594
pies de alto. La cascada Smith Falls
mide 320 pies de alto. Es 100 pies
más ancha en la parte de arriba.
¿Cuánto más alta que Smith Falls
es Nevada Falls?

_____ pies

4 La familia camina 5 horas por un
sendero natural. Ven 125
gorriones. Ven 165 cuervos.
¿Cuántos gorriones y
cuervos ven en total?

_____ gorriones y cuervos

Por escrito

Escribe un problema como éstos para que un compañero lo resuelva.
Incluye una oración que no se necesite para resolver el problema.

© Harcourt

🏠 **ACTIVIDAD PARA LA CASA** • Pida a su niño que le explique cómo resolvió los problemas de esta lección.

NORMAS DE CALIFORNIA MR 1.1 Determinar el enfoque, los materiales y las estrategias que se van a usar.
⊶ NS 2.2 Hallar la suma o la diferencia de dos números enteros con un máximo de tres dígitos cada uno.

Nombre _____

COMPROBAR ▪ Conceptos y destrezas

Resta.

$$9 \atop -6$$
9 centenas
−6 centenas
_____ centenas
$$900 \atop -600$$

$$5 \atop -3$$
5 centenas
−3 centenas
_____ centenas
$$500 \atop -300$$

Usa  . Resta.

centenas	decenas	unidades
☐	☐	☐
7	1	8
−4	4	5

centenas	decenas	unidades
☐	☐	☐
4	6	9
−3	7	2

5

centenas	decenas	unidades
☐	☐	☐
5	5	0
−	2	4

Resta.

$$633 \atop -170$$

$$743 \atop -26$$

$$956 \atop -592$$

$$244 \atop -226$$

COMPROBAR ▪ Resolver problemas

Tacha la oración que no se necesita. Después resuelve.

10 Papá tiene una colmena con 634 abejas. Compra una colmena nueva con 529 abejas. Las abejas fabrican 60 libras de miel. ¿Cuántas abejas menos tiene la colmena nueva?

_____ abejas menos

© Harcourt

Elige la mejor respuesta.

1
$$\begin{array}{r} 800 \\ -\ 600 \\ \hline \end{array}$$

2   200   300   2000
○   ○   ○   ○

2
$$\begin{array}{r} 726 \\ -\ 302 \\ \hline \end{array}$$

416   424   428   1028
○   ○   ○   ○

3
$$\begin{array}{r} 532 \\ -\ 520 \\ \hline \end{array}$$

6   11   12   46
○   ○   ○   ○

4
$$\begin{array}{r} \$3.56 \\ -\ \$1.45 \\ \hline \end{array}$$

$2.11 $3.89 $4.00 $4.01
○   ○   ○   ○

5
$$\begin{array}{r} \$4.56 \\ +\ \$3.48 \\ \hline \end{array}$$

$1.08 $1.09 $8.09 $8.04
○   ○   ○   ○

6 ¿Qué número está justo después de 326?

327   328   427   527
○   ○   ○   ○

7 Matt y Ann tienen 145 adhesivos entre los dos.
23 adhesivos tienen flores. 45 son de Matt.
¿Cuántos son de Ann?

100   213   190   290
○   ○   ○   ○

© Harcourt

Usar suma y resta

CAPÍTULO 27

Puedes comprar 3 juguetes. Aproximadamente, ¿cuánto dinero necesitas?

LA ESCUELA Y LA CASA

Querida familia:

Hoy comenzamos el Capítulo 27. Usaremos suma y resta de números de 3 dígitos de maneras nuevas. Aquí están el vocabulario nuevo y una actividad para hacer juntos en casa.

Con cariño,

_____

Mis palabras de matematicas

estimar sumas
estimar diferencias

Vocabulario

estimar sumas Hallar *aproximadamente* cuánto hay en total. Una manera de hacerlo es redondear cada número a la centena más próxima y sumar las centenas.

Estima

179	es aproximadamente	200
+493	es aproximadamente	+500
		700

Entonces, 179 + 493 es aproximadamente 700.

estimar diferencias Hallar *aproximadamente* cuánto queda. Una manera de hacerlo es redondear cada número a la centena más próxima y restar las centenas.

Estima

775	es aproximadamente	800
−318	es aproximadamente	−300
		500

Entonces, 775 − 318 es aproximadamente 500.

Visita *The Learning Site* para ideas adicionales y actividades. www.harcourtschool.com

ACTIVIDAD

Cuando vaya al supermercado, ayude a su niño a comparar precios. Elija dos artículos similares que pesen lo mismo. Los artículos deben costar entre $1.00 y $4.99. Pida a su niño que estime la diferencia de precios entre los dos artículos y diga cuál es más barato.

Libros para compartir

Busque éstos u otros libros en la biblioteca local para leer con su niño acerca de la suma y resta de números de 3 dígitos.

Pigs Will Be Pigs, por Amy Axelrod, Simon & Schuster, 1994.

Vamos de viaje, por Burton Marks, Editorial Molino, 1992.

© Harcourt

Nombre _____

Kareem lleva $7.45 a la tienda de animales. Compra una pecera por $4.17. ¿Cuánto dinero le queda?

Lee el punto decimal como **y**. Entonces, $1.20 se puede leer: un dólar **y** veinte centavos.

punto decimal ──┐
signo de dólar ──→ $7.45
─$4.17

Paso 1

Resta las unidades. Reagrupa si es necesario. Escribe cuántas unidades quedan.

3 15
$7.45
−$4.17
8

Paso 2

Resta las decenas. Reagrupa si es necesario. Escribe cuántas decenas quedan.

3 15
$7.45
−$4.17
.28

Paso 3

Resta las centenas. Escribe cuántas quedan. Escribe el signo de dólar y el punto decimal.

3 15
$7.45
−$4.17
$3.28

Le quedan ___$3.28___ .

Suma o resta.

1
$3.02
+$2.58

2
$5.52
−$5.28

3
$7.50
+$0.41

4
$8.69
−$3.87

5
$3.95
+$5.50

6
$9.99
−$8.45

7
$6.05
−$3.84

8
$4.25
+$1.35

Explica lo que sabes ▪ Razonamiento

¿Por qué restar dólares y centavos es lo mismo que restar números de 3 dígitos? ¿En qué se diferencian?

Práctica

Recuerda: Escribe el signo de dólar y el punto decimal en tu respuesta.

Suma o resta.

1
$$
\begin{array}{r}
514 \\
\$6.\!\!\not{4}5 \\
-\$1.55 \\
\hline
\$4.90
\end{array}
$$

2
$$
\begin{array}{r}
\$3.36 \\
-\$0.17 \\
\hline
\end{array}
$$

3
$$
\begin{array}{r}
\$5.99 \\
+\$1.00 \\
\hline
\end{array}
$$

4
$$
\begin{array}{r}
\$4.58 \\
-\$3.73 \\
\hline
\end{array}
$$

5
$$
\begin{array}{r}
\$2.95 \\
+\$6.72 \\
\hline
\end{array}
$$

6
$$
\begin{array}{r}
\$5.86 \\
-\$3.45 \\
\hline
\end{array}
$$

7
$$
\begin{array}{r}
\$6.05 \\
-\$3.84 \\
\hline
\end{array}
$$

8
$$
\begin{array}{r}
\$4.56 \\
+\$4.36 \\
\hline
\end{array}
$$

9
$$
\begin{array}{r}
\$0.63 \\
+\$6.00 \\
\hline
\end{array}
$$

10
$$
\begin{array}{r}
\$7.47 \\
-\$2.45 \\
\hline
\end{array}
$$

11
$$
\begin{array}{r}
\$9.75 \\
-\$5.91 \\
\hline
\end{array}
$$

12
$$
\begin{array}{r}
\$2.15 \\
+\$6.35 \\
\hline
\end{array}
$$

13
$$
\begin{array}{r}
\$8.46 \\
-\$4.08 \\
\hline
\end{array}
$$

14
$$
\begin{array}{r}
\$2.37 \\
-\$1.53 \\
\hline
\end{array}
$$

15
$$
\begin{array}{r}
\$7.39 \\
+\$1.66 \\
\hline
\end{array}
$$

16
$$
\begin{array}{r}
\$4.58 \\
-\$3.39 \\
\hline
\end{array}
$$

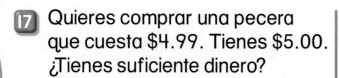

Resolver problemas ■ Sentido numérico

Encierra en un círculo sí o no.

17 Quieres comprar una pecera que cuesta $4.99. Tienes $5.00. ¿Tienes suficiente dinero?

sí   no

18 Tienes $1.00. Quieres comprar una tortuga que cuesta $1.99. ¿Tienes suficiente dinero?

sí   no

© Harcourt

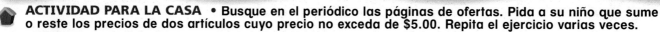

ACTIVIDAD PARA LA CASA • Busque en el periódico las páginas de ofertas. Pida a su niño que sume o reste los precios de dos artículos cuyo precio no exceda de $5.00. Repita el ejercicio varias veces.

NORMAS DE CALIFORNIA ○┐ **NS 5.1** Resolver problemas empleando combinaciones de monedas y billetes. **MR 2.2** Hacer cálculos precisos y comprobar la validez de los resultados en el contexto del problema. *también* ○┐ **NS 2.2, NS 5.0,** ○┐ **NS 5.2**

400 cuatrocientos   Capítulo 27

Tim quiere un tren que cuesta $3.98 y una pelota que cuesta $2.95. Aproximadamente, ¿cuánto dinero necesita Tim? Primero redondea para estimar la suma. Después resuelve. ¿Fue razonable tu respuesta?

Estima	Resuelve
$4.00 +$3.00 $7.00	$3.98 +$2.95 $6.93

Para 50¢ o más, redondea al próximo dólar.

$3.98 es aproximadamente $4.00.
$2.95 es aproximadamente $3.00.

$6.93 es aproximadamente $7.00, entonces la respuesta es razonable.

Redondea para estimar.
Después suma o resta para resolver.

1. Eli tiene $8.72. Julia tiene $4.63. ¿Cuánto dinero más tiene Eli que Julia?

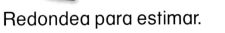

_____

Estima	Resuelve

2. Lynette tiene $2.89. Consigue $2.80 más. ¿Cuánto dinero tiene en total?

_____

Estima	Resuelve

Explica lo que sabes ▪ Razonamiento

¿Por qué tendrías que estimar para sumar y restar números de 3 dígitos?

© Harcourt

¿Tiene sentido tu respuesta?

Redondea para estimar.
Después suma o resta para resolver.

	Estima	Resuelve
1 Tonio tiene $8.99. Earl tiene $5.85. ¿Cuánto dinero más que Earl tiene Tonio? $3.14	$9.00 − $6.00 = $3.00	$8.99 − $5.85 = $3.14
2 Tonio lleva todo su dinero a la tienda de animales. Compra un gato por $4.68. ¿Cuánto dinero le queda?		
3 Earl quiere comprar comida para el gato por $3.75 y un collar por $.98. ¿Cuánto dinero gastará en total?		
4 ¿Cuánto dinero le queda a Earl de los $5.85 después de comprar la comida y el collar para el gato?		

Resolver problemas ▪ Razonamiento

5 Janine quiere un libro que cuesta $2.49 y algunos marcadores que cuestan $1.25. Estima que necesita aproximadamente $3.00. ¿Es correcto? ¿Por qué sí o por qué no?

© Harcourt

ACTIVIDAD PARA LA CASA • Pida a su niño que le diga por qué estimó de la manera en que lo hizo en esta página.

NORMAS DE CALIFORNIA NS 6.0 Los estudiantes usan estrategias de estimación para calcular y resolver problemas que incluyan números en unidades, decenas, centenas y millares. NS 2.0 Los estudiantes estiman, calculan y resuelven problemas de suma y resta de números de dos y tres dígitos. *también* ○━ NS 2.2, NS 5.0, ○━ NS 5.1, ○━ NS 5.2

402 cuatrocientos dos

Capítulo 27

Suma o resta.

1

$\begin{array}{r} 5\ \ 10 \\ \cancel{6}\cancel{0}5 \\ -443 \\ \hline 162 \end{array}$

2

$\begin{array}{r} \$8.75 \\ -\$0.59 \\ \hline \end{array}$

3

$\begin{array}{r} 646 \\ +100 \\ \hline \end{array}$

4

$\begin{array}{r} 555 \\ -381 \\ \hline \end{array}$

5

$\begin{array}{r} \$5.45 \\ +\$4.25 \\ \hline \end{array}$

6

$\begin{array}{r} 752 \\ -339 \\ \hline \end{array}$

7

$\begin{array}{r} 685 \\ -302 \\ \hline \end{array}$

8

$\begin{array}{r} 467 \\ +450 \\ \hline \end{array}$

9

$\begin{array}{r} 63 \\ +631 \\ \hline \end{array}$

10

$\begin{array}{r} \$7.82 \\ -\$2.10 \\ \hline \end{array}$

11

$\begin{array}{r} 956 \\ -595 \\ \hline \end{array}$

12

$\begin{array}{r} \$1.57 \\ +\$4.23 \\ \hline \end{array}$

13

$\begin{array}{r} 469 \\ -408 \\ \hline \end{array}$

14

$\begin{array}{r} 333 \\ -153 \\ \hline \end{array}$

$7.00

15

$\begin{array}{r} 846 \\ -839 \\ \hline \end{array}$

16

$\begin{array}{r} 675 \\ -564 \\ \hline \end{array}$

Explica lo que sabes ▪ Razonamiento

¿Por qué estimar te ayuda a saber si tu respuesta tiene sentido?

Práctica

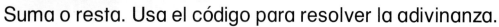

Suma o resta. Usa el código para resolver la adivinanza.

375 – 400: Á	526 – 550: G	676 – 700: M	826 – 850: S
401 – 425: B	551 – 575: H	701 – 725: N	851 – 875: T
426 – 450: C	576 – 600: I	726 – 750: O	876 – 900: U
451 – 475: D	601 – 625: J	751 – 775: P	901 – 925: V
476 – 500: E	626 – 650: K	776 – 800: Q	926 – 950: W
501 – 525: F	651 – 675: L	801 – 825: R	976 – 999: Y

¿Por qué no puedes darle de comer al osito de peluche?

645	924	524	473	899	250
+117	−190	+291	+312	− 23	+250
762	734	___	___	___	___
¡ P	O	___	___	___	___

988	325	473	781
−503	+524	+396	−400
___	___	___	___
___	___	___	___

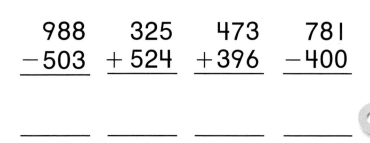

La primera letra es P porque 762 está entre 751 y 775.

396	532	371	93	565	798	396
+421	− 42	+292	+582	− 84	− 80	+353
___	___	___	___	___	___	___
___	___	___	___	___	___	___ !

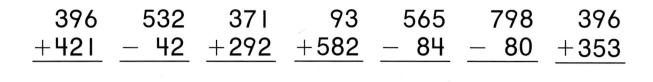

ACTIVIDAD PARA LA CASA • Usted y su niño pueden divertirse usando el código de esta página. Invente problemas de suma y resta en cuyas respuestas deletreen "Te quiero". Pida a su niño que resuelva los problemas, escriba las letras y lea el mensaje.

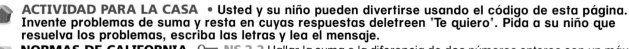

NORMAS DE CALIFORNIA ⊶ NS 2.2 Hallar la suma o la diferencia de dos números enteros con un máximo de tres dígitos cada uno. *también* MR 1.1, ⊶ NS 5.1, ⊶ NS 5.2

Capítulo 27

© Harcourt

Nombre _____

Comprende · Planea · Resuelve · Comprueba

Mary tiene $6.50. Compra un emparedado por $2.35 y leche por $1.15. ¿Cuánto dinero le queda?

A Mary le quedan

$3.00 .

Paso 1	Paso 2
Suma los gastos de Mary. $$\begin{array}{r} \$2.35 \\ + \$1.15 \\ \hline \$3.50 \end{array}$$	Resta la suma de la cantidad que Mary tenía al principio. $$\begin{array}{r} \$6.50 \\ - \$3.50 \\ \hline \$3.00 \end{array}$$

Suma o resta.
Haz un paso a la vez.

	Paso 1	Paso 2
1 Sho tiene 481 tarjetas de colección. Vende 218. Después compra 156 más. ¿Cuántas tarjetas tiene ahora?  _____ tarjetas		
2 Liz tiene 222 estampillas en un libro y 349 en otro libro. Si le da 107 estampillas a un compañero, ¿cuántas le quedan? _____ estampillas		
3 Steve pesa 172 libras. Jan pesa 65 libras. La rampa donde están parados sostiene hasta 350 libras. ¿Cuántas libras más puede sostener la rampa? _____ libras		

© Harcourt

Práctica

Suma o resta.
Haz un paso a la vez.

	Paso 1	Paso 2
1 La escuela tiene 755 libros para vender. El primer grado vende 380. El segundo grado vende 259. ¿Cuántos libros quedan? __116__ libros	1 380 +259 639	4 15 755 −639 116
2 Steve ahorró 115 monedas de 1¢. Le da a su hermana menor 65. Ahorra 132 más. ¿Cuántas monedas de 1¢ tiene ahora? _____ moneda de 1¢ 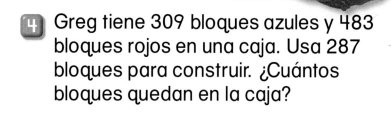		
3 Jenny tiene $8.48 en la alcancía. Saca $2.45. Después saca $6.00 más. ¿Cuánto dinero le queda en la alcancía? _____		
4 Greg tiene 309 bloques azules y 483 bloques rojos en una caja. Usa 287 bloques para construir. ¿Cuántos bloques quedan en la caja? _____ bloques		

Por escrito

Inventa tu propio problema de varios pasos.
Pide a un compañero que lo resuelva.

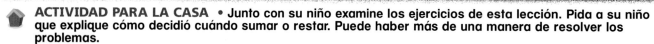

ACTIVIDAD PARA LA CASA • Junto con su niño examine los ejercicios de esta lección. Pida a su niño que explique cómo decidió cuándo sumar o restar. Puede haber más de una manera de resolver los problemas.

NORMAS DE CALIFORNIA ⦿ MR 3.0 Los estudiantes perciben las conexiones entre un problema y otro. MR 1.1 Determinar el enfoque, los materiales y las estrategias a usar. *también* ⦿ NS 2.2, NS 5.0, ⦿ NS 5.1, ⦿ NS 5.2

Capítulo 27

© Harcourt

Nombre _____

COMPROBAR ▪ Conceptos y destrezas

Suma o resta.

1
$6.60
−$3.57

2
$5.95
+$0.24

3
$9.48
−$2.15

4
$7.46
−$1.74

Redondea para estimar. Después suma o resta para resolver.

5 Edie tiene $3.80 en su alcancía. Recibe $4.75 por su cumpleaños. ¿Cuánto dinero tiene ahora?

_____

Estima	Resuelve

Suma o resta.

6
112
+549

7
$4.86
−$2.01

8
762
+ 42

9
955
−595

COMPROBAR ▪ Resolver problemas

Suma o resta.
Haz un paso a la vez.

10 Harry tiene $8.57. Compra un juguete que cuesta $4.00. Su abuelito le da $2.25. ¿Cuánto dinero tiene ahora?

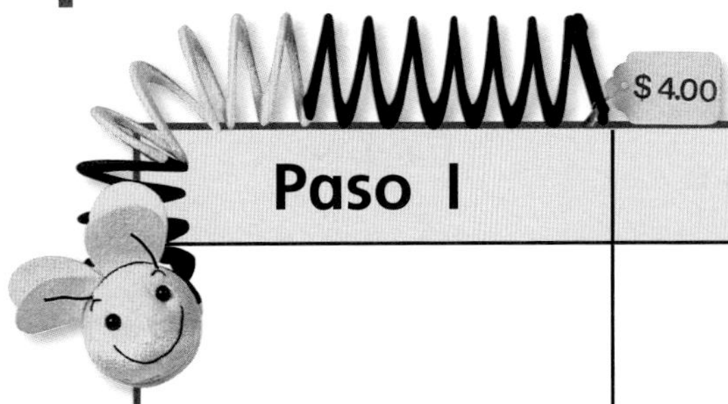

Paso 1	Paso 2

$ 4.00

_____

Nombre _____

Repaso acumulativo
Capítulos 1–27

Elige la mejor respuesta.

1
$$\$4.25$$
$$+ \ \$3.56$$

$\$7.81$ $\$7.82$ $\$8.81$ $\$8.82$
 ○   ○   ○   ○

2
$$987$$
$$- \ 659$$

228   328   329   332
 ○   ○   ○   ○

3 André tiene $\$7.23$. Ali tiene $\$8.93$. Aproximadamente, ¿cuánto dinero más que André tiene Ali?

Aproximadamente $\$1.50$	Aproximadamente $\$2.00$	Aproximadamente $\$15.96$	Aproximadamente $\$16.00$
○	○	○	○

4
$$561$$
$$+ \ 238$$

231   337   798   799
 ○   ○   ○   ○

5 ¿Cuál número indica cuántos hay?

13   147   148   418
 ○   ○   ○   ○

6 Demario tenía 275 tarjetas de basquetbol. Le dio 98 a James. Después consiguió 104 más. ¿Cuántas tarjetas tiene ahora?

171   177   281   477
 ○   ○   ○   ○

CAPÍTULO 28 Conceptos de multiplicación

¿Qué grupos iguales ves en esta ilustración?

© Harcourt

LA ESCUELA Y LA CASA

Querida familia:

Hoy comenzamos el Capítulo 28. Aprenderemos a multiplicar. Aquí están el vocabulario nuevo y una actividad para hacer juntos en casa.

Con cariño,

_____

Mis palabras de matematicas

enunciado de multiplicación
producto

Vocabulario

enunciado de multiplicación
Enunciado numérico que da el total de un número de grupos iguales y el número de cada grupo.

$5 \times 10 = 50$ es un enunciado de multiplicación

producto Respuesta de un problema de multiplicación.

$$4 \times 5 = 20$$

producto

Visita *The Learning Site* para ideas adicionales y actividades. www.harcourtschool.com

ACTIVIDAD

Con su niño, busquen grupos iguales de 2, 3, 4 y 5 elementos. Por ejemplo, grupos de 2 pueden ser las orejas y las patas de los animales del barrio. Grupos de 3 y 5 pueden ser flores del jardín. Pida a su niño que haga dibujos de los grupos y que escriba enunciados de multiplicación para representarlos.

Libros para compartir

Busque éstos u otros libros en la biblioteca local para leer con su niño acerca de la multiplicación.

Each Orange Had 8 Slices,
por Paul Giganti, Jr., Greenwillow, 1992.

Nadarín,
por Leo Lionni, Editorial Lumen, 1986.

© Harcourt

Nombre _____

Hay 5 **grupos iguales**

Hay 5 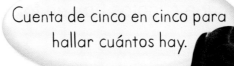 en cada grupo.

¿Cuántos 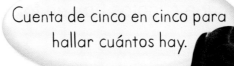 hay en total?

Cuenta de cinco en cinco para hallar cuántos hay.

_5_, _10_, _15_, _20_, _25_

Hay _25_ en total.

Forma grupos iguales de 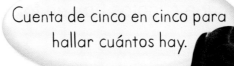.
Cuenta salteado. Escribe cuántos hay en total.

1 Forma 5 grupos iguales.
Pon 4 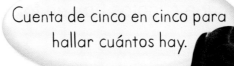 en cada grupo.

_____, _____, _____, _____, _____   _____ en total

2 Forma 4 grupos iguales.
Pon 10 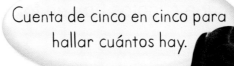 en cada grupo.

_____, _____, _____, _____   _____ en total

3 Forma 5 grupos iguales.
Pon 3 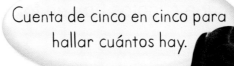 en cada grupo.

_____, _____, _____, _____, _____   _____ en total

4 Forma 3 grupos iguales.
Pon 5 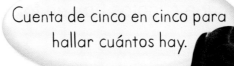 en cada grupo.

_____, _____, _____   _____ en total

Explica lo que sabes ▪ Razonamiento

¿Por qué necesitas grupos iguales para contar salteado?

Capítulo 28 · Conceptos de multiplicación

Forma grupos iguales de 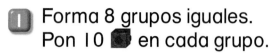.
Cuenta salteado. Escribe cuántos hay en total.

1 Forma 8 grupos iguales.
Pon 10 en cada grupo.

10 , 20 , 30 , _____ , _____ , _____ , _____ , _____

_____ en total

2 Forma 6 grupos iguales.
Pon 2 en cada grupo.

_____ , _____ , _____ , _____ , _____ , _____   _____ en total

3 Forma 5 grupos iguales.
Pon 2 en cada grupo.

_____ , _____ , _____ , _____ , _____   _____ en total

4 Forma 7 grupos iguales.
Pon 4 en cada grupo.

_____ , _____ , _____ , _____ , _____ , _____ , _____

_____ en total

Resolver problemas ■ Sentido numérico

¿Tiene sentido la respuesta?
Encierra en un círculo sí o no.

5 Hay 9 grupos iguales.
Hay 3 en cada grupo.
Hay 135 en total.

     sí   no

6 Hay 4 grupos iguales.
Hay 10 en cada grupo.
Hay 14 en total.

     sí   no

© Harcourt

ACTIVIDAD PARA LA CASA • Forme grupos iguales de monedas de 1¢. Ayude a su niño a hallar el total contando salteado según el número de monedas de cada grupo. Repita el ejercicio usando un número diferente de monedas en los grupos.

NORMAS DE CALIFORNIA ⊶ **NS 3.0** Los estudiantes hacen modelos y resuelven problemas sencillos de multiplicación y división. ⊶ **NS 3.1** Usar repetición de sumas, matrices y conteo por múltiplos para multiplicar.

Suma y multiplicación

3 grupos de 2

Suma.
$2 + 2 + 2 = 6$
La respuesta se llama suma.

Multiplica.
$3 \times 2 = 6$
La respuesta se llama **producto**.

$2 + 2 + 2 =$ __6__ $3 \times 2 =$ __6__

Escribe la suma.
Después escribe el producto.

2 grupos de 5

1 $5 + 5 =$ _____ $2 \times 5 =$ _____

4 grupos de 3

2 $3 + 3 + 3 + 3 =$ _____ $4 \times 3 =$ _____

5 grupos de 2

3 $2 + 2 + 2 + 2 + 2 =$ _____ $5 \times 2 =$ _____

Explica lo que sabes ▪ Razonamiento

¿Qué enunciado de suma es igual a $3 \times 7 = 21$?

Práctica

El símbolo × significa multiplicar.

Escribe la suma.
Después escribe el producto.

1 10 + 10 = **20**   2 × 10 = **20**

2 5 + 5 + 5 = _____   3 × 5 = _____

3 1 + 1 + 1 + 1 = _____   4 × 1 = _____

4 4 + 4 + 4 + 4 = _____   4 × 4 = _____

Repaso mixto

Suma o resta.

5 La clase del Sr. Farley vendió 256 boletos para
un concierto. La clase de la Sra. Li vendió 349.
¿Cuántos boletos vendieron entre las dos clases?

_____ boletos

ACTIVIDAD PARA LA CASA • Pida a su niño que forme 5 grupos de 5 monedas de 1¢ cada uno, que
cuente de cinco en cinco para hallar el total, y que diga el enunciado de multiplicación.

NORMAS DE CALIFORNIA ⚬— **NS 3.1** Usar repetición de sumas, matrices y conteo por múltiplos para
multiplicar. *también* **MR 3.0**, ⚬— **NS 3.0**

Jason pone sus fichas en hileras iguales.
Forma 4 hileras. Pone 5 fichas en cada hilera.
¿Cuántas fichas tiene?

Usa ●. Haz un modelo.

4 hileras, 5 en cada hilera.

Como las hileras son iguales,
puedes multiplicar. $4 \times 5 =$ _20_

Jason tiene _20_ fichas.

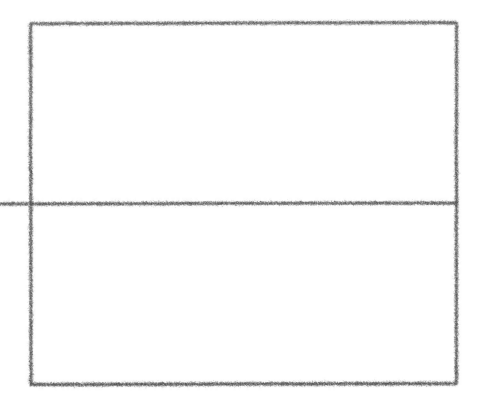

Usa ●. Haz un modelo.
Escribe el producto.
Haz un dibujo para mostrar tu trabajo.

1 2 hileras
4 en cada hilera

$2 \times 4 =$ _____

2 3 hileras
5 en cada hilera

$3 \times 5 =$ _____

Explica lo que sabes ▪ Razonamiento
¿Por qué necesitas hileras iguales para multiplicar?

© Harcourt

Práctica

Escribe cuántas hileras hay y cuántas fichas hay en cada hilera. Escribe el producto.

1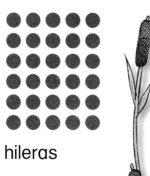

_____ **6** hileras

_____ **5** en cada hilera

$6 \times 5 =$ _____ **30**

2

_____ hileras

_____ en cada hilera

$4 \times 4 =$ _____

3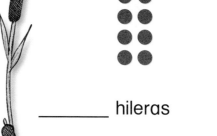

_____ hileras

_____ en cada hilera

$5 \times 2 =$ _____

4

_____ hileras

_____ en cada hilera

$5 \times 1 =$ _____

5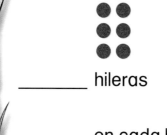

_____ hileras

_____ en cada hilera

$6 \times 2 =$ _____

6

_____ hileras

_____ en cada hilera

$3 \times 4 =$ _____

Resolver problemas ■ Razonamiento

7 Cambia las hileras para formar grupos iguales.

Haz el nuevo dibujo.

Escribe los números.

_____ hileras

_____ en cada hilera

_____ × _____ = _____

🔹 **ACTIVIDAD PARA LA CASA** • Con su niño, use monedas de 1¢ para formar matrices. Por ejemplo, forme 4 hileras con 3 monedas de 1¢ en cada una. Pida a su niño que escriba el problema de multiplicación y después halle el producto. Repita el ejercicio con otras matrices.

🔹 **NORMAS DE CALIFORNIA** ⊶ **NS 3.1** Usar repetición de sumas, matrices y conteo por múltiplos para multiplicar. ⊶ **NS 3.0** Los estudiantes hacen modelos y resuelven problemas sencillos de multiplicación y división. *también* **MR 1.2**

416 cuatrocientos dieciséis

Capítulo 28

© Harcourt

Multiplicar en cualquier orden

En estos **enunciados de multiplicación** se usa la propiedad de orden. Se multiplican los mismos números en diferente orden.

_____ 4 hileras

_____ 2 en cada hilera

_____ 4 × _____ 2 = _____ 8

_____ 2 hileras

_____ 4 en cada hilera

_____ 2 × _____ 4 = _____ 8

Escribe cuántos hay. Escribe el producto.

1

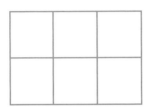

_____ hileras

_____ en cada hilera

_____ × _____ = _____

_____ hileras

_____ en cada hilera

_____ × _____ = _____

2

_____ hileras

_____ en cada hilera

_____ × _____ = _____

_____ hileras

_____ en cada hilera

_____ × _____ = _____

Explica lo que sabes ▪ Razonamiento

¿Cómo puedes ver que 5 × 3 y 3 × 5 tienen el mismo producto?

Práctica

Escribe el producto.
Escribe la operación de multiplicación en diferente orden.

1 $4 \times 3 = \underline{12}$

$\underline{3} \times \underline{4} = \underline{12}$

2 $10 \times 2 = \underline{}$

$\underline{} \times \underline{} = \underline{}$

3 $9 \times 3 = \underline{}$

$\underline{} \times \underline{} = \underline{}$

4 $6 \times 4 = \underline{}$

$\underline{} \times \underline{} = \underline{}$

5 $4 \times 10 = \underline{}$

$\underline{} \times \underline{} = \underline{}$

6 $8 \times 4 = \underline{}$

$\underline{} \times \underline{} = \underline{}$

7 $7 \times 2 = \underline{}$

$\underline{} \times \underline{} = \underline{}$

8 $6 \times 5 = \underline{}$

$\underline{} \times \underline{} = \underline{}$

Álgebra

Resuelve. Escribe el producto.

9 Si, $\bullet \times \blacksquare = 15$, entonces $\blacksquare \times \bullet = \underline{}$

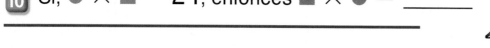

10 Si, $\bullet \times \blacksquare = 24$, entonces $\blacksquare \times \bullet = \underline{}$

11 Si, $\bullet \times \blacksquare = 50$, entonces $\blacksquare \times \bullet = \underline{}$

ACTIVIDAD PARA LA CASA • Pida a su niño que explique por qué son iguales los enunciados de multiplicación relacionados entre sí de esta página (el producto es el mismo, se multiplican los mismos números) y en qué se diferencian (los números se multiplican en diferente orden).

NORMAS DE CALIFORNIA ○━ NS 3.0 Los estudiantes hacen modelos y resuelven problemas sencillos de multiplicación y división. *también* MR 1.2, ○━ NS 3.1

© Harcourt

Nombre _____

COMPROBAR ▪ Conceptos y destrezas

Forma grupos iguales de .
Cuenta salteado. Escribe cuántos hay.

1 Forma 6 grupos iguales.
Pon 10 en cada grupo.

_____, _____, _____, _____, _____, _____   _____ en total

Escribe la suma.
Después escribe el producto.

2 5 + 5 = _____   2 × 5 = _____

Escribe cuántas hay. Escribe el producto.

3

_____ hileras

_____ en cada hilera   6 × 2 = _____

Escribe el producto.
Escribe la operación de multiplicación en diferente orden.

4 6 × 4 = _____   **5** 7 × 5 = _____

_____ × _____ = _____   _____ × _____ = _____

Escribe el producto.

6 9 × 2 = _____   **7** 7 × 3 = _____   **8** 8 × 10 = _____

$$\begin{array}{r} 2 \\ \times 9 \\ \hline \end{array}$$ $$\begin{array}{r} 3 \\ \times 7 \\ \hline \end{array}$$ $$\begin{array}{r} 10 \\ \times 8 \\ \hline \end{array}$$

Nombre _____

Elige la mejor respuesta.

1 ¿Cuál muestra 4 grupos iguales con 5  en cada grupo?

  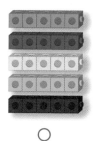

○   ○   ○   ○

---

2 ¿Cuál muestra otra manera de hallar $2 + 2 + 2$?

2×3 3×3 $2 + 2$ $2 + 3$

○   ○   ○   ○

---

3 ¿Cuál muestra el producto?

4 hileras
4 en cada hilera

12   15   16   20

○   ○   ○   ○

---

4 ¿Qué números tienen el mismo producto?

7×3

2×7 3×2 7×2 3×7

○   ○   ○   ○

5

$$\begin{array}{r} 27 \\ + 19 \\ \hline \end{array}$$

12   36   46   56

○   ○   ○   ○

© Harcourt

CAPÍTULO
29

Operaciones de multiplicación por 2, 5 y 10

Busca grupos iguales. Escribe operaciones de multiplicación acerca de ellos.

© Harcourt

Querida familia:
    Hoy comenzamos el Capítulo 29. Memorizaremos las operaciones de multiplicación por 2, 5 y 10. Aquí están el vocabulario nuevo y una actividad para hacer juntos en casa.
                    Con cariño,

_____

Mis palabras de matemáticas

multiplicar

Vocabulario

multiplicar Hallar cuántos hay en total cuando se sabe el número de grupos y el número que hay en cada grupo.

Estos objetos están en grupos iguales.

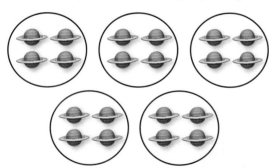

¿Cuántos hay en 5 grupos de 4?

$$\begin{array}{r} 4 \\ \times 5 \\ \hline 20 \end{array}$$ en cada grupo
          grupos

Visita *The Learning Site* para ideas adicionales y actividades. www.harcourtschool.com

ACTIVIDAD

Cuando vaya con su niño al supermercado, tome un envase que tenga 10 artículos en su interior. Por ejemplo, si vienen 10 barras de cereal en una caja, pida a su niño que use la multiplicación para decir cuántas barras habrá en tres cajas. Repita el ejercicio con otros artículos.

Libros para compartir

Busque éstos u otros libros en la biblioteca local para leer con su niño acerca de la multiplicación.

Anno's Mysterious Multiplying Jar, por Masaichiro and Mitsumasa Anno, Putnam & Grosset Group, 1983.

Se venden gorras, por Esphyr Slobodkina, Harper Arco Iris|Harper Collins, 1995.

Can You Count Ten Toes?, por Lezlie Evans, Houghton Mifflin, 1998.

© Harcourt

Hay 7 grupos de 2 ruedas.
¿Cuántas ruedas hay en total?
Cuenta salteado.

> Puedes contar de dos en dos para hallar el producto.

$\underline{2}$, $\underline{4}$, $\underline{6}$, $\underline{8}$, $\underline{10}$, $\underline{12}$, $\underline{14}$

$7 \times 2 = \underline{14}$ ruedas

> Puedes multiplicar para hallar el producto.

¿Cuántas ruedas hay en total?
Escribe el producto.

1

$1 \times 2 = \underline{\hspace{1cm}}$

$2 \times 2 = \underline{\hspace{1cm}}$

$3 \times 2 = \underline{\hspace{1cm}}$

2

$4 \times 2 = \underline{\hspace{1cm}}$

$5 \times 2 = \underline{\hspace{1cm}}$

$6 \times 2 = \underline{\hspace{1cm}}$

Explica lo que sabes ■ **Razonamiento**

¿Cómo podrías usar dobles para resolver estos problemas?

Capítulo 29 • Operaciones de multiplicación por 2, 5 y 10

cuatrocientos veinticinco **425**

Escribe el producto.

1

 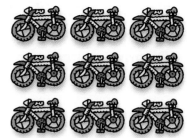

$7 \times 2 =$ __14__ $8 \times 2 =$ _____ $9 \times 2 =$ _____

2

$\begin{array}{r} 2 \\ \times 1 \\ \hline 2 \end{array}$ $\begin{array}{r} 1 \\ \times 2 \\ \hline \end{array}$ $\begin{array}{r} 2 \\ \times 2 \\ \hline \end{array}$ $\begin{array}{r} 2 \\ \times 3 \\ \hline \end{array}$ $\begin{array}{r} 3 \\ \times 2 \\ \hline \end{array}$ $\begin{array}{r} 2 \\ \times 4 \\ \hline \end{array}$ $\begin{array}{r} 4 \\ \times 2 \\ \hline \end{array}$

3

$\begin{array}{r} 2 \\ \times 5 \\ \hline \end{array}$ $\begin{array}{r} 5 \\ \times 2 \\ \hline \end{array}$ $\begin{array}{r} 2 \\ \times 6 \\ \hline \end{array}$ $\begin{array}{r} 6 \\ \times 2 \\ \hline \end{array}$ $\begin{array}{r} 2 \\ \times 7 \\ \hline \end{array}$ $\begin{array}{r} 7 \\ \times 2 \\ \hline \end{array}$

4

$\begin{array}{r} 2 \\ \times 8 \\ \hline \end{array}$ $\begin{array}{r} 8 \\ \times 2 \\ \hline \end{array}$ $\begin{array}{r} 2 \\ \times 9 \\ \hline \end{array}$ $\begin{array}{r} 9 \\ \times 2 \\ \hline \end{array}$ $\begin{array}{r} 2 \\ \times 10 \\ \hline \end{array}$ $\begin{array}{r} 10 \\ \times 2 \\ \hline \end{array}$

Resolver problemas ■ Observación

5 Escribe el enunciado de multiplicación
que muestra esta recta numérica.

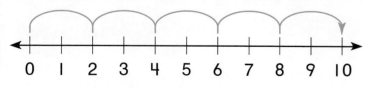

0 1 2 3 4 5 6 7 8 9 10   _____ $\times$ _____ = _____

ACTIVIDAD PARA LA CASA • Dé a su niño un problema de multiplicación por 2, por ejemplo, 6 x 2.
Pídale que diga el producto. Repita el ejercicio con problemas diferentes de multiplicación por 2 hasta
que su niño haya memorizado las operaciones.

NORMAS DE CALIFORNIA O—¬ NS 3.3 Conocer las tablas de multiplicación del 2, del 5 y del 10 (hasta 10) y
aprenderlas de memoria. *también* MR 3.0, O—¬ NS 3.0, O—¬ AF 1.1

© Harcourt

Nombre _____

Hay 8 grupos de 5 dedos.
¿Cuántos dedos hay en total?
Cuenta salteado.

Puedes contar de cinco en cinco para hallar el producto.

$$5, \quad 10, \quad 15, \quad 20, \quad 25, \quad 30, \quad 35, \quad 40$$

$8 \times 5 = \underline{40}$ dedos

Puedes multiplicar para hallar el producto.

¿Cuántos dedos hay en total?
Escribe el producto.

1

$1 \times 5 = \underline{\hspace{1cm}}$

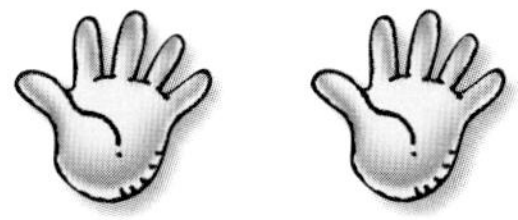

$2 \times 5 = \underline{\hspace{1cm}}$

$3 \times 5 = \underline{\hspace{1cm}}$

2

$4 \times 5 = \underline{\hspace{1cm}}$

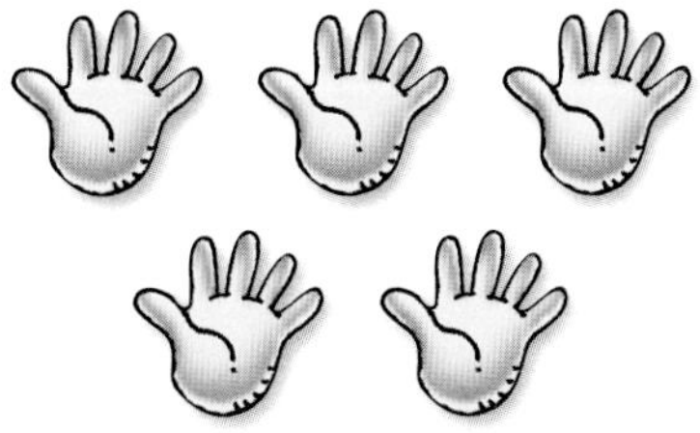

$5 \times 5 = \underline{\hspace{1cm}}$

$6 \times 5 = \underline{\hspace{1cm}}$

Explica lo que sabes ▪ Razonamiento

¿Qué patrón ves cuando multiplicas por 5?

Práctica

¿Cuántos dedos hay en total?
Escribe el producto.

1

$7 \times 5 = \underline{35}$ $8 \times 5 = \underline{}$ $9 \times 5 = \underline{}$

Escribe el producto.

2
$\begin{array}{r} 5 \\ \times 1 \\ \hline 5 \end{array}$ $\begin{array}{r} 1 \\ \times 5 \\ \hline \end{array}$ $\begin{array}{r} 5 \\ \times 2 \\ \hline \end{array}$ $\begin{array}{r} 2 \\ \times 5 \\ \hline \end{array}$ $\begin{array}{r} 5 \\ \times 3 \\ \hline \end{array}$ $\begin{array}{r} 3 \\ \times 5 \\ \hline \end{array}$

3
$\begin{array}{r} 5 \\ \times 4 \\ \hline \end{array}$ $\begin{array}{r} 4 \\ \times 5 \\ \hline \end{array}$ $\begin{array}{r} 5 \\ \times 6 \\ \hline \end{array}$ $\begin{array}{r} 6 \\ \times 5 \\ \hline \end{array}$ $\begin{array}{r} 7 \\ \times 5 \\ \hline \end{array}$ $\begin{array}{r} 5 \\ \times 7 \\ \hline \end{array}$

Álgebra

Busca un patrón. Escribe los números que faltan.

4
$\begin{array}{r} 5 \\ \times 1 \\ \hline \square \end{array}$ $\begin{array}{r} 5 \\ \times \square \\ \hline 10 \end{array}$ $\begin{array}{r} 5 \\ \times 3 \\ \hline \square \end{array}$ $\begin{array}{r} 5 \\ \times \square \\ \hline 20 \end{array}$ $\begin{array}{r} \square \\ \times 5 \\ \hline 25 \end{array}$ $\begin{array}{r} 5 \\ \times \square \\ \hline 30 \end{array}$

ACTIVIDAD PARA LA CASA • Dé a su niño un problema de multiplicación por 5, por ejemplo, 8 x 5. Pídale que diga el producto. Repita el ejercicio con problemas diferentes de multiplicación por 5 hasta que su niño haya memorizado las operaciones.

NORMAS DE CALIFORNIA ⌐ **NS 3.3** Conocer las tablas de multiplicación del 2, del 5 y del 10 (hasta 10) y aprenderlas de memoria. *también* **MR 3.0**, ⌐ **NS 3.0**

© Harcourt

Nombre _____

Multiplicar por 10

Hay 3 grupos de 10 fichas.
¿Cuántas fichas hay en total?
Cuenta salteado.

$3 \times 10 = \underline{30}$ fichas

Puedes contar de diez en diez para hallar el producto.

Puedes multiplicar para hallar el producto.

¿Cuántas fichas hay en total?
Escribe el producto.

1

$1 \times 10 = \underline{\qquad}$

2

$2 \times 10 = \underline{\qquad}$

3

$3 \times 10 = \underline{\qquad}$

4

$4 \times 10 = \underline{\qquad}$

5

$5 \times 10 = \underline{\qquad}$

6

$6 \times 10 = \underline{\qquad}$

Explica lo que sabes ▪ Razonamiento

¿Qué patrón ves cuando multiplicas por 10?

Capítulo 29 • Operaciones de multiplicación por 2, 5 y 10

cuatrocientos veintinueve **429**

Práctica

¿Cuántas fichas hay en total?
Escribe el producto.

1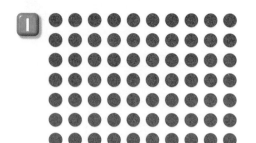

$7 \times 10 = \underline{70}$

2

$8 \times 10 = \underline{}$

3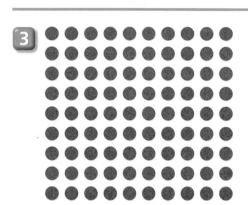

$9 \times 10 = \underline{}$

4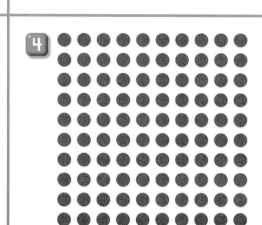

$10 \times 10 = \underline{}$

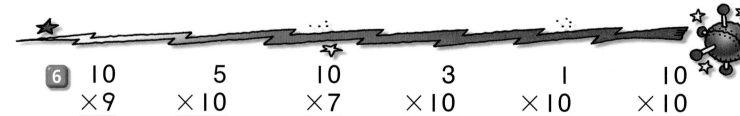

Escribe el producto.

5
$$\begin{array}{r} 10 \\ \times 8 \\ \hline \end{array} \qquad \begin{array}{r} 10 \\ \times 2 \\ \hline \end{array} \qquad \begin{array}{r} 10 \\ \times 1 \\ \hline \end{array} \qquad \begin{array}{r} 10 \\ \times 5 \\ \hline \end{array} \qquad \begin{array}{r} 4 \\ \times 10 \\ \hline \end{array} \qquad \begin{array}{r} 6 \\ \times 10 \\ \hline \end{array}$$

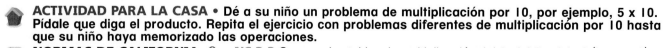

6
$$\begin{array}{r} 10 \\ \times 9 \\ \hline \end{array} \qquad \begin{array}{r} 5 \\ \times 10 \\ \hline \end{array} \qquad \begin{array}{r} 10 \\ \times 7 \\ \hline \end{array} \qquad \begin{array}{r} 3 \\ \times 10 \\ \hline \end{array} \qquad \begin{array}{r} 1 \\ \times 10 \\ \hline \end{array} \qquad \begin{array}{r} 10 \\ \times 10 \\ \hline \end{array}$$

 ACTIVIDAD PARA LA CASA • Dé a su niño un problema de multiplicación por 10, por ejemplo, 5 x 10. Pídale que diga el producto. Repita el ejercicio con problemas diferentes de multiplicación por 10 hasta que su niño haya memorizado las operaciones.

NORMAS DE CALIFORNIA ⚬━ **NS 3.3** Conocer las tablas de multiplicación del 2, del 5 y del 10 (hasta 10) y aprenderlas de memoria ⚬━ **NS 3.1** Usar repetición de sumas, matrices y conteo por múltiplos para multiplicar. *también* **MR 3.0,** ⚬━ **NS 3.0**

Nombre _____

Multiplica.

1 $\begin{array}{r}10\\ \times 8\\ \hline 80\end{array}$	$\begin{array}{r}5\\ \times 7\\ \hline\end{array}$	$\begin{array}{r}5\\ \times 4\\ \hline\end{array}$	$\begin{array}{r}2\\ \times 9\\ \hline\end{array}$	$\begin{array}{r}5\\ \times 10\\ \hline\end{array}$	$\begin{array}{r}3\\ \times 2\\ \hline\end{array}$
2 $\begin{array}{r}10\\ \times 9\\ \hline\end{array}$	$\begin{array}{r}2\\ \times 8\\ \hline\end{array}$	$\begin{array}{r}6\\ \times 5\\ \hline\end{array}$	$\begin{array}{r}4\\ \times 4\\ \hline\end{array}$	$\begin{array}{r}4\\ \times 10\\ \hline\end{array}$	$\begin{array}{r}2\\ \times 2\\ \hline\end{array}$
3 $\begin{array}{r}10\\ \times 2\\ \hline\end{array}$	$\begin{array}{r}10\\ \times 3\\ \hline\end{array}$	$\begin{array}{r}4\\ \times 5\\ \hline\end{array}$	$\begin{array}{r}6\\ \times 4\\ \hline\end{array}$	$\begin{array}{r}5\\ \times 6\\ \hline\end{array}$	$\begin{array}{r}2\\ \times 9\\ \hline\end{array}$
4 $\begin{array}{r}10\\ \times 8\\ \hline\end{array}$	$\begin{array}{r}5\\ \times 9\\ \hline\end{array}$	$\begin{array}{r}10\\ \times 6\\ \hline\end{array}$	$\begin{array}{r}2\\ \times 9\\ \hline\end{array}$	$\begin{array}{r}2\\ \times 10\\ \hline\end{array}$	$\begin{array}{r}3\\ \times 2\\ \hline\end{array}$
5 $\begin{array}{r}3\\ \times 10\\ \hline\end{array}$	$\begin{array}{r}8\\ \times 2\\ \hline\end{array}$	$\begin{array}{r}9\\ \times 10\\ \hline\end{array}$	$\begin{array}{r}8\\ \times 3\\ \hline\end{array}$	$\begin{array}{r}10\\ \times 4\\ \hline\end{array}$	$\begin{array}{r}6\\ \times 6\\ \hline\end{array}$

Colorea las casillas de los problemas que tienen un producto
de más de una decena y cero unidades. ¿Qué letras ves?

_____

Explica lo que sabes ■ Razonamiento

¿Qué ves en el producto cuando uno de los
números de la multiplicación es 10?

Halla el producto.

1

× 2	
1	2
4	
5	
8	
10	

2

× 5	
2	
5	
7	
8	
9	

3

× 10	
1	
3	
4	
7	
10	

4 Completa la tabla.

×	1	2	3	4	5	6	7	8	9	10
2	2									
5										
10										

Resolver problemas ■ **Razonamiento**

5 Jorge se toma 5 vasos de leche todos los días. ¿Cuántos vasos de leche se toma en una semana?

_____ vasos

ACTIVIDAD PARA LA CASA • Trabaje con su niño un rato todos los días con operaciones de multiplicación. Por ejemplo, hallen el valor de grupos de monedas de 5¢ y de monedas de 10¢ usando la multiplicación. 5 monedas de 5¢ es 5 x 5 = 25.

NORMAS DE CALIFORNIA ⊶ **NS 3.3** Conocer las tablas de multiplicación del 2, del 5 y del 10 (hasta 10) y aprenderlas de memoria. *también* **MR 3.0,** ⊶ **NS 3.0**

Nombre _____

COMPROBAR ▪ Conceptos y destrezas

¿Cuántos dedos hay en total? Escribe el producto.

$3 \times 5 =$ _____ | $5 \times 5 =$ _____ | $7 \times 5 =$ _____

Escribe el producto.

2
$$\begin{array}{r} 5 \\ \times 5 \\ \hline \end{array}$$
$$\begin{array}{r} 5 \\ \times 2 \\ \hline \end{array}$$
$$\begin{array}{r} 10 \\ \times 5 \\ \hline \end{array}$$
$$\begin{array}{r} 3 \\ \times 5 \\ \hline \end{array}$$
$$\begin{array}{r} 5 \\ \times 9 \\ \hline \end{array}$$
$$\begin{array}{r} 4 \\ \times 5 \\ \hline \end{array}$$

3
$$\begin{array}{r} 1 \\ \times 10 \\ \hline \end{array}$$
$$\begin{array}{r} 10 \\ \times 9 \\ \hline \end{array}$$
$$\begin{array}{r} 4 \\ \times 10 \\ \hline \end{array}$$
$$\begin{array}{r} 10 \\ \times 4 \\ \hline \end{array}$$
$$\begin{array}{r} 3 \\ \times 10 \\ \hline \end{array}$$
$$\begin{array}{r} 10 \\ \times 10 \\ \hline \end{array}$$

Multiplica.

4
$$\begin{array}{r} 9 \\ \times 5 \\ \hline \end{array}$$
$$\begin{array}{r} 10 \\ \times 8 \\ \hline \end{array}$$
$$\begin{array}{r} 7 \\ \times 5 \\ \hline \end{array}$$
$$\begin{array}{r} 2 \\ \times 5 \\ \hline \end{array}$$
$$\begin{array}{r} 5 \\ \times 6 \\ \hline \end{array}$$
$$\begin{array}{r} 2 \\ \times 10 \\ \hline \end{array}$$

5
$$\begin{array}{r} 10 \\ \times 6 \\ \hline \end{array}$$
$$\begin{array}{r} 9 \\ \times 2 \\ \hline \end{array}$$
$$\begin{array}{r} 2 \\ \times 1 \\ \hline \end{array}$$
$$\begin{array}{r} 10 \\ \times 1 \\ \hline \end{array}$$
$$\begin{array}{r} 6 \\ \times 5 \\ \hline \end{array}$$
$$\begin{array}{r} 5 \\ \times 10 \\ \hline \end{array}$$

6
$$\begin{array}{r} 2 \\ \times 4 \\ \hline \end{array}$$
$$\begin{array}{r} 10 \\ \times 7 \\ \hline \end{array}$$
$$\begin{array}{r} 3 \\ \times 2 \\ \hline \end{array}$$
$$\begin{array}{r} 10 \\ \times 3 \\ \hline \end{array}$$
$$\begin{array}{r} 2 \\ \times 8 \\ \hline \end{array}$$
$$\begin{array}{r} 5 \\ \times 7 \\ \hline \end{array}$$

© Harcourt

Nombre ______________________________

Repaso acumulativo

Capítulos 1–29

Elige la mejor respuesta.

1

$$\begin{array}{r} 2 \\ \times 9 \\ \hline \end{array}$$

○ 14 ○ 16 ○ 18 ○ 19

2

$$\begin{array}{r} 5 \\ \times 4 \\ \hline \end{array}$$

○ 16 ○ 20 ○ 22 ○ 25

3

$$\begin{array}{r} 10 \\ \times 1 \\ \hline \end{array}$$

○ 10 ○ 11 ○ 20 ○ 100

4

$$\begin{array}{r} 6 \\ \times 2 \\ \hline \end{array}$$

○ 0 ○ 12 ○ 35 ○ 36

5

$$\begin{array}{r} 5 \\ \times 8 \\ \hline \end{array}$$

○ 13 ○ 35 ○ 40 ○ 45

6

$$\begin{array}{r} 10 \\ \times 2 \\ \hline \end{array}$$

○ 2 ○ 12 ○ 20 ○ 30

7

Multiplica por 2	
5	10
6	12
7	?
8	16

○ 13 ○ 14 ○ 16 ○ 18

8 Un perro collie pesa 100 libras. Un beagle pesa 35. Un sabueso pesa 180 libras. ¿Cuánto pesan el collie y el beagle en total?

○ 45 libras ○ 135 libras ○ 280 libras ○ 315 libras

LA ESCUELA Y LA CASA

Querida familia:

Hoy comenzamos el Capítulo 30. Aprenderemos a dividir. Aquí están el vocabulario nuevo y una actividad para hacer juntos en casa.

Con cariño,

_____

Mis palabras de matemáticas
dividir
cociente

Vocabulario

dividir Separar un grupo de objetos en grupos más pequeños iguales.

$$6 \div 3 = 2$$

símbolo de división

Lee *seis dividido entre tres es igual a dos.*

cociente Respuesta de un problema de división.

$$20 \div 5 = 4$$

cociente

Visita *The Learning Site* para ideas adicionales y actividades. www.harcourtschool.com

ACTIVIDAD

Dé a su niño frijoles secos para que los divida en grupos iguales. Corte cartones de huevo en secciones de 3, 4 y 5 huecos. Pida a su niño que cuente 15 frijoles y los coloque en la sección de 3 huecos, formando 3 grupos iguales. Pregúntele cuántos frijoles hay en cada hueco. Repita el ejercicio usando diferentes números de frijoles y de huecos.

Libros para compartir

Busque éstos u otros libros en la biblioteca local para leer con su niño acerca de la división.

Divide and Ride, por Stuart J. Murphy, HarperCollins, 1997.

Elmer, por David McKee, Altea, Taurus, Alfaguara, 1990.

© Harcourt

Nombre _____

Encierra en un círculo grupos iguales.
¿Cuántas hay en cada grupo?
¿Cuántas sobran?

1 **Divide** 12 flores en 3 grupos iguales.

_4_ _____ en cada grupo   sobran _0_ _____

2 Divide 13 naranjas en 2 grupos iguales.

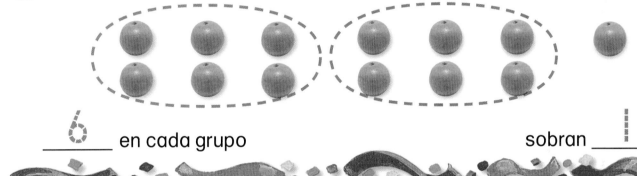

_6_ _____ en cada grupo   sobran _1_ _____

3 Divide 15 galletas en 3 grupos iguales.

_____ en cada grupo   sobran _____

Explica lo que sabes ▪ Razonamiento

Hay 15 monedas de 1¢. Patrice las divide en grupos iguales
y le sobran 0. Al las divide en grupos iguales y le sobra 1.
¿Por qué?

© Harcourt

Encierra en un círculo grupos iguales.
¿Cuántos hay en cada grupo? ¿Cuántos sobran?

1 Divide 10 sombreros de fiesta en 3 grupos iguales.

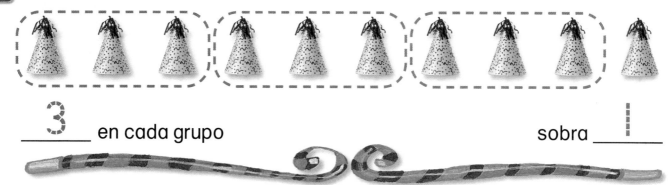

____3____ en cada grupo   sobra ____1____

2 Divide 14 globos en 4 grupos iguales.

_____ en cada grupo   sobran _____

3 Divide 18 silbatos en 4 grupos iguales.

_____ en cada grupo   sobran_____

Resolver problemas ▪ Razonamiento

4 Hay 14 juguetes y 4 niños.
Cada niño recibe el mismo número de
juguetes. Cuántos juguetes recibe
cada niño?   _____ juguetes

¿Cuántos juguetes más se necesitan
para que cada niño reciba
otro juguete?   _____ juguetes

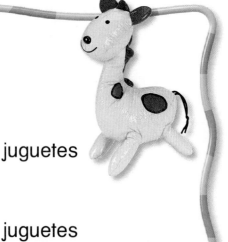

ACTIVIDAD PARA LA CASA • Pida a su niño que explique cómo halló la respuesta para cada problema de esta lección.

NORMAS DE CALIFORNIA ⊶ **NS 3.0** Los estudiantes hacen modelos y resuelven problemas sencillos de multiplicación y división. *también* **MR 1.2, MR 2.0, NS 3.0**

Formar grupos iguales

Encierra en un círculo grupos iguales.
¿Cuántos grupos hay?
¿Cuántos sobran?

1 Divide 10 monedas en grupos de 5.

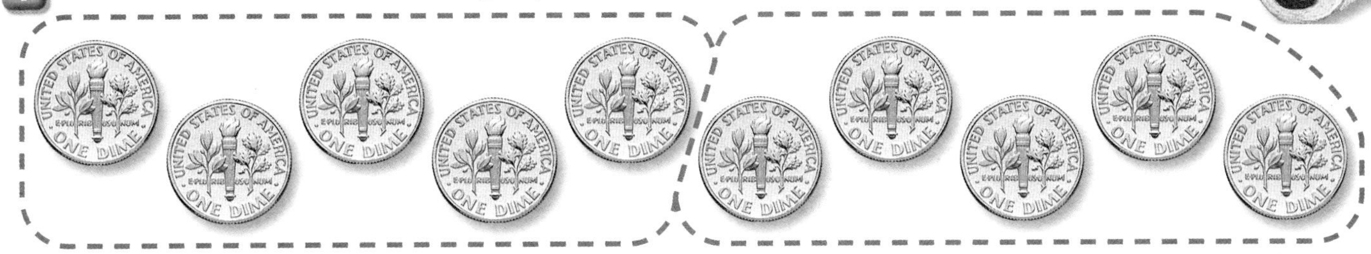

_2_ en cada grupo   sobran _0_

2 Divide 14 manzanas en grupos de 6.

_____ en cada grupo   sobran _____

3 Divide 13 globos en grupos de 3.

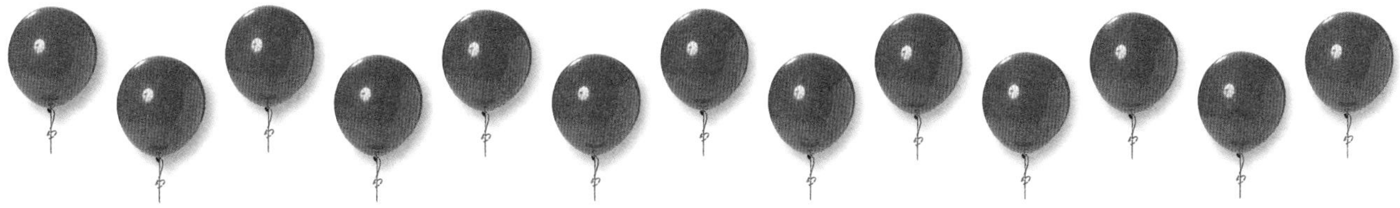

_____ en cada grupo   sobran _____

4 Divide 10 cacahuates en grupos de 2.

_____ en cada grupo   sobran _____

Explica lo que sabes ▪ Razonamiento

Tienes 12 ciruelas. ¿De cuántas maneras puedes formar grupos
iguales sin que te sobre ninguna ciruela?

© Harcourt

Práctica

Encierra en un círculo grupos iguales.
¿Cuántos grupos hay?
¿Cuántos sobran?

1 Divide 16 vasos en grupos de 4.

4 _____ en cada grupo

sobran **0** _____

2 Divide 11 servilletas en grupos de 3.

_____ en cada grupo

sobran _____

3 Divide 15 tenedores en grupos de 4.

_____ en cada grupo

sobran _____

Resolver problemas ▪ Observación

4 Hay 15 lápices. A cada niño le tocan 2 lápices.

¿Cuántos niños hay?

_____ niños

¿Cuántos lápices sobran?

sobran _____

ACTIVIDAD PARA LA CASA • Pida a su niño que use objetos pequeños, como clips, para formar grupos iguales.

NORMAS DE CALIFORNIA ⊶ NS 3.0 Los estudiantes hacen modelos y resuelven problemas sencillos de multiplicación y división. *también* MR 1.2, MR 3.0, NS 3.2

Hay 8 fichas.
¿Cuántos grupos de 2 fichas
puedes formar?

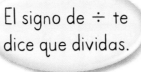

El signo de ÷ te
dice que dividas.

$$8 \div 2 = ?$$

número de   número en   número de
fichas   cada grupo   grupos

Comienza con 8.
Quita grupos de 2 hasta que te sobren 0.

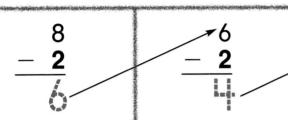

| $\begin{array}{r} 8 \\ -\ 2 \\ \hline 6 \end{array}$ | $\begin{array}{r} 6 \\ -\ 2 \\ \hline 4 \end{array}$ | $\begin{array}{r} 4 \\ -\ 2 \\ \hline 2 \end{array}$ | $\begin{array}{r} 2 \\ -\ 2 \\ \hline 0 \end{array}$ |

Puedes restar 2 de 8 cuatro veces,
porque hay 4 grupos de 2 en 8.

La respuesta es el **cociente**.

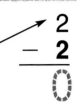

$$8 \div 2 = \underline{4}$$

Muestra el total con ●. Resta el número en cada grupo.
Escribe las diferencias y el cociente.

 1 Tienes 20 ●. Forma grupos de 5.

$$\begin{array}{r} 20 \\ -\ 5 \\ \hline \end{array} \quad \begin{array}{r} 15 \\ -\ 5 \\ \hline \end{array} \quad \begin{array}{r} 10 \\ -\ 5 \\ \hline \end{array} \quad \begin{array}{r} 5 \\ -\ 5 \\ \hline \end{array}$$

$$20 \div 5 = \underline{\qquad}$$

 2 Tienes 9 ●. Forma grupos de 3.

$$\begin{array}{r} 9 \\ -\ 3 \\ \hline \end{array} \quad \begin{array}{r} 6 \\ -\ 3 \\ \hline \end{array} \quad \begin{array}{r} 3 \\ -\ 3 \\ \hline \end{array}$$

$$9 \div 3 = \underline{\qquad}$$

© Harcourt

Explica lo que sabes ▪ Razonamiento
¿En qué se parecen restar varias veces y dividir?

Práctica

Usa la resta para hallar el cociente.

1 Tienes 12 ●. Forma grupos de 2.

12	10	8	6	4	2
− 2	− 2	− 2	− 2	− 2	− 2
10	8	6	4	2	0

$12 \div 2 = \underline{6}$

2 Tienes 15 ●. Forma grupos de 5.

15	10	5
− 5	− 5	− 5

$15 \div 5 = \underline{}$

3 Tienes 20 ●. Forma grupos de 10.

20	10
−10	−10

$20 \div 10 = \underline{}$

4 Tienes 18 ●. Forma grupos de 3.

18	15	12	9	6	3
− 3	− 3	− 3	− 3	− 3	− 3

$18 \div 3 = \underline{}$

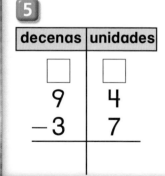

Repaso mixto
Suma o resta.

5

decenas	unidades
☐	☐
9	4
−3	7

6

decenas	unidades
☐	
3	2
+3	8

7

decenas	unidades
☐	
1	6
+3	7

8

decenas	unidades
☐	☐
4	1
−1	6

© Harcourt

ACTIVIDAD PARA LA CASA • Dé a su niño 12 monedas de 1¢ y pregúntele cuántos grupos de 6 monedas puede formar. Ayude a su niño a formar 2 grupos de 6 y a escribir 12 − 6 = 6, 6 − 6 = 0, entonces 12 ÷ 6 = 2.

NORMAS DE CALIFORNIA ⊶ NS 3.2 Usar repetición de restas, distribución equitativa y formación de grupos iguales con residuos para dividir. *también* MR 2.1, NS 3.0, NS 3.3

Nombre _____

Comprende | **Planea** | **Resuelve** | **Comprueba**

Encierra en un círculo el enunciado numérico que tiene sentido para el problema. Después resuelve.

1 Jana tiene 6 gallinas. El lunes, cada gallina puso 4 huevos. ¿Cuántos huevos había el lunes?

24 _____ huevos

$6 + 4 =$ _____

$\left(6 \times 4 = 24\right)$

2 El Sr. Jones tiene 853 vacas. El Sr. Peters tiene 539 vacas. ¿Cuántas vacas más que el Sr. Peters tiene el Sr. Jones?

_____ vacas más

$853 - 539 =$ _____

$853 + 539 =$ _____

3 Craig plantó 15 semillas en 5 minutos. ¿Cuántas semillas puede plantar en 1 minuto?

_____ semillas

$15 - 5 =$ _____

$15 \div 5 =$ _____

NET WT.
500 mg.

$1.49

NET WT.
100 mg.

4 Arial tiene $4.67. Compra semillas por $2.80. ¿Cuánto dinero le queda?

_____

$\$4.67 \times \$2.80 =$ _____

$\$4.67 - \$2.80 =$ _____

5 El día tiene 24 horas. Cada clase dura 4 horas. ¿Cuántas clases puedes tomar en un día?

_____ clases

$24 \times 4 =$ _____

$24 \div 4 =$ _____

© Harcourt

Capítulo 30 · Conceptos de división

Práctica

Encierra en un círculo el enunciado numérico que tiene sentido para el problema. Después resuelve.

1. Ali pegó estampillas en un álbum. El álbum tiene 10 páginas. Cada página tiene 2 estampillas. ¿Cuántas estampillas hay en el álbum?

   __20__ estampillas

   $\boxed{10 \times 2 = \underline{20}}$

   $10 \div 2 = \underline{}$

2. El Sr. Lucky tiene 46 cajas grandes y 21 cajas pequeñas en el anaquel. ¿Cuántas cajas grandes más que pequeñas tiene?

   _____ cajas grandes más

   $46 + 21 = \underline{}$

   $46 - 21 = \underline{}$

3. Hay 16 galletas. Cuatro amigos las reparten en partes iguales. ¿Cuántas galletas le tocan a cada uno?

   _____ galletas

   $16 - 4 = \underline{}$

   $16 \div 4 = \underline{}$

4. María tiene 15 cuadros. Si le da 3 cuadros a cada amiga, ¿cuántas amigas reciben cuadros?

   _____ amigas

   $15 \div 3 = \underline{}$

   $15 \times 4 = \underline{}$

Por escrito

Escribe tu propio problema de matemáticas. Puedes sumar, restar, multiplicar o dividir. Pide a un compañero que lo resuelva.

© Harcourt

ACTIVIDAD PARA LA CASA • Con su niño, repase los ejercicios de esta lección. Pídale que explique cómo decidió cuándo sumar, restar, multiplicar o dividir.

NORMAS DE CALIFORNIA MR 1.1 Determinar el enfoque, los materiales y las estrategias que se van a usar. *también* MR 3.0, NS 3.0, NS 3.2

Nombre _____

 Comprende Planea Resuelve Comprueba

Mamá Osa tiene 12 ciruelas.
Le da 2 a cada osito.
¿Cuántos ositos tiene?

 Comprende

Necesitas saber cuántos ositos hay en la familia.

Planea

Elige una manera de resolver el problema.
Puedes hacer un dibujo.

Resuelve

Hay ___6___ ositos en la familia.

Comprueba

¿Por qué te ayudó el dibujo a resolver el problema? Explica tu respuesta.

Estrategias
Haz un dibujo.
Haz un modelo.
Haz una lista.

Elige una estrategia para resolver el problema.

1 Juan tiene 20¢. Encuentra 15¢ más. Si un durazno cuesta 5¢, ¿cuántos duraznos puede comprar Juan?

_____ duraznos

2 Hay 32 plantas. Si Craig las planta en 4 hileras iguales, ¿cuántas plantas habrá en cada hilera?

_____ plantas

© Harcourt

Capítulo 30 · Conceptos de división

Práctica

Elige una estrategia para resolver el problema.

Estrategias
Haz un dibujo.
Haz un modelo.
Haz una lista.

1 Liz tiene $9.00.
Los boletos cuestan $3.00 cada uno.
¿Cuántos boletos puede comprar?

__3__ boletos

2 Kathy tiene 30 monedas en su colección. Las apila en 3 grupos iguales. ¿Cuántas monedas hay en cada grupo?

_____ monedas

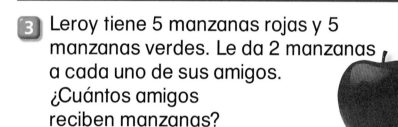

3 Leroy tiene 5 manzanas rojas y 5 manzanas verdes. Le da 2 manzanas a cada uno de sus amigos. ¿Cuántos amigos reciben manzanas?

_____ amigos

4 Mary tiene 10 flores rojas y 2 flores color rosa. Pone las flores en 4 floreros. ¿Cuántas flores hay en cada florero?

_____ flores

 Por escrito

Escribe tu propio problema de matemáticas. Pide a un compañero que lo resuelva. Puede elegir cualquier estrategia para resolver el problema.

© Harcourt

ACTIVIDAD PARA LA CASA • Formule problemas de suma, resta, multiplicación y división para que su niño los resuelva.

NORMAS DE CALIFORNIA MR 1.1 Determinar el enfoque, los materiales y las estrategias que se van a usar. *también* MR 2.1, MR 3.0, NS 3.0, NS 3.2

Nombre _____

COMPROBAR ▪ Conceptos y destrezas

1 Divide 14 fichas en 3 grupos iguales. Encierra en un círculo los grupos.

¿Cuántas fichas hay en cada grupo? _____ fichas

¿Cuántas sobran? _____

Encierra en un círculo grupos iguales.
¿Cuántos grupos hay? ¿Cuántos sobran?

2 Divide 10 monedas de 1¢ en grupos de 2.

_____ grupos   sobran _____

Usa la resta para hallar el cociente.
Escribe las diferencias y el cociente.

3 Tienes 10 ●. Forma grupos de 2.

$$
\begin{array}{ccccc}
10 & 8 & 6 & 4 & 2 \\
-\ 2 & -\ 2 & -\ 2 & -\ 2 & -\ 2
\end{array}
$$

$10 \div 2 =$ _____

COMPROBAR ▪ Resolver problemas

Elige una estrategia para resolver el problema.

4 Hay 8 pasas de uva y 3 niños. Cada niño recibe un número igual de pasas de uva. ¿Cuántas pasas de uva recibe cada niño?

Estrategias
Haz un dibujo.
Haz un modelo.
Haz una lista.

_____ pasas de uva

Nombre _____

Repaso acumulativo
Capítulos 1–30

Elige la mejor respuesta.

1 ¿Cuál describe 17 ○ divididas en 4 grupos iguales?

3 en cada grupo sobran 5	4 en cada grupo sobran 2	4 en cada grupo sobran 0	4 en cada grupo sobra 1
○	○	○	○

---

2 ¿Cuál describe 6 ○ divididas en 3 grupos iguales?

3 en cada grupo sobran 2	1 en cada grupo sobran 2	2 en cada grupo sobran 0	2 en cada grupo sobra 1
○	○	○	○

---

3 Corey tiene 12 panecillos dulces. Los reparte entre 6 amigas en partes iguales. ¿Qué enunciado numérico te dice cuántos panecillos dulces le tocan a cada una?

$12 \times 6 =$ ___	$12 + 6 =$ ___	$12 \div 6 =$ ___	$12 - 6 =$ ___
○	○	○	○

---

4 Patricia tiene 24 piezas de un rompecabezas. Coloca 16. ¿Cuántas piezas le sobran?

4	8	18	40
○	○	○	○

---

5 $39 - 8 =$ ____

29	31	44	45
○	○	○	○

© Harcourt

¿Puedo jugar?

por Ann Lee Earnshaw

Ilustrado por Ed Martinez

⬠ Este libro me ayudará a
repasar grupos iguales.
Este libro pertenece a _____.

Rebecca tiene 12 canicas.

Quiere compartirlas en partes iguales con John.

"Aquí tienes _____ canicas para ti y

_____ para mí", dijo Rebecca. "Me parece bien",
dijo John. "¿Podemos jugar ahora?"

© Harcourt

B

Estaban a punto de empezar a jugar cuando llegó Jeff.

"¿Puedo jugar?", preguntó Jeff.

"Sí, puedes jugar", dijo Rebecca.

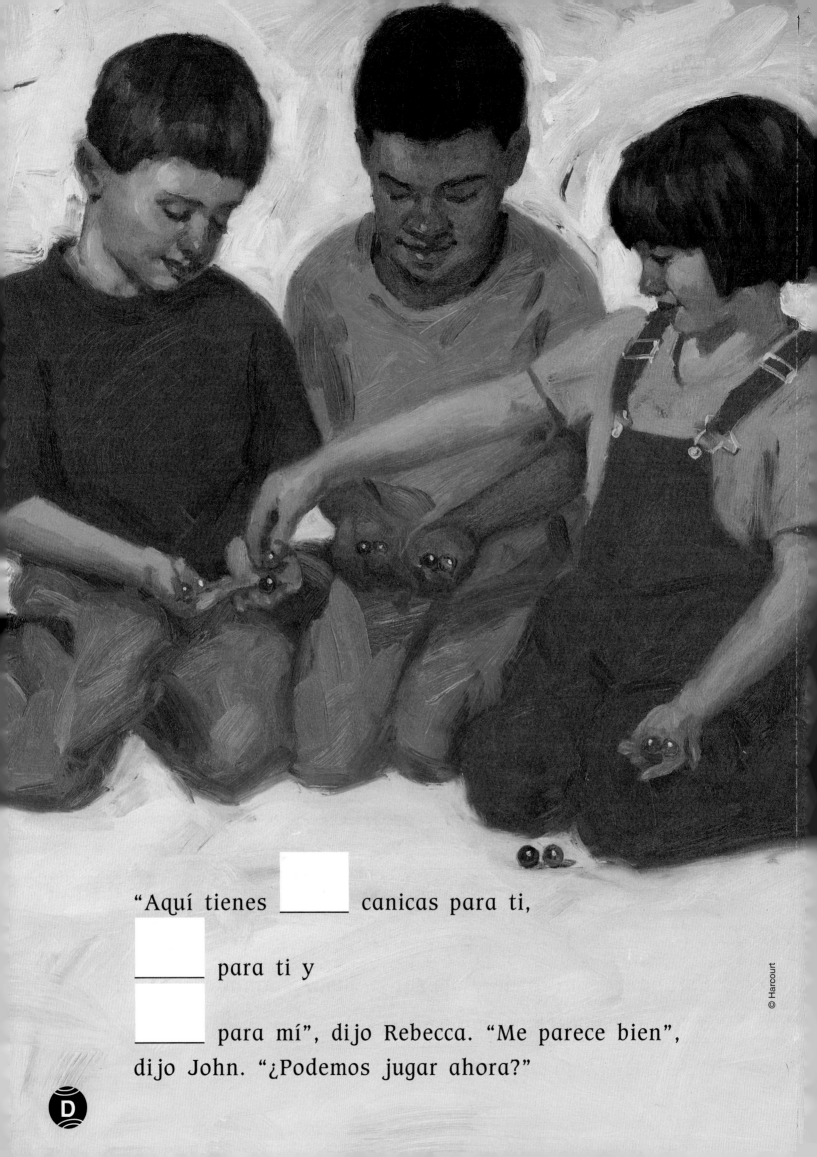

"Aquí tienes _____ canicas para ti,

_____ para ti y

_____ para mí", dijo Rebecca. "Me parece bien",
dijo John. "¿Podemos jugar ahora?"

Estaban a punto de empezar
a jugar cuando llegó Melissa.

"¿Puedo jugar?", preguntó Melissa.

"Sí, puedes jugar", dijo Rebecca.

"Aquí tienes _____ canicas para ti,

_____ para ti,

_____ para ti y

_____ para mí", dijo Rebecca.

"¡Un momento!", dijo Jeff.

"¡Yo tenía 4 canicas, y ahora solo tengo 3!"

"Somos más los que estamos jugando", le dijo Rebecca.

"Nos tocan 3 a cada uno."

"Me parece bien", dijo John. "¿Podemos jugar ahora?"

Estaban a punto de empezar a jugar
cuando llegaron Tom y Susan.

"¿Podemos jugar?", preguntaron.

"Sí, pueden jugar", dijo Rebecca.

"¿Ahora cuántas canicas nos toca?", preguntó
Jeff.

"Nos tocan _____ canicas
a cada uno", dijo Rebecca.

"Me parece bien", dijo John. "¡Vamos a jugar!".

¡Fíjate en dónde pones tu pie!

Usa tus destrezas para encontrar el camino a casa. Escribe los signos que faltan de suma, resta, multiplicación y división al hacer el recorrido.

Comienzo

$2 \boxed{} 3 = 6$

$10 \boxed{} 5 = 2$

$4 \boxed{} 1 = 5$

$5 \boxed{} 4 = 20$

$24 \boxed{} 12 = 12$

$5 \boxed{} 5 = 10$

$$\begin{array}{r} \boxed{}\,10 \\ 8 \\ \hline 80 \end{array}$$

$$\begin{array}{r} \boxed{}\,98 \\ 7 \\ \hline 91 \end{array}$$

$50 \boxed{} 40 = 10$

$400 \boxed{} 300 = 700$

$2 \boxed{} 1 = 2$

$2 \boxed{} 6 = 12$

$8 \boxed{} 2 = 4$

$15 \boxed{} 3 = 5$

$38 \boxed{} 26 = 12$

$5 \boxed{} 5 = 25$

$76 \boxed{} 77 = 153$

Casa

Explica lo que sabes ☐

Explica cómo encontraste el camino a casa.

Nombre _____

$14 + 6 = 21$
Este enunciado es falso.
$14 + 6 = 20$
Ahora el enunciado es verdadero.

Marca verdadero o falso en cada enunciado numérico.
Si el enunciado es falso, corrígelo para que sea verdadero.

1	$3 \times 2 = 6$	Verdadero	Falso
2	$14 + 16 = 110$	Verdadero	Falso
3	$10 \div 5 = 2$	Verdadero	Falso
4	$8 + 3 = 10$	Verdadero	Falso
5	$15 < 18$	Verdadero	Falso
6	2 monedas de 25¢ = 5 monedas de 10¢	Verdadero	Falso
7	$128 + 134 = 261$	Verdadero	Falso
8	$96 - 56 = 40$	Verdadero	Falso
9	$8 \times 4 = 24$	Verdadero	Falso
10	$100 > 200$	Verdadero	Falso

Nombre _____

Destrezas y conceptos

Suma.

1
```
  4      4 centenas      400
+ 3    + 3 centenas    + 300
```

2

centenas	decenas	unidades
	□	
3	5	6
+ 2	1	8

3 $916 + 16 = $ _____

Resta.

4
```
  6      6 centenas      600
- 1    - 1 centena     - 100
```

5

centenas	decenas	unidades
□	□	□
8	2	2
- 2	0	6

6

centenas	decenas	unidades
□	□	□
2	1	8
- 1	4	9

Suma o resta.

7
```
  $5.90
- $2.89
```

8
```
  $1.45
+ $1.36
```

9
```
   52
+ 189
```

10
```
  492
- 385
```

11 Escribe la suma. Después escribe el producto.

$4 + 4 + 4 = $ _____ $3 \times 4 = $ _____

© Harcourt

12 Escribe cuántas hileras hay y cuántas hay en cada hilera. Después escribe el producto.

_____ hileras   _____ en cada hilera

_____ × _____ = _____

---

13 $5 \times 3 =$ _____

$$\begin{array}{r} 3 \\ \times 5 \\ \hline \end{array}$$

14 $$\begin{array}{r} 2 \\ \times 8 \\ \hline \end{array}$$

15 $$\begin{array}{r} 6 \\ \times 5 \\ \hline \end{array}$$

16 $$\begin{array}{r} 10 \\ \times 4 \\ \hline \end{array}$$

---

17 Encierra en un círculo grupos iguales. ¿Cuántos grupos hay? ¿Cuántas sobran?

_____ grupos   sobran _____

Resolver problemas

18 El Sr. Porter tiene 45 trozos de madera. Apila la madera en 5 grupos iguales. ¿Cuántos trozos de madera hay en cada grupo?

_____ trozos

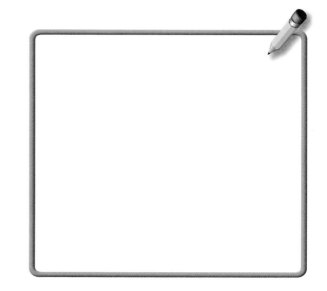

Nombre _____

Nombre _____

Especies de California

Un zoológico quiere recaudar fondos para ayudar a algunos animales en peligro que viven en California. Comenzó el programa "Adopta un animal". Cuando donas la cantidad que dice el anuncio, tu dinero se usa para proteger a ese animal.

California y tú

ADOPTA UN ANIMAL

Cóndor de California	Salmón chinook	Halcón peregrino
$6.00	$2.00	$3.00
Culebra de San Francisco	Nutria marina	Lobo marino
$1.00	$5.00	$9.00

1 ¿Cuánto cuesta adoptar un lobo marino? _____

2 Si quisieras adoptar un cóndor de California y una culebra de San Francisco, ¿cuánto te costaría? _____

3 ¿Cuánto menos costaría adoptar un salmón chinook que una nutria marina? _____

4 ¿Cuánto costaría adoptar dos halcones peregrinos? _____

5 ¿Cuántos más costaría adoptar un lobo marino que una nutria marina? _____

© Harcourt

Unidad 6 · California y tú

cuatrocientos cincuenta y tres **453**

Nombre _____

California y tú

Un cóndor precavido

El cóndor de California es una de las aves más grandes de América del Norte. Un cóndor de California adulto tiene una envergadura de 9 pies y pesa 20 libras. Lamentablemente, son muy pocos los que viven en libertad.

Cal está perdido. ¿Puedes guiarlo a su nido? Sigue el camino que tiene el número más pequeño.

Camino 1:
$$102 + 308 - 400 \times 9 - 70$$

Camino 2:
$$5 \times 2 + 200 - 63 + 3$$

Camino 3:
$$10 \times 2 + 542 - 560 \times 5$$

GLOSARIO ILUSTRADO

a.m. (página 137)

El período entre la medianoche y el mediodía.

antes (página 63)

39, 40

39 viene **antes** de 40.

arista (página 261)

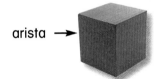

arista →

calendario (página 141)

Noviembre						
D	L	M	M	J	V	S
		1	2	3	4	5
6	7	8	9	10	11	12
13	14	15	16	17	18	19
20	21	22	23	24	25	26
27	28	29	30			

cara (página 259)

cara →

centenas (página 307)

2 centenas

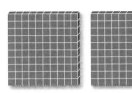

200

centímetro (página 275)

centímetros

cilindro (página 257)

círculo (página 241)

cono (página 257)

contar hacia adelante (página 5)

$$3 + 2 = \underline{?}$$

Comienza en 3. Cuenta hacia adelante 2.

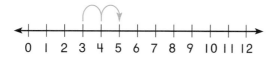

4, **5**

$$3 + 2 = 5$$

contar hacia atrás (página 21)

$$7 - 3 = \underline{?}$$

Comienza en 7. Cuenta hacia atrás 3.

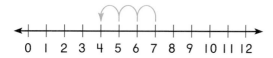

6, 5, **4**

$$7 - 3 = 4$$

contar salteado (página 67)

5, 10, 15, 20, 25 . . .

cuadrado (página 241)

cuadro de diez (página 9)

cuarto (página 285)

4 tazas = 1 **cuarto**

cubo (página 257)

decenas (página 45)

después (página 63)

30 viene **después** de 29.

29, **30**

diferencia (página 21)

$$6 - 4 = \mathbf{2}$$

diferencia

dígito (página 49)

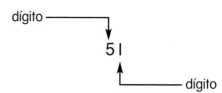

dígito

51

dígito

51 tiene dos **dígitos.**

dividir (página 436)

$$12 \div 3 = 4$$

dobles (página 7)

$$3 + 3 = 6$$

dobles más uno (página 7)

$$3 + 4 = 7$$

dólar (página 103)

signo → $\$1.00$ un dólar
de
dólar ↑
    punto decimal

eje de simetría (página 245)

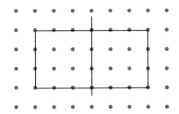

entre (página 63)

19, **20**, 21

20 viene **entre** 19 y 21.

enunciado de multiplicación
(página 417)

$$4 \times 3 = 12$$

enunciado numérico (página 13)

$$6 + 8 = 14$$

esfera (página 257)

esquina (página 243)

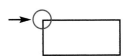

una **esquina** de una figura plana

una **esquina** de un cuerpo
geométrico

estimar (página 177)

aproximadamente 10 botones

familia de operaciones (página 25)

$$6 + 7 = 13 \qquad 7 + 6 = 13$$

$$13 - 6 = 7 \qquad 13 - 7 = 6$$

figuras **congruentes** (página 245)

Las figuras del mismo tamaño y forma son **congruentes**.

fracciones (página 337)

un medio	un tercio	un cuarto	un sexto
$\dfrac{1}{2}$	$\dfrac{1}{3}$	$\dfrac{1}{4}$	$\dfrac{1}{6}$

giro (página 249)

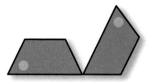

gráfica de barras (página 77)

Horas de deportes por semana

Suzy										
Carl										
Ben										
Beth										
Ari										

0 1 2 3 4 5 6 7 8 9 10

gráfica con dibujos (página 75)

Nuestros desayunos favoritos	
cereal frío	🥣 🥣 🥣 🥣 🥣
cereal caliente	🥣
panqueques	🥞 🥞 🥞
waffles	🧇 🧇 🧇 🧇

gramo (página 291)

Este clip pesa aproximadamente 1 gramo.

grupos iguales (página 411)

3 grupos de 2

$2 + 2 + 2 = 6$

hora (página 125)

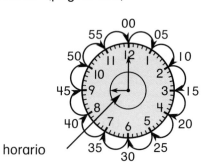

horario

igual a (página 61)

25 = 25

inversión (página 249)

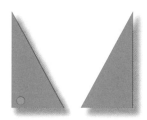

© Harcourt

458

kilogramo (página 291)

Este libro pesa aproximadamente
1 **kilogramo.**

lado (página 243)

←— lado

libra (página 289)

Esto pesa 1 **libra.**

litro (página 287)

Un **litro** es un poco más que un
cuarto.

marcas de conteo (página 79)

||||

mayor que > (página 61)

63 es **mayor que** 29.

63 > 29

media hora (página 125)

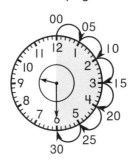

menor que < (página 61)

29 es **menor que** 63.

29 < 63

metro (página 275)

Un **metro** es 100 centímetros.

minutos (página 125)

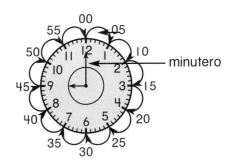
←— minutero

moneda de 1¢ (página 97)

1¢   1 centavo

moneda de 5¢ (página 97)

5¢   5 centavos

moneda de 10¢ (página 97)

10¢   10 centavos

moneda de 25¢ (página 99)

25¢   25 centavos

moneda de 50¢ (página 99)

50¢   50 centavos

multiplicar (página 413)

$2 \times 3 = \mathbf{6} \leftarrow$ producto

números **impares** (página 65)

1, 3, 5, 7, 9, 11 . . .

números ordinales (página 59)

primero   **segundo**   **tercero**

números **pares** (página 65)

0, 2, 4, 6, 8, 10 . . .

onza (página 289)

Esto pesa aproximadamente
1 **onza.**

óvalo (página 241)

p.m. (página 137)

El período entre el mediodía y la
medianoche.

460

partes iguales (página 335)

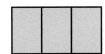

Las partes de este rectángulo son iguales.

patrón (página 69)

30, 40, 50, 60, 70 . . .

Cuenta de diez en diez.

perímetro (página 277)

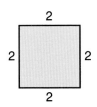

$2 + 2 + 2 + 2 = 8$

pictografía (página 85)

Compañeros que tienen mascotas	
pájaros	🧍 🧍
gatos	🧍
perros	🧍 🧍 🧍 🧍
peces	🧍

Clave: cada 🧍 representa 2 niños.

pie (página 273)

Un **pie** tiene 12 pulgadas.

pinta (página 285)

2 tazas = 1 **pinta**

pirámide (página 257)

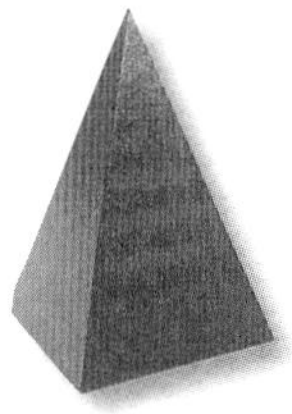

prisma rectangular (página 257)

propiedad de orden (página 3)

$6 + 3 = 9$

$3 + 6 = 9$

propiedad del cero (página 3)

$5 + 0 = 5$

pulgada (página 271)

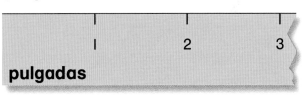

pulgadas

reagrupar (página 161)

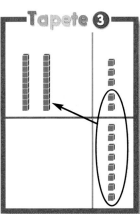

redondear (página 177)

Estimar a la decena más próxima.

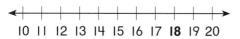

10 11 12 13 14 15 16 17 **18** 19 20

18 está más próximo de 20.

rectángulo (página 241)

restar (página 19)

$$6 - 2 = 4$$

signo de igualdad (página 3)

$$3 + 1 = 4$$
⬆
signo de igualdad

suma (página 3)

$$6 + 9 = 15 ← \textbf{suma}$$

sumando (página 3)

↓   ↓
$$5 + 2 = 7$$

tabla (página 79)

Nuestros emparedados favoritos	
queso	III
salchichón	HHt II
hamburguesa	HHt I
atún	III

taza (página 285)

temperatura (página 293)

termómetro

La **temperatura** es 30°F.

traslación (página 251)

triángulo (página 241)

unidades (página 45)

2 **unidades**

Photography Credits

14 (b) Doug Perrine/Innerspace Visions, (tc) Doug Perrine/Innerspace Visions, (cb) A. Flowers & L. Newman/Photo Researchers, 69 (t) S. L. Craig Jr./Bruce Coleman, 70 (c) Jane Burton/Bruce Coleman, 93 (all) Lawrence Migdale, 143 (tr) Lori Adamski Peek/Tony Stone Images, (cr) Myrleen Ferguson/PhotoEdit, (br) Melanie Carr/Zephyr Images, 144 (tl) Robert Morfey/Tony Stone Images, (tr) Don Smetzer/Tony Stone Images, 154 Lawrence Migdale, 336 (b) StockFood America/Pudenz, 365 (t) Nancy Hoyt Belcher, 366 (t) ©Visions of America, (b) J. Randklev/Visions of America, 393 (t) William Ferguson/PhotoEdit, 394 (tc) Donald Johnston/Tony Stone Images, (b) Manfred Danegger/Tony Stone Images, 443 (tc) Don Mason/The Stock Market, 453 (tl) Kenneth W. Fink/Bruce Coleman, (tc) Tom and Pat Leeson, (tr) Shattil/Rozinski Photography, (bl) David Liebman, (bc) Larry Ulrich, (br) Tom Brakefield/The Stock Market.

All other photography by Harcourt photographers listed, © Harcourt: Weronica Ankarorn, Victoria Bowen, Ken Kinzie, Sheri O'Neal, Quebecor Imaging, and Terry Sinclair.

Illustration Credits

Page: 319, Michelle Angers; 123, Lori Bilter; 425, 426, 427, 428, 429, 430, 431, 432, Ken Bowser; 149, 223, 299, 361, 449, Mark Buehner; 209, 210, 211, 212, 213, 214, 215, 217, 218, Beth Buffington; 21, 23, 24, 26, 28, 237, 238, 453, Annette Cable; 161, 162, 163, Lisa Campbell-Ernst; 169, Tom Casmer; 137, David Christensen; 51, 52, 53, 54, 283, 335, 336, 338, 339, 341, 342, 343, 344, Dave Clegg; 7, 9, 10, 12, 13, 23, Mike Dammer; 140, Nick Diggory; 37, 38, 73, Cameron Eagle; 385, 386, 387, 388, 389, 390, 391, 392, 395, Kathi Ember; 98, Len Epstein; 221, 223, 224, 225, 226, 227, 228, Peter Fasolino; 155, Dagmar Fehlau; 239, 241, 242, 249, Nancy Freeman; 91, 92 151, 152, 235, 236, 302, 363, 364, 451, Diane Greenseid; 171, 172, 175, 176, 177, John Gurney; 195, 196, 197, 198, 199, 200, 201, 202, 203, 204, 205, Jean Hirashima; 435, Bob Holt; 75, 77, 78, 83, 84, 85, Linda Howard-Bittner; 95, Barbara Hronilovich; 33, 34, 35, 36, 193, Laura Huliska-Beith; 31, 45, 46, 48, 49, 50, CD Hullinger; 47, 74, 347, Jui Ishida; 33, 289, 290, 293, 295, 296, 297, Mark Jarman; 47, 74, 397, Nathan Jarvis; 135, 137, 138, 139, 140, 141, 142, 143, 144, 145, 146, 257, 258, 261, Larry Jones; 125, 126, 128, 129, 130, 131, Manual King; 183, 184, 185, 186, 187, 188, 189, 190, 191, 349, 350, 351, 352, 353, 354, 355, 356, 357, 359, Terry Kovalcik; 267, Kenneth Laidlaw; 1, 3, 4, 5, 6, 16, 25, 399, 400, 401, 402, 403, 404, Chis Lensch; 409, Barbara Lipp; 17, 287, 290, 293, 295, 296, 298, 307, 308, 309, 310, 311, 312, 313, 314, 315, 316, 317, Dan McGeehan; Welcome Pages, Deborah Melmon; 285, 286, 287, 288, 291, 292, Cheryl Mendenhall; 266, Daniel Moreton; 321, 322, 329, 330, Keiko Motoyama; 57, Michelle Noiset; 192, 411, 412, 413, 414, 415, 416, 417, 418, 419, 420, Tim Raglin; 50, 53, 54, Chris Reed; 181, Barry Rockwell; 323, 324, 326, 327, 328, Bob Shein; 305, Roni Shepard; 98, 101, 102, 105, 106, Andrew Shiff; 432, Remy Simard; 97, 99, 100, 103, 104, Tammy Smith; 61, 62, 63, 67, 68, 357, Jackie Snider; 90, 109, 111, 112, 113, 114, 115, 116, 118, 119, 120, 150, 234, 300, 362, 450, Ken Spengler; 335, 337, 338, 339, 340, 341, 342, 343, 344, Steve Sullivan; 333, Gary Taxali; 76, 79, 80, 81, 82, 243, 244, Terry Taylor; 367, Kat Thacker; 269, 270, 272, 273, 274, 275, 276, 278, 279, 280, Gary Torrisi; 19, 94, 153, 154, 303, 304, 365, 366, Baker Vail; 60, 64, 65, 66, 70, 243, 244, 245, 247, 248, 251, 252, Sally Vitsky; 369, 370, 371, 372, 373, 374, 375, 376, 377, 378, 379, 380, Sam Ward; 126, 127, 132, Tom Ward; 383, Shari Warren; 255, Mike Wohnoutka; 157, 158, 159, 160, 164, 207, 437, 438, 439, 440, 441, 442, 444, 445, Jason Wolff.